Processing程序交互与数据视觉艺术实践

赵 婷 郝忆南 王志新 编著

清華大学出版社
北 京

内容简介

本书全面而深入地讲解了 Processing 在数据可视化设计领域的基础编程知识与创作实践技巧。全书共分为 8 章，内容包括初识数据视觉艺术、代码艺术与视觉创意、生成艺术、动态视觉效果、数据的视觉表达、数据接入与应用、传感器与数据交互，以及 GUI 交互设计。书中不仅展示了使用 Processing 处理文本和表格数据的方法、应用网络数据的技巧，而且讲解了通过 Arduino 传感器、摄像头、麦克风等设备进行数据采集的方式。此外，本书还详细介绍了如何利用鼠标、键盘与图形用户界面 (GUI) 进行交互协作的方法，旨在帮助读者创作出优秀的数据可视化新媒体作品。

本书可作为高等院校视觉传达设计、信息艺术设计、广告设计、数字媒体、新媒体艺术等专业的教材，也可作为数据信息视觉化设计从业者的参考书。

图书在版编目（CIP）数据

Processing 程序交互与数据视觉艺术实践 / 赵婷，郝忆南，王志新编著 . -- 北京 : 清华大学出版社，2025. 1. -- ISBN 978-7-302-67731-4

Ⅰ . TP311.1

中国国家版本馆 CIP 数据核字第 2024FZ8696 号

责任编辑：李　磊
封面设计：杨　曦
版式设计：恒复文化
责任校对：马遥遥
责任印制：刘　菲

出版发行：清华大学出版社
网　　址：https://www.tup.com.cn，https://www.wqxuetang.com
地　　址：北京清华大学学研大厦A座　　**邮　　编：**100084
社 总 机：010-83470000　　**邮　　购：**010-62786544
投稿与读者服务：010-62776969，c-service@tup.tsinghua.edu.cn
质 量 反 馈：010-62772015，zhiliang@tup.tsinghua.edu.cn
印 装 者：三河市铭诚印务有限公司
经　　销：全国新华书店
开　　本：170mm×240mm　　**印　　张：**20　　**字　　数：**474千字
版　　次：2025年1月第1版　　**印　　次：**2025年1月第1次印刷
定　　价：99.00元

产品编号：106865-01

前言

在当今大数据与数字媒体盛行的时代，数据信息视觉化对于大多数人来说并不陌生。它涵盖了统计图表、流程图、分组信息图、地图演示等多种形式，并涉及版面设计、色彩设计、图形设计及交互设计等多个艺术领域，是一个融合了多学科知识的视觉设计范畴。艺术与科技的紧密结合，正是推动数据视觉艺术设计不断创新和发展的源泉与动力。

在向观众展示数据视觉艺术作品时，如何进行有效展示成为关键问题。当前市场上，关于数据视觉化设计的书籍大多侧重于学术论文的形式，鲜有作品深入剖析实际构建和表达的具体过程。尽管设计领域的书籍为数据视觉艺术设计提供了一定的指导，但它们往往只停留在静态展示层面，忽略了动态展示的重要性，以及基于软件的视觉化解决方案的可实施性。

本书旨在为有意创作个人数据视觉艺术作品的读者提供宝贵的实践经验与实用技巧，为其顺利踏入这一复杂而富有创造性的领域提供助力。具体而言，本书着重将创意理念从理论层面转化为实际操作，而非局限于学术性的探讨。书中详尽阐述了从数据收集到深入解析的每一步流程，并采用直观易懂、互动性强的方法来高效呈现海量信息，为视觉化设计工作搭建一套全面且系统的框架。

书中选用了Processing这一简单易学的编程环境，使读者能够轻松学习编程，并迅速编写代码以生成视觉图像。Processing作为一款方便灵活且富有创意的编程工具，以其简洁明了的语法，使用户能够高效地创作出丰富多样的图形交互和数据视觉艺术作品。作为一款免费下载和开源的程序，Processing具备使用成本低、操作简便，以及执行效率高等显著特点。

本书高度重视设计思维与创作实践的深度融合，通过一系列丰富的编程实例，引领读者从数据视觉化的基础知识、图形绘制技巧开始，逐步深入生成艺术和动态视觉效果的创作领域，进而探讨数据的视觉表达、获取与应用之道，旨在帮助读者掌握生成多种实时互动数据可视化样式的方法，最终实现个性化用户界面的定制目标。书中特别强调利用Processing编程，从文本、表格、网络、传感器、摄像头等多种渠道获取数据，并通过实时交互的方式，将这些数据创造性地映射为图像或声音，展现出数据的无限魅力。

本书汇集了众多一线专业教师提供的经典案例与创新教学经验，这些宝贵资源也是河北师范大学2023年度教学改革研究与实践项目“数字媒体艺术专业交互设计课程教学改革研究”的核心成果。书中的大部分示例代码均独立编写，从零基础出发，不依赖任何预制图表工具包，而是深入展示了如何利用点、线、图形及文本等基础元素，创造性地构建个性化的数据可视化作品。此外，书中还阐述了数据如何通过多种创新形式进行展现，每一种形式都独具展示魅力和交互体验，为读者提供了丰富的学习资源与实践路径。

除了利用官网提供的丰富学习资料，读者还可以通过阅读编者所著的另外两本书籍来深化学习，即由清华大学出版社出版的《Processing创意编程与交互设计》和《Processing程序交互与动态视觉设计实战》。前者专注于引导读者迅速掌握Processing编程的基础知识，为创意设计与交互实现打下坚实基础；后者则通过丰富的实践应用案例，将理论知识巧妙融入实际项目中，让读者在动手实践中充分领略动态视觉设计的魅力与无限可能。

本书提供了330多个精心设计的代码示例，这些示例与各章节内容紧密结合，旨在帮助读者循序渐进地学习和提升技能。读者也可在此基础上进行拓展，创作出更多的数据视觉艺术作品。为便于学生学习和教师开展教学工作，本书还提供了教学课件。读者可扫描右侧的二维码，将学习资源推送到自己的邮箱后即可下载获取。

学习资源

本书由赵婷、郝忆南、王志新编著。由于编者水平所限，书中难免有疏漏和不足之处，恳请广大读者批评指正，提出宝贵的意见和建议。

编　者

2024.10

目录

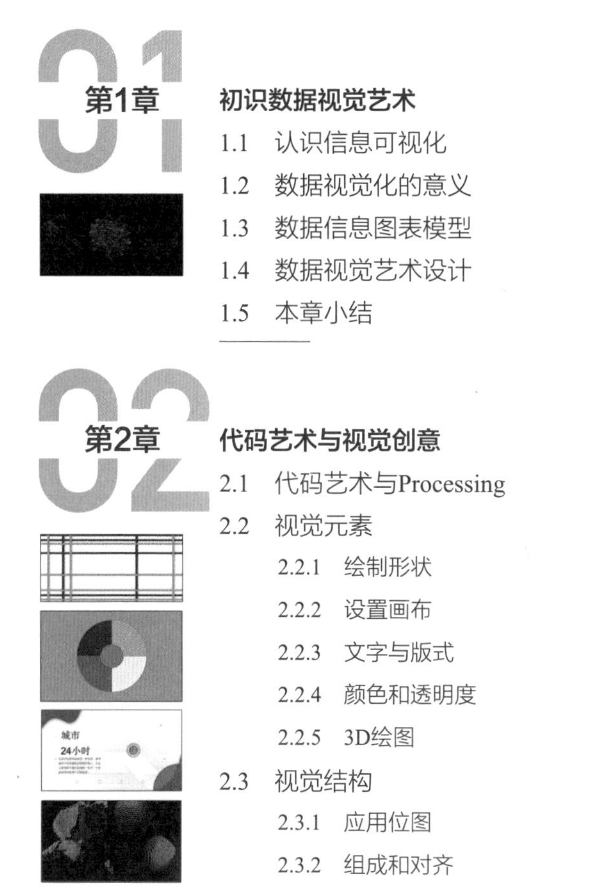

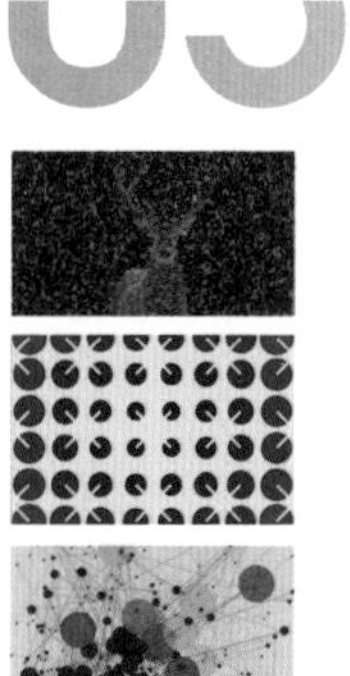

01 第1章 初识数据视觉艺术

人们可以用眼睛、耳朵、鼻子等感官来接触、感受、理解这个世界。科学研究表明，大脑接收的信息有75%来自视觉，实际上，眼睛处理的信息量甚至要多于大脑，可以说人类对于信息的摄取，视觉器官是占绝对主导地位的。因此，我们可以充分利用眼睛这一最高效的信息获取器官，快速吸收、加工和处理信息。

1.1 认识信息可视化

信息可视化(information visualization)是一个跨学科的研究领域，旨在研究大规模非数值型信息资源的视觉呈现，通过利用图形图像方面的技术与方法，帮助人们理解和分析数据。对于生活在数字信息时代的人们来说，信息可视化打破了传统的纸媒和文本信息的传播方式，引发了信息读取方式的重大变革。

简而言之，信息可视化是利用人的视觉能力，通过图形图像设计的方式呈现信息，使枯燥的信息数据变得更为直观，更易于被接受，从而提升信息的传播速度和准确度。

下面通过几张图片来介绍数据信息的图像表达方式，这也是信息可视化中常见且典型的样式，如图1-1所示。

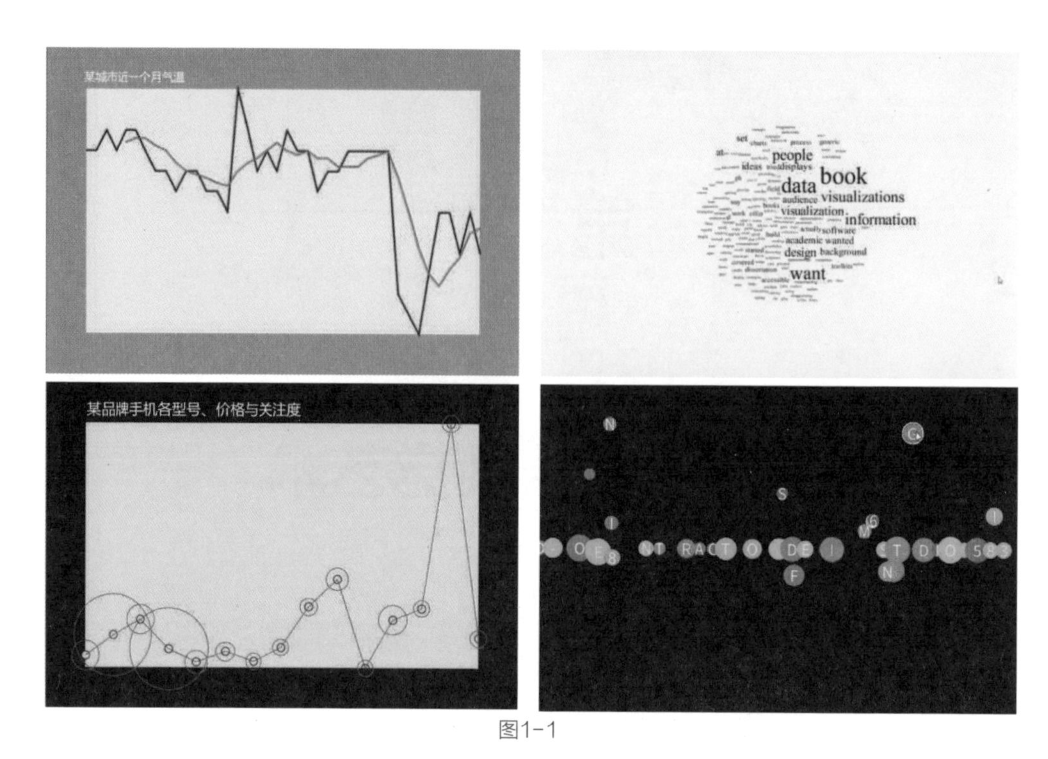

图1-1

人类作为视觉动物，对于图片的注意力要远高于文字和数据。因此，制作和运用可视化图表可以为人们的生活和工作带来很大的便利。

信息可视化设计将计算机技术、数字技术、多媒体技术结合起来，尤其是动态信息可视化技术和交互技术的结合，不仅给人们带来前所未有的视觉感受，也使人们在接收信息时产生愉悦感。

随着信息时代的到来，信息可视化作为信息展示、传播、互动和分析的手段，已经被广泛应用，且设计理念呈现出以下趋势。

1. 视觉驱动转向数据驱动

信息图产生初期，以精良的设计为主，再辅以简单的数据，即可构成一张优秀的信息可视化图形。随着大数据时代的到来，用户更注重海量数据的筛选与表达，数据与信息图像的联动，成为信息可视化需要解决的一个关键问题。图1-2展示了这一融合趋势下可视化图形的样式及设计理念。

2. 以用户为中心的设计

一直以来，信息可视化设计主要以完成信息传递为主要任务，而对于用户需求、用户体验、用户认知能力，以及后期效果评价等方面的关注不足，这导致一些很优秀的设计作品没有达到理想的传播效果。随着社会的发展，信息可视化设计越来越重视以用户的需求为中心，因为它能够帮助用户更高效地吸收信息，提升用户体验，并在应用中通过用户研究和实证分析不断优化设计策略。

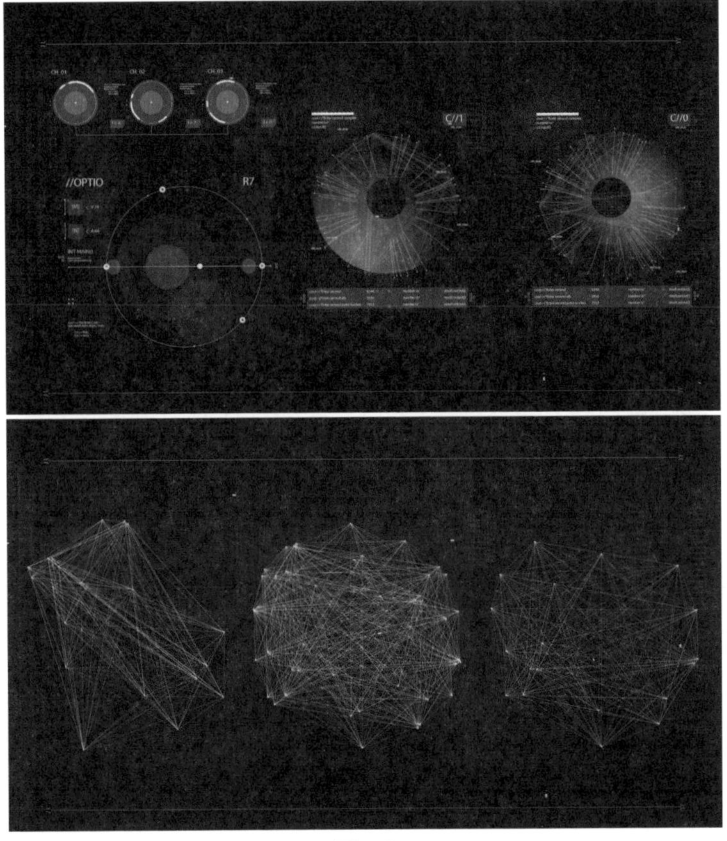

图1-2

3. 细分信息可视化与数据视觉化

信息可视化与数据视觉化都是可视化的典型方式，也是两个容易混淆的概念，尤其是基于数据生成的信息可视化和数据视觉化在实际应用中非常接近，有时甚至可以互相替换使用。然而，通过应用领域和设计特点进行细分，两者其实是不同的，信息可视化是指为某一数据定制的图形图像，它往往是设计者定制的，只能应用在对应的数据中。数据视觉化是指那些使用程序生成的图形图像，这些图形图像可以应用到不同的数据上。

综上所述，信息可视化不应单纯追求形式的美感，也不应是枯燥乏味的信息图，而是要将形式美感与信息传播进行高度融合，在作品中达到平衡，将那些繁冗的、难以理解的信息以动态或交互等形式更加直观地表现出来，揭示数据规律，帮助用户更好地解读信息，从而有效地完成图形信息的传递。

1.2 数据视觉化的意义

数据视觉化与信息图形、信息可视化、科学可视化及统计图形密切相关，主要通过图形化手段清晰有效地传达和沟通信息。当前，数据视觉化已经迅速成为大数据时代传播信息的重要方式，它从商业智能到新闻业，被广泛应用于各个行业，帮助人们理解和传达数据中的信息。

数据视觉化是一种图形化的数据表现方法，其作品在外观上往往采用几何构造，体现出数学的和谐与韵律之美，因此具有很高的艺术性。同时，它通过色彩、图形、构图等设计手段，对信息进行有效且美观的传递。设计者要把握设计与功能之间的平衡，不能为了实现其功能而令人感到枯燥乏味，也不能为了追求视觉效果而遗漏了要传达的信息，努力解决各方面的难点，创造出既美观又高效的数据视觉化作品。

我们先来了解一下数据视觉化的工作机制：数据视觉化将数据库中的每一个数据项作为单个图元表示，大量的数据集构成数据图像，同时将数据的各个属性值以多维属性的形式表示，让人们可以从不同的维度观察数据，从而对数据进行更深入的观察和分析。下面列举几个实际的项目案例，帮助读者轻松理解数据的来源及其驱动影像表达的过程。

如图1-3所示，利用自然界中某一个场景的颜色和亮度数据，控制三维空间中彩色小球矩阵的分布，并跟随观众的视角改变空间视觉效果。

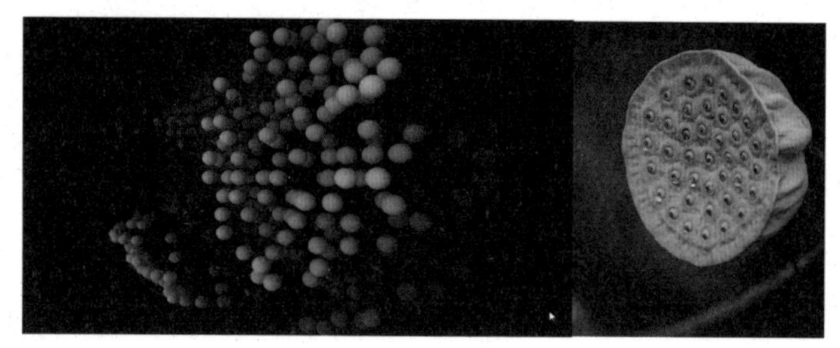

图1-3

如图1-4所示，依赖观众在展示空间中停留的位置数据来驱动大屏幕中粒子的颜色、大小和运动状态，从而生成一个变幻莫测的巨幅海报。

如图1-5所示，由数据表格文件中的数据生成的图像，该图像能够根据表格数据的实时更新改变所呈现的内容。这是创意数据视觉化的一个典型示例。

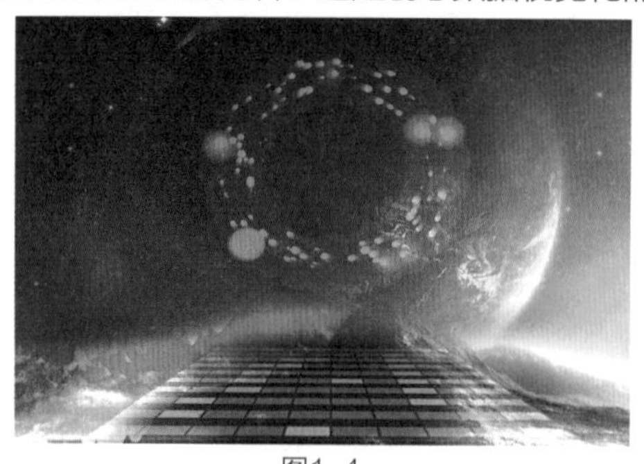

图1-4

图1-5

如图1-6所示，利用声音的物理数据，如音量、振幅和频率等，生成动态的几何图形，创作出听觉与视觉结合的作品，以增强对受众的吸引力。

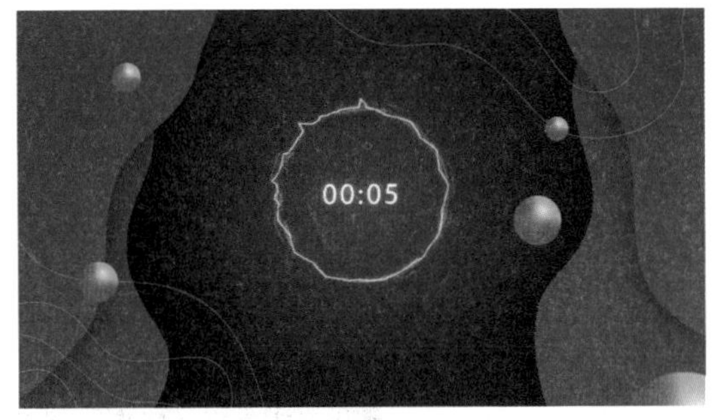

图1-6

如图1-7所示，为舞蹈节目设计的体感动态背景，其技术要点在于采集舞者运动的数据，并将肢体运动的轮廓与背景影像的变化相结合。也就是说，变幻的舞台背景完全是由舞者的动作来驱动，而不是提前使用视频软件渲染输出的素材。

图1-7

1.3 数据信息图表模型

数据视觉化可以通过多种方式进行视觉呈现，其要点在于能够将复杂的数据转化成让用户易于理解的图表或图像形式。本节自可视化设计过程中可选择的结构模型入手，详细介绍数据信息图表，并在此基础上展开设计。

所谓结构模型，是指一种用于厘清信息关系的结构样式。常见的结构模型有以下13种。

- **分组型：**将信息按照某种逻辑类别进行分组编排。
- **交集型：**突显共性信息。
- **放射型：**强调分解信息。
- **向心型：**突出中心信息点。
- **流程型：**按照时间、逻辑进行推移性流程变化的信息图。
- **循环型：**展现周而复始的循环序列。
- **对比型：**将两组或两组以上信息进行对比，突显差异的信息图类型。
- **阶层型：**区分信息等级。
- **关联型：**展示信息间存在的关联性。
- **树状型：**统筹多层级信息关系。
- **分解说明型：**将一个整体对象拆分为多个局部对象，而后再对这些局部对象进行独立说明。
- **统计图表型：**使用各种图表来统计并展现各项数据情况的信息图。

- **空间类：**将某空间区域的距离、高度及面积按照一定比例缩放，或抽象化成某种空间视图效果。

数据视觉化有很多既定的图表类型，下面分别讲解这些图表类型及其适用场景，同时对比它们的优势和劣势。

1. 柱状图

柱状图效果，如图1-8所示。

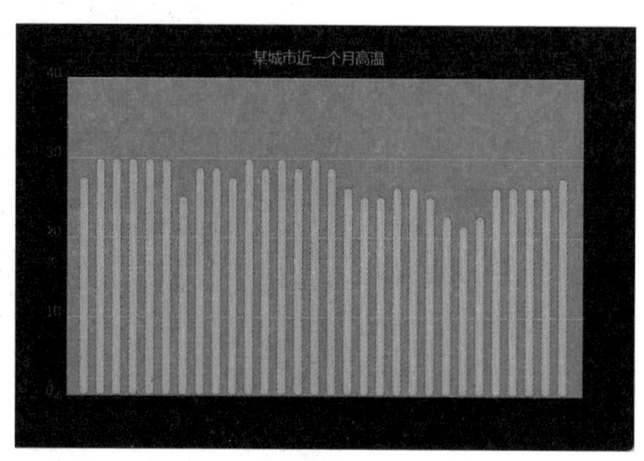

图1-8

适用场景：适用于二维数据集(每个数据点包括x和y两个值)，可进行多项目数值比较。

优势：柱状图利用图形的高度反映数据的差异，而人的肉眼对高度差异很敏感，所以辨识效果非常好。

劣势：只适用中小规模的数据集。

2. 折线图

折线图效果，如图1-9所示。

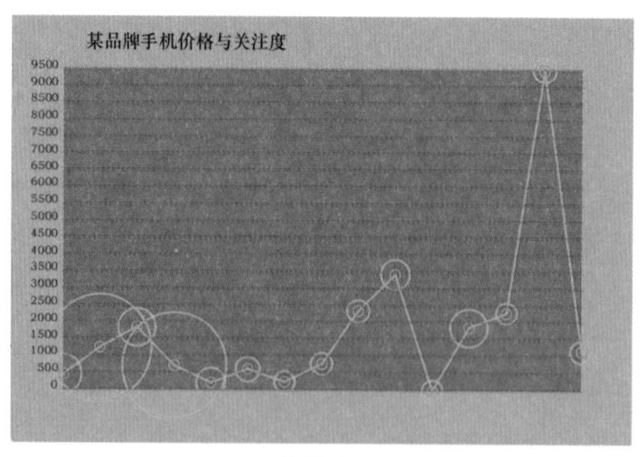

图1-9

适用场景：适用于二维的大数据集，尤其是那些趋势比单个数据点更重要的场合，还适用于多个二维数据集的比较。

优势：容易反映出数据变化的趋势。

劣势：数据点稀疏或波动较大时，折线图可能无法准确反映数据的变化。

3. 饼状图

饼状图效果，如图1-10所示。

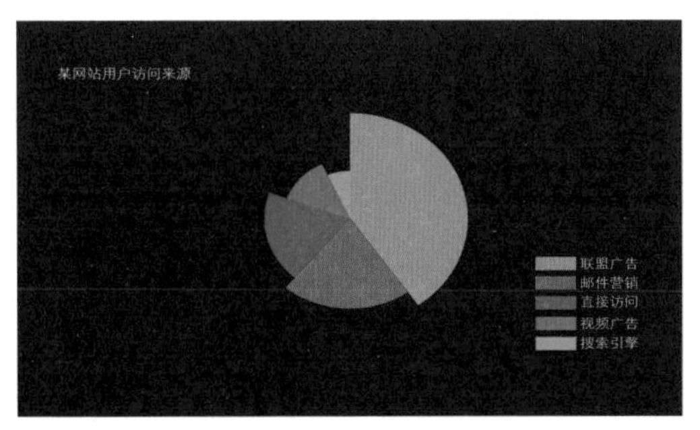

图1-10

适用场景：适用于简单的占比图，在不要求数据精细度的情况下使用非常方便。

优势：具有较好的可视性，使数据易于理解。

劣势：由于人类视觉对面积差异的敏感度相对较低，因此饼状图的应用正在逐渐减少。

4. 散点图

散点图效果，如图1-11所示。

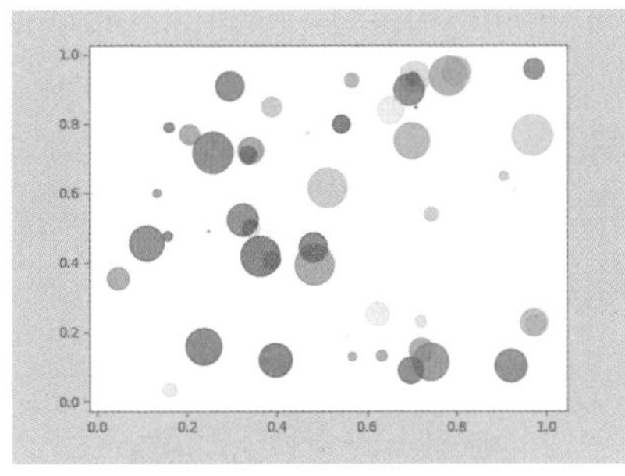

图1-11

适用场景：分析变量之间的关系。

优势：直观、醒目，能传递变量间关系的明确程度。

劣势：数据点的位置在3D空间中难以被准确辨识。

5. 漏斗图

漏斗图效果，如图1-12所示。

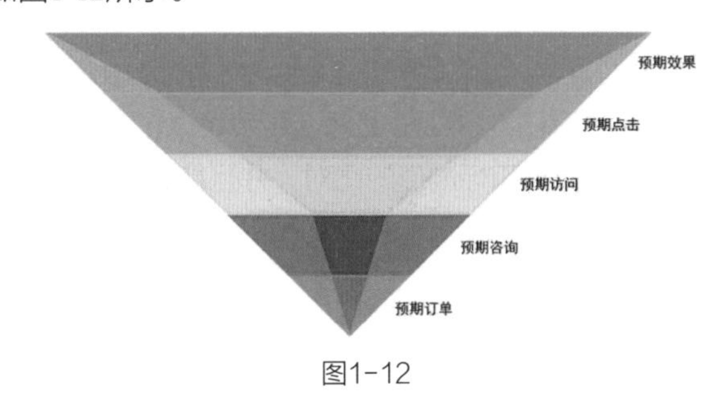

图1-12

适用场景：适用于规范、周期长、环节多的业务流程分析。通过比较漏斗各环节的业务数据，能够直观地发现问题所在。

优势：能够直观地展示用户在转化过程中的情况，帮助快速识别问题。

劣势：单一漏斗图无法全面评价关键流程中各步骤的效果。

6. 地图

地图效果，如图1-13所示。

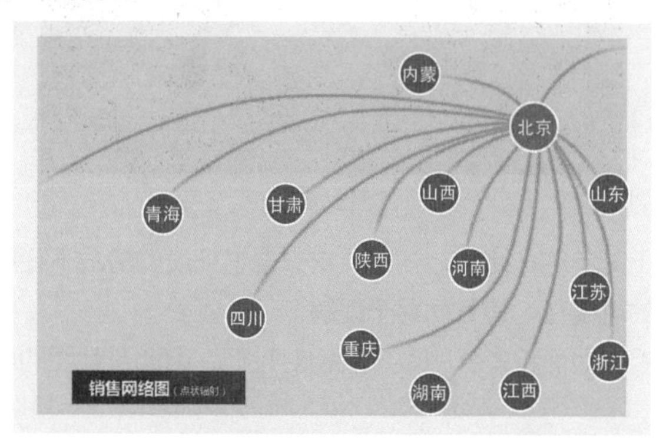

图1-13

适用场景：适用于有空间位置的数据集。

优势：可视化范围广，时间与空间结合，可多维度展示。

劣势：信息表达不够准确，图表复杂难以理解。

7. 雷达图

雷达图效果，如图1-14所示。

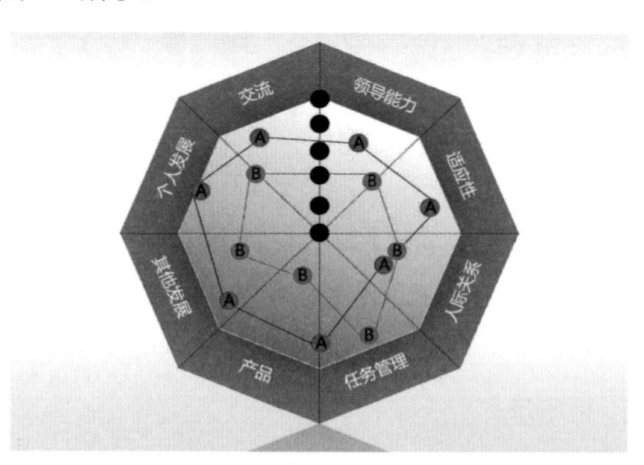

图1-14

适用场景：适用于多维数据(四维以上)，且每个维度可以排序。

优势：适合展现多个关键特征和标准值的比对，并且能够直观地比较多余数据在多维度上的取值。

劣势：雷达图的数据点最多包含6个，否则难以清晰辨别，因此适用场合有限。如果用户不熟悉雷达图，可能解读时会遇到困难。

1.4 数据视觉艺术设计

数据视觉化是一种将数据编码为可视化结构的方式。研究表明，人们最容易理解的视觉编码首先是简单的平面编码，如位置(x轴，y轴)，其次是长度、角度、坡度、面积、体积，最后是颜色和密度等。

不同的可视化图形适用于不同的数据结果，正确的可视化应该选择合适的图形类型。表1-1是对不同的可视化类型进行功能和图形类别的比较。

表1-1　可视化类型的功能和图形类别比较

可视化类型	功能	图形类别
时间序列	一段时间内持续记录的随时间变化的数据集	折线图、面积图、极坐标图等
比较类型	用于比较数据集中数值的大小	柱状图、饼状图等
文字类型	用于展示数据中类别的频率	词云图等
地理位置类型	用于按地区展示数据	位置图、经纬图、等高线图等
网状或分层结构	用于展示数据之间的层次关系	树形图、打包图、平行图、引力图等

无论是希望通过一个可视化项目进行宣传，运用翔实的数据向各方展示以期望促成决策，还是通过分析结果说服大家关注某项工作等，用户都应选择合适的媒介进行交流，并注意数据视觉化设计的表现形式。

1. 数据视觉艺术设计的基本流程

(1) 确定表意。明确信息图要表达的核心要素，确定主要的表现内容。

(2) 优化呈现方式。针对确定的内容选择最优的表现形式，寻找灵感，确定创意，重中之重是降低理解难度，让读者一目了然。

(3) 探索视觉风格。根据所要表达的数据信息，挑选一个或多个结构模型或图表模型，根据设计方案，确定一个合适的版式方案，规划出大致的版面效果。这个步骤要注意抓大放小，以确定主要模块的风格为主，留待后面再做延展。

(4) 完善细节。当图表的主体风格确定后，可根据需要完善细节。例如，对结构模型或图表模型进行艺术化加工，或者将某些文字信息转化为图形元素，或者对文字元素进行编排和加工，或者为视图制订一套最佳的配色方案等，直到制作出一个完整的可视化作品。

(5) 风格延展。视觉风格的一致性、统一性有助于用户理解，也能更好地提升品牌形象。所以主风格确定后，需要把它延展到其他所有相关的视窗或页面上。

2. 数据视觉艺术设计原则

为了使图表中的数据更容易被接收和理解，并增强和优化受众对数据的体验，还应遵循以下设计原则。

(1) 细分受众进行针对性设计。数据可视化用于展示模式、情境和描述数据中的关系，首要任务是准确地了解沟通目标，后续的一系列工作都是由此展开的。设计师可以通过回答以下几个关键问题来明确这个目标：你的目标受众是谁；你想让他们知道什么；你期待达到什么样的沟通效果。设计师可以根据受众的具体需求，决定数据的展示模式及情境类型。如果受众无法正确理解图表中的数据，那么视觉化就毫无意义。例如，对于新手，数据视觉化设计应该是结构化、明确和引人入胜的，甚至有必要用文字解释数据的含义；而对于专家用户，设计可以展示更精细的数据视图，以促进他们去探索和发现。

(2) 运用视觉显著性来集中注意力和引导体验。视觉显著性是数据视觉化中的有力工具，它通过使某些视觉元素在周围环境中相对突出，引导用户轻松关注到重要的信息，从而使可视化设计更加清晰，且有助于防止信息过载，让用户更容易理解。

(3) 适当使用交互性来促进探索。交互设计的好处是可以集成额外的数据，让感兴趣的受众更深入地进行探索。交互性是一个强大的工具，能够吸引受众注意力并引导他们的思路，但要注意不可将关键数据隐藏在交互元素后面。

(4) 使用消息传递和视觉层次结构创建叙述流。优秀的视觉效果能够讲述引人入胜的故事，这些故事来源于数据中的趋势、相关性或异常值，并被围绕在数据周围的元素所强化。从表面上看，数据视觉艺术设计似乎都是关于数字的，但故事性将原始数据转换为有用的信息，而清晰的信息传递和视觉层次结构可引导读者逐步浏览数据。在数据视觉艺术设计中，使用注释可以帮助创建叙述流。例如，将上下文信息直接覆盖到图表上，或者添加图形元素使这些注释更有意义，以便将这些信息更直接地与数据相连。

(5) 使结构元素清晰但不显眼。信息设计应通过创建数据元素和非数据元素之间的视觉对比，从图表中去除视觉上的杂乱之感，以突出数据本身。例如，删除不利于清晰显示数据的结构元素(如背景、线条和边框)；减弱结构元素(如轴、网格和记号)，将网格、轴线等的样式设置为灰色或较细的线；如果数据需要标记，可以利用交互设计来隐藏或显示这些内容，以在需要时才显示相关信息。

(6) 使用恰当的元素定义特定的数据信息。人们对不同类型视觉元素的感知精度，决定了展示定量信息的优先级排序，如坐标定位、长度、角度、面积、颜色等。基于这一排序原则，对数据可视化设计的建议如下：当需要展示定量信息时，应优先考虑通过位置来界定数据（如散点图和条形图），这样有助于观众在更短的时间内进行更精确的比较，其效果通常优于基于角度的编码（如饼图）或基于区域的编码（如气泡图）。至于颜色，它通常不被用作定量信息的直接载体，而是更多地用于区分不同的数据类别，这种策略更为直观且高效。

(7) 为移动端体验而设计。许多数据可视化的精彩之处，往往隐藏在那些由微小数据点与巧妙编码所构成的视觉细节之中。然而，静态可视化作品常以JPG、PNG等位图图像格式发布，这对于移动设备上的观众来说，无疑构成了不小的挑战，因为这些至关重要的视觉细节在屏幕尺寸和分辨率受限的静态格式中极易丢失。为了创造卓越的移动端用户体验，可以利用JavaScript可视化库来创建具备响应式设计的可视化作品，这些作品能够智能地适应各种屏幕尺寸和分辨率，确保即使在小屏幕上，每一处视觉细节也能得到完美的展现。

(8) 平衡复杂性和清晰性以促进理解。设计美观的可视化作品能够更具吸引力和感染力。在美化图表的过程中，必须坚守的基本原则，是美学设计绝不能干扰数据信息的准确传达，应尽量保持设计的简洁性，避免添加过多无用的信息，以免阻碍信息的有效传递。设计的关键在于，在复杂性与清晰性之间找到符合受众需求的平衡点。在设计时需深思熟虑，依据受众的知识背景和目标来决定应包含哪些数据及数据的多少，并据此整理数据，以讲述想要传达的故事。

1.5 本章小结

数据视觉艺术设计的最终目的是向沟通对象有效传播信息。因此，在项目设计中遵循正确的流程和必要的原则，可以使数据视觉艺术设计成果更加高效、准确地传达数据含义。同时，要选择适合的信息图表模型，保持简约的设计，清除所有对传递消息无益的杂乱元素。还有非常重要的一点，就是每次项目结束后都要进行认真检查和复盘，将发现的问题进行及时反馈和调整，这有助于项目迭代并达到预期效果。

代码艺术与视觉创意

艺术与科技相互融合，能够催生出无数令人惊叹的创意。早在21世纪初，艺术家们便已开始运用代码和计算机技术进行创作，使科技成为艺术不可或缺的重要元素。一些艺术家巧妙地将真实数据融入艺术作品中，将数据的复杂性与实用性完美结合。通过数据流的引入，这些创造性的作品得以生动呈现，焕发出勃勃生机。

2.1 代码艺术与Processing

“代码艺术”包含编码的艺术性和编码作为一种创造性表达的方式。

Processing最初是Java语言在艺术和设计领域的一个专门扩展，如今它已经发展成为一个成熟的设计和原型开发工具，被广泛用于创建大规模的互动装置、动画图形和复杂的数据可视化项目。Processing是一个简单的编程环境，能够帮助用户开发动态的视觉应用程序，并通过交互为用户提供即时反馈。

Processing语言具有以下几个特征。

- **多平台**：Processing程序可以在Windows、macOS或Linux操作系统上运行。
- **简单性**：Processing比C、C++、Java等其他语言更容易学习。
- **高性能**：Processing提供了即时编译和优化的高性能，使用户能够快速地实现和调整代码。
- **以网络为中心**：应用程序可以利用互联网协议构建，进行数据传输和交互。
- **动态性**：支持动态内存分配和内存垃圾收集。

- **免费开源：**使用Processing环境和核心库开发的项目可以无限制地用于任何目的。

最新版本的Processing资源，可在官方网站下载。其欢迎界面，如图2-1所示。

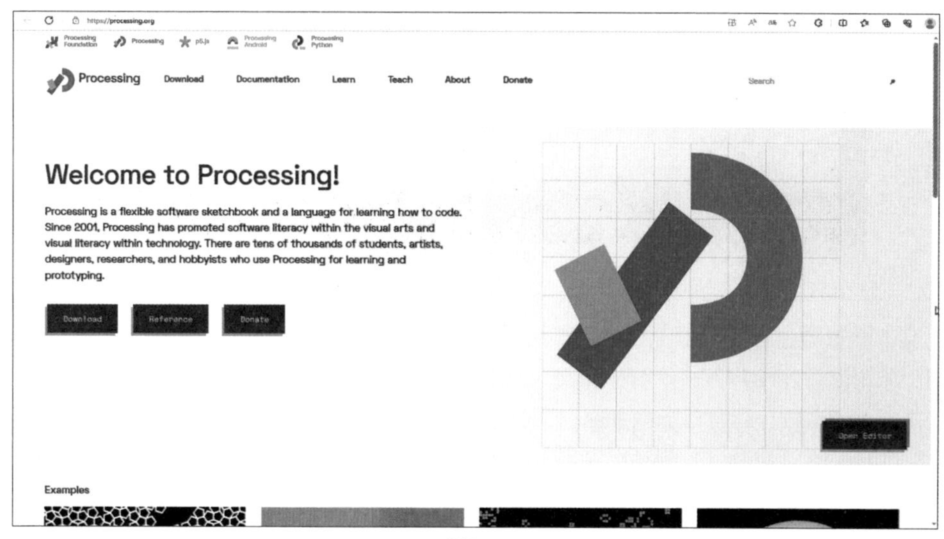

图2-1

Processing应用程序界面设计简洁，没有多余的对话框、面板和杂乱的内容，在工作过程中需要的信息都是可见和可访问的，如图2-2所示。

在Processing工作窗口的顶部，包含“文件”“编辑”“速写本”“调试”“工具”和“帮助”6个主菜单。

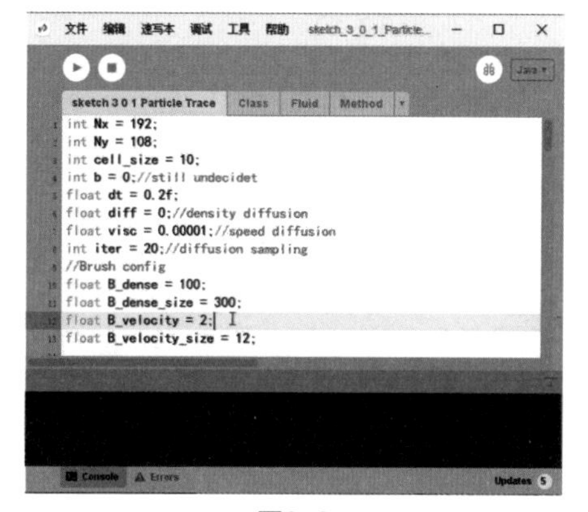

图2-2

关于各主菜单中包括的命令，读者可以仔细浏览，并不难理解，在后面的章节中也会边使用边讲解。

工具栏中有两个常用的工具按钮：一个是“运行”按钮，可以运行编辑完成的代码，并弹出运行窗口，用户可从中观察程序的视觉效果和执行交互动作；另一个是“停止”按钮，用于关闭运行窗口。

Processing的工作界面窗口被划分为上下两部分，而且分隔线高度是可调的。上部分的文本编辑器用于编辑代码，当出现红色标记时意味着代码有错误；下部分红色的消息区主要显示程序编译时的错误(如语法错误)和一些提示消息，底端的控制台部分提供了关于代码中错误信息的详细反馈。此外当使用print()和println()函数时，在文本区域会输出有关的信息，如2-3所示。

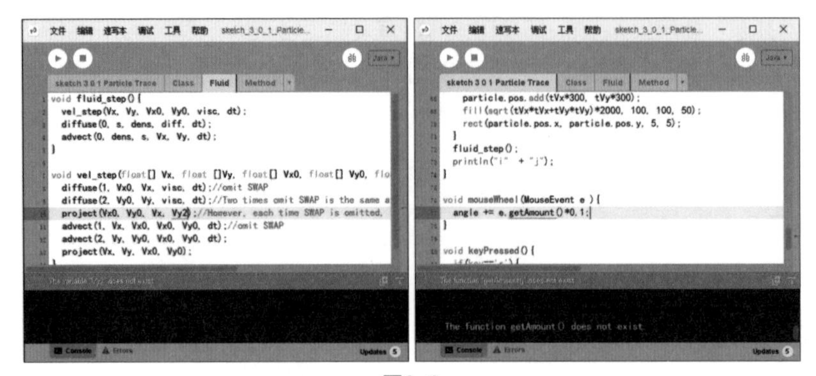

图2-3

文本编辑器上方的选项卡显示正在使用的文件。在选项卡区域的右侧是一个向下的箭头按钮，单击此按钮将打开一个弹出菜单，在其中可创建和管理标签。通过单击这些标签名称可激活相应的标签，将其作为活动窗口，以便进行编辑工作。

2.2 视觉元素

对于艺术家而言，作品中视觉元素的有效性评判标准主要基于认知或审美目标。无论是绘画、设计，还是代码艺术，线条、颜色、图形、比例、形式与纹理均构成美学与认知的基本要素。因此，学习Processing可以从探索简单形状的变化着手，逐步创作出形态丰富的作品。为了深化理解并提升技能，建议尝试选取并调整Processing参考范例中的数值参数，通过观察形状如何随数值变化而呈现出不同的形态与反应，来增进自己的认识。

2.2.1 绘制形状

在Processing中创建视觉元素，需要遵循一定的顺序：首先指定位置，然后指定大小，最后指定形状。通过仔细观察简单视觉元素的示例代码，可以发现绘制图形的方法具有相似性。

1. 绘制圆形

下面从一个基于“椭圆”形状的简单示例开始，讲解形状的绘制方法。打开Processing，在编辑器中输入以下三行代码，绘制一个简单的圆形：

```
1  noFill();
2  stroke(0, 0, 0);
3  ellipse(60, 40, 50, 50);
```

单击“运行”按钮▶，在运行窗口中绘制一个相同宽度和高度的椭圆，即一个完美的圆形。Processing通常用黑色描边或填充形状，在示例中因为使用了noFill()函数来更改此标准行为，所以不再进行填充。

正确拼写代码在编程中非常重要，所以需要仔细检查。

此时，圆没有被填充，但具有一条细线描边，该线的宽度自动设置为1像素。可以使用stroke()函数来改变线条的颜色，使用三个数字来指定颜色中红色、绿色和蓝色的数量，每个数值的范围是0～255，这称为RGB颜色模式，是Processing默认的颜色模式。目前使用的是黑色的RGB值(0,0,0)；如果将这三个值从0增加到120，线条颜色将变为灰色；如果将这3个值都增加到255，线条颜色则变为白色。

在示例代码的最后一行有两个数字，即60和40，指定了圆形的位置。当在数字画布上定位一个元素时，第一个数字表示水平位置x坐标，第二个数字表示垂直位置y坐标，这就是通常所说的x和y。后面的两个数值为椭圆的宽度和高度，均为50，由此形成一个圆形。

现在尝试改变椭圆的值，以显示椭圆的不同形状和描边。例如，在紫色背景上绘制一个居中并填充的椭圆，修改代码如下：

```
1  // 设置画布的大小
2  size(600, 400);
3  // 将背景设置为紫色
4  background(135, 30, 200);
5  // 设置描边颜色和宽度
6  stroke(245, 185, 35);
7  strokeWeight(8);
8  // 设置填充颜色为蓝色
9  fill(30, 180, 250);
10 // 在画布的中心处绘制椭圆
11 ellipse(width/2, height/2, 200, 200);
```

运行代码(sketch_2_01)，查看效果，如图2-4所示。

图2-4

在本例中使用size()函数来设定画布的宽度与高度，还引入了一个新元素，即画布的背景色，它是依据颜色模式中的RGB(135,30,200)来定义的。案例中不仅设定了椭圆的描边颜色，还明确了描边的宽度及椭圆的填充颜色。为了将椭圆精确地放置在画布的正中央，采用了画布宽度和高度各自的一半作为参照点，计算出椭圆在水平和垂直方向上的中心位置，利用这两个坐标值来确定椭圆的位置，并设定椭圆的宽度和高度均为200像素。

2. 绘制直线

线条作为一种视觉元素，在艺术和设计中无处不在。在Processing中，可以通过连接画布上的两点来绘制线条。输入如下两行代码：

```
1  size(600, 400);
2  line(100, 100, 500, 300);
```

运行代码，生成一条直线，如图2-5所示。

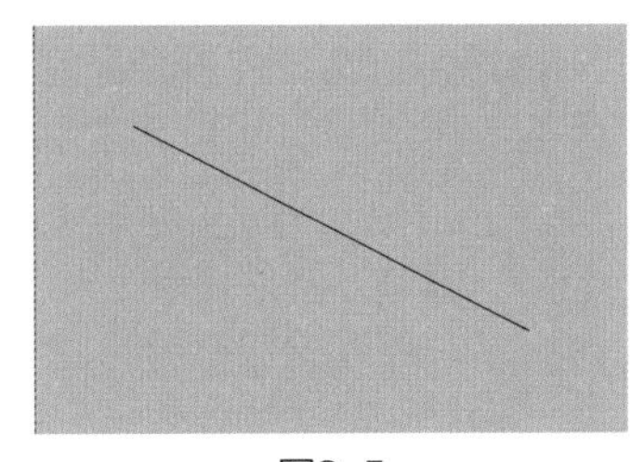

图2-5

3. 绘制三角形

在Processing中绘制三角形的方法也很简单，只需指定三个不同点的坐标。与直线不同，三角形可以被填充。输入如下三行代码：

```
1 size(600, 400);
2 fill(225, 85, 10);
3 triangle(300, 100, 200, 300, 500, 300);
```

运行代码，即可绘制一个三角形，如图2-6所示。

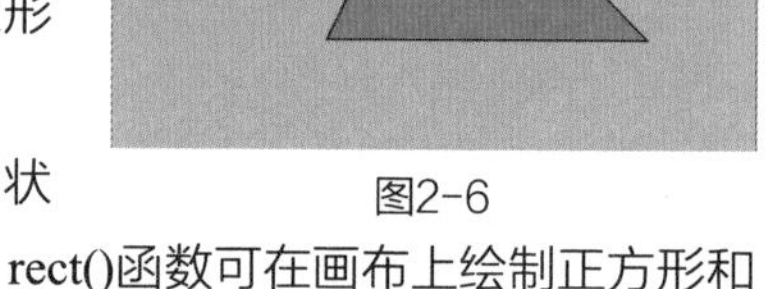

图2-6

4. 绘制多边形

Processing提供了多种由点定义的形状。例如，使用quad()函数绘制四边形，使用多点列表自由定义复杂多边形等。具体方法可以查看Processing参考文档。

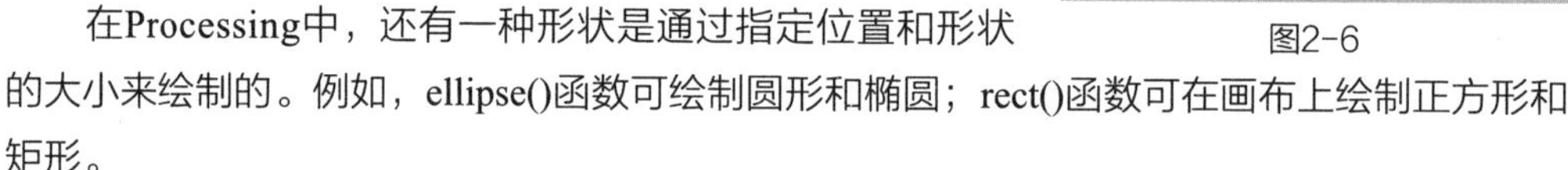

在Processing中，还有一种形状是通过指定位置和形状的大小来绘制的。例如，ellipse()函数可绘制圆形和椭圆；rect()函数可在画布上绘制正方形和矩形。

输入如下代码：

```
1 size(600, 400);
2 fill(225, 85, 10);
3 rect(200, 100, 300, 200);
```

图2-7

运行代码，完成一个矩形的绘制，如图2-7所示。

通过向rect()函数添加第5个值可确定圆角半径，以绘制圆角矩形。添加如下代码：

```
1 // 绘制一个带有圆角的矩形
2 rect(200, 100, 300, 200, 15);
```

图2-8

运行代码，绘制圆角矩形，如图2-8所示。

Processing在默认情况下使用其左上角定位视觉元素。在本例中，矩形的左上角位于(200,100)位置。其实Processing可以使用不同的方式确定图形的位置：顶角模式将左上角作为轴心点；中心模式将形状的中心作为轴心点。

绘制两个处于不同位置的圆角矩形，输入代码如下：

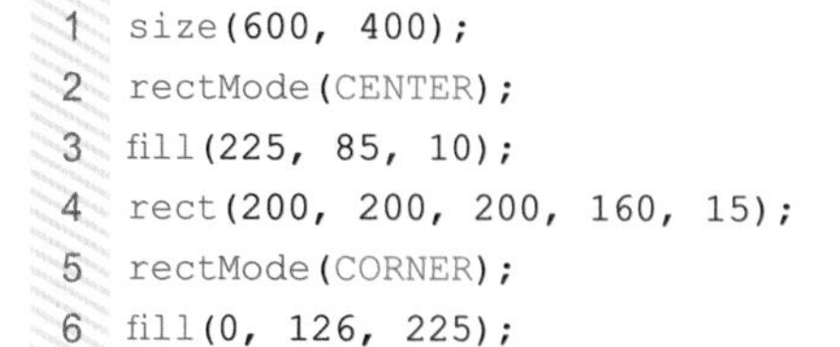

```
1 size(600, 400);
2 rectMode(CENTER);
3 fill(225, 85, 10);
4 rect(200, 200, 200, 160, 15);
5 rectMode(CORNER);
6 fill(0, 126, 225);
7 rect(320, 60, 200, 160, 10);
```

运行代码(sketch_2_02)，如图2-9所示。

图2-9

5. 绘制曲线

在图形绘制中，曲线是重要和常用的视觉元素。Processing提供了多个曲线函数，以及两个与顶点相关的曲线函数。

arc()函数用于绘制圆弧，需要指定圆心x和y的位置、圆的宽度和高度，以及描述圆弧旋转的起始角度和结束角度(以弧度为单位)。输入代码如下：

```
1  size(600, 400);
2  background(255);
3  int x=width/2, y=height/2;
4  int w=200, h=200;
5  strokeWeight(4);
6  smooth();
7  fill(0);
8  arc(x, y-h/2, w, h, 0, PI);
9  noFill();
10 arc(x, y+h/2, w, h, PI, PI*2);
```

运行代码(sketch_2_03)，查看两种圆弧效果，如图2-10所示。

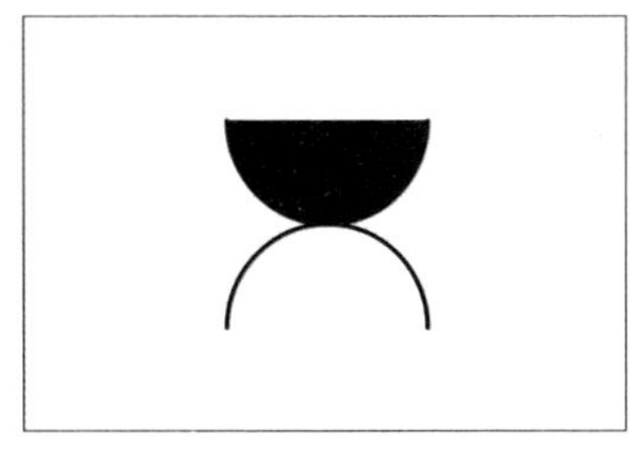

图2-10

对于圆弧而言，当以起点为始旋转2*PI的角度时，将形成一个完整的圆形。

arc()函数也包含一个填充和一个描边选项，就像ellipse()函数一样。下面对程序代码进行简单修改，使用arc()函数创建两个同心圆。输入代码如下：

```
1  size(600, 400);
2  background(255);
3  int x=width/2, y=height/2;
4  int w=200, h=200;
5  strokeWeight(4);
6  smooth();
7  fill(0);
8  arc(x, y, w, h, 0, 2*PI);
9  noFill();
10 arc(x, y, 1.2*w, 1.2*h, 0, PI*2);
```

运行代码(sketch_2_04)，查看同心圆效果，如图2-11所示。

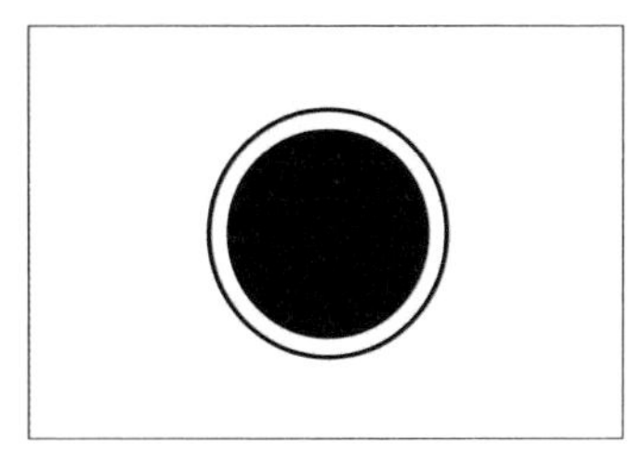

图2-11

还可以使用arc()函数绘制标准饼状图。输入代码如下：

```
1  size(600, 400);
2  background(0);
3  smooth();
4  stroke(127);
5  fill(0);
6  int radius=150;
7  int[]angles={30, 10, 20, 35, 55, 40, 70, 30};
8  float stAng=0;
9  for(int i=0; i<angles.length; i++){
10 fill(random(255));
11 arc(width/2, height/2, radius*2, radius*2, stAng, stAng+=radians(angles[i]));
12 }
```

运行代码(sketch_2_05)，查看组合饼状图的效果，如图2-12所示。

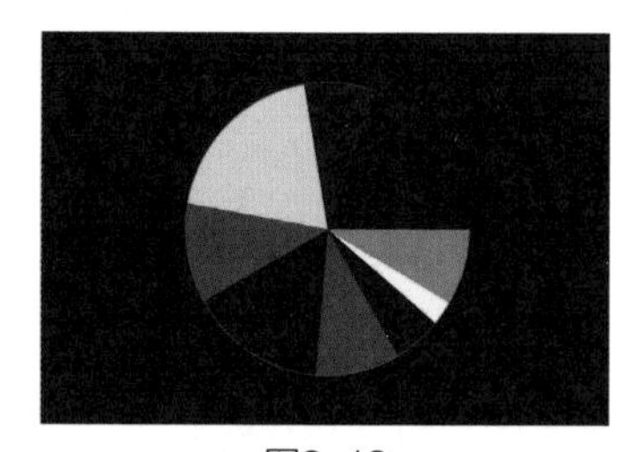

图2-12

如果要创建一个连续的曲线路径，curve()和bezier()这两个曲线函数是更方便的选择。curve()和bezier()函数简化了曲线的生成，每个函数都需要8个参数，表示4个点的x和y分量。

bezier()函数通过两组点来定义一条贝塞尔曲线：前两个参数和最后两个参数分别指定了曲线的起始点和终止点（也称作锚点），而中间的四个参数则代表两个控制点，它们决定了曲线在起始锚点与终止锚点之间如何弯曲和移动。

下面的示例中可以自由地将控制点和锚点与线连接起来。代码如下：

```
1  size(600, 400);
2  background(200);
3  smooth();
4  float pt1_x=250;
5  float pt1_y=300;
6  float pt2_x=200;
7  float pt2_y=100;
8  float pt3_x=400;
9  float pt3_y=100;
10 float pt4_x=350;
11 float pt4_y=300;
12 stroke(0);
13 bezier(pt1_x, pt1_y, pt2_x, pt2_y, pt3_x, pt3_y, pt4_x, pt4_y);
14 stroke(150, 0, 0);
15 line(pt1_x, pt1_y, pt2_x, pt2_y);
16 line(pt3_x, pt3_y, pt4_x, pt4_y);
17 //控制点
18 ellipse(pt2_x, pt2_y, 10, 10);
19 ellipse(pt3_x, pt3_y, 10, 10);
20 //锚点
21 rectMode(CENTER);
22 rect(pt1_x, pt1_y, 10, 10);
23 rect(pt4_x, pt4_y, 10, 10);
```

运行代码(sketch_2_06)，查看贝塞尔曲线效果，如图2-13所示。

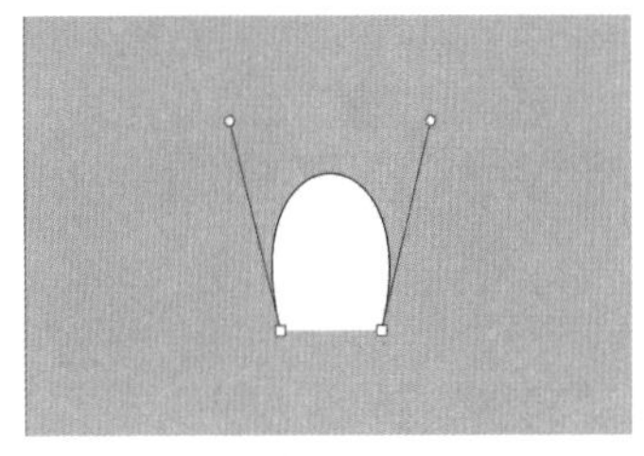
图2-13

贝塞尔曲线展现了一个动态张力效果，这种张力由控制点(示例中的小椭圆手柄)的位置，以及它们相对于锚点(曲线末端的小正方形)的位置关系共同决定。

贝塞尔曲线可以连接在一起，形成更长的连续曲线。输入代码如下：

```
1  size(600, 400);
2  background(200);
3  rectMode(CENTER);
4  noFill();
5  bezier(150, 100, 200, 50, 310, 50, 400, 150);
6  line(150, 100, 200, 50);
7  rect(150, 100, 10, 10);
8  ellipse(200, 50, 10, 10);
9  line(400, 150, 300, 50);
10 rect(400, 150, 10, 10);
11 ellipse(300, 50, 10, 10);
12 bezier(400, 150, 440, 210, 420, 265, 350, 300);
13 line(400, 150, 440, 210);
14 rect(400, 150, 10, 10);
15 ellipse(440, 210, 10, 10);
16 line(350, 300, 420, 265);
17 rect(350, 300, 10, 10);
18 ellipse(420, 265, 10, 10);
19 bezier(350, 300, 240, 350, 100, 250, 100, 350);
20 line(350, 300, 240, 350);
21 rect(350, 300, 10, 10);
22 ellipse(240, 350, 10, 10);
23 line(100, 350, 100, 250);
24 rect(100, 350, 10, 10);
25 ellipse(100, 250, 10, 10);
```

运行代码(sketch_2_07)，查看连续曲线效果，如图2-14所示。

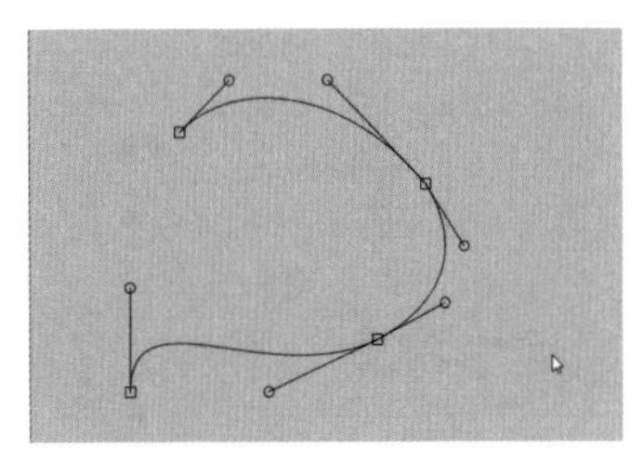
图2-14

为了生成真正平滑的曲线段，需要确保除首尾端点之外的其他锚点的控制句柄精确对齐，使它们(控制句柄的连线)形成直线。这样可以确保曲线在过渡时更加平滑，没有突兀的转折。

还有另一种创建平滑、连续曲线的方法，那就是使用curve()函数。curve()函数也使用了8个参数，然而与bezier()函数不同，curve()函数不使用锚点和控制点。

现在使用curve()函数绘制连续贝塞尔曲线，并对比一下两个函数之间的区别。代码如下：

```
1  size(600, 400);
2  background(200);
3  rectMode(CENTER);
4  noFill();
5  curve(100, 350, 150, 100, 400, 150, 350, 300);
6  curve(150, 100, 400, 150, 350, 300, 100, 350);
7  curve(400, 150, 350, 300, 100, 350, 150, 100);
8  rect(150, 100, 10, 10);
9  rect(400, 150, 10, 10);
10 rect(350, 300, 10, 10);
11 rect(100, 350, 10, 10);
```

运行代码(sketch_2_08)，查看连续曲线效果，如图2-15所示。

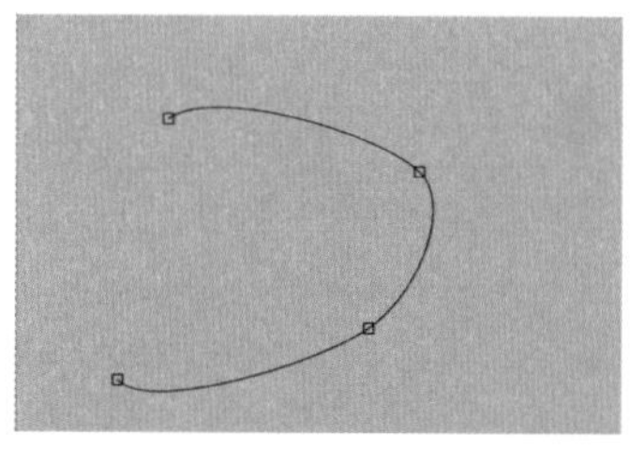

图2-15

6. 顶点自由绘制

vertex()函数利用配套的beginShape()和endShape()函数，允许顶点连接成直线、曲线、二维形状，甚至三维模型。

beginShape()函数采用一个模式参数，控制顶点的连接方式。模式参数可选择POINT、LINES、TRIANGLES、TRIANGLE_STRIP、TRIANGLE_FAN、QUADS和QUAD_STRIP。如果没有指定选项，则默认使用线条模式，可以关闭以形成多边形。

vertex()函数接受两个或三个参数(类型为int或float数)，分别为2D或3D的坐标：

```
1  vertex(x, y)
2  vertex(x, y, z)
```

下面以二维空间中的顶点为例，介绍一个非常简单的vertex()函数示例，使用默认模式。输入代码如下：

```
1  size(600, 400);
2  background(0);
3  stroke(255);
4  strokeWeight(5);
5  beginShape();
6  vertex(50, 50);
7  vertex(width-50, 50);
8  vertex(width-50, height-50);
9  vertex(50, height-50);
10 vertex(width/2, height/2);
11 endShape();
```

运行代码(sketch_2_09)，查看效果，如图2-16所示。

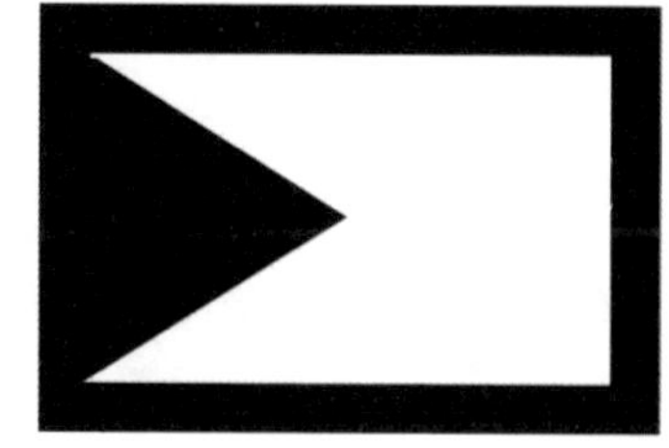

图2-16

在Processing中使用vertex()数组，可以更方便地绘制不同类型的几何图形。输入代码如下：

```
1  size(600, 400);
2  background(0);
3  stroke(255);
```

```
4  strokeWeight(2);
5  noFill();
6  //创建xy坐标数组
7  float[]x=new float[4];
8  float[]y=new float[4];
9  //创建一个二维数组
10 float[][]xy={x, y};
11 //x坐标
12 xy[0][0]=150;
13 xy[0][1]=450;
14 xy[0][2]=450;
15 xy[0][3]=150;
16 //y坐标
17 xy[1][0]=60;
18 xy[1][1]=60;
19 xy[1][2]=340;
20 xy[1][3]=340;
21 //绘制多边形
22 beginShape();
23 for(int i=0; i<xy[0].length; i++){
24 vertex(xy[0][i], xy[1][i]);
25 }
26 endShape(CLOSE);
```

运行代码(sketch_2_10)，查看绘制的四边形效果，如图2-17所示。

再添加两个顶点，修改代码如下：

图2-17

```
1  //创建xy坐标数组
2  float[]x=new float[6];
3  float[]y=new float[6];
4  //创建一个二维数组
5  float[][]xy={x, y};
6  //x坐标
7  xy[0][0]=150;
8  xy[0][1]=450;
9  xy[0][2]=550;
10 xy[0][3]=450;
11 xy[0][4]=150;
12 xy[0][5]=50;
13 //y坐标
14 xy[1][0]=60;
15 xy[1][1]=60;
16 xy[1][2]=200;
17 xy[1][3]=340;
18 xy[1][4]=340;
19 xy[1][5]=200;
```

运行代码(sketch_2_11)，查看绘制的六边形，如图2-18所示。

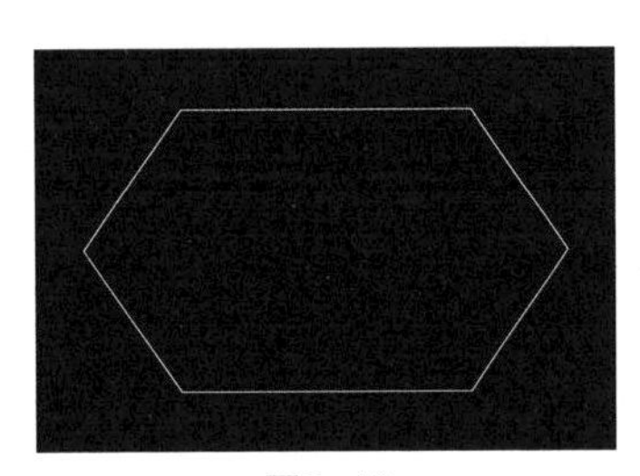

图2-18

在代码示例中，创建float[ ]x和float[ ]y两个坐标数组，然后组成单元，将它们粘贴到另一个2D数组中，即float[ ][ ]xy。关系数组的内容将在第5章中详细介绍。

还有一种常用的多边形，那就是正多边形，应用三角函数和循环结构进行绘制。输入代码如下：

```
1  int points=8;
2  void setup(){
3    size(800, 600);
4    background(0);
5    smooth();
6    noFill();
7  }
8  void draw(){
9    float px, py;
10   float angle=0;
11   float radius=200;
12   stroke(255);
13   strokeWeight(3);
14   translate(width/2, height/2);
15   beginShape();
16   for(int i=0; i<points; i++){
17     px=cos(radians(angle))*radius;
18     py=sin(radians(angle))*radius;
19     vertex(px, py);
20     angle+=360/points;
21   }
22   endShape(CLOSE);
23 }
```

运行代码(sketch_2_12)，查看绘制的正八边形，如图2-19所示。

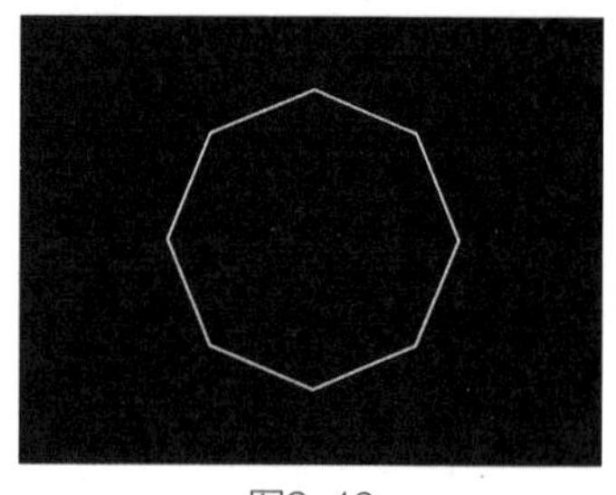

图2-19

2.2.2 设置画布

在Processing中指定画布大小时，可使用size()函数设置宽度和高度这两个全局变量，并针对size()函数的可选参数指定图形的渲染方式。Processing提供了几种渲染器，每种渲染器都有独特的功能。

```
1  size(600, 400, JAVA2D);
```

默认情况下，Processing使用Java2D渲染器，它在渲染高质量的2D矢量图形方面表现出色，但是以牺牲速度为代价的，特别是与P2D和P3D渲染器相比，渲染的速度更慢。

```
1  size(600, 400, P2D);
```

P2D是Processing的2D软件渲染器，一般用于简单的图形和快速的像素操作，它缺少像笔画和粗线连接这样的细节，但当绘制众多简单的形状或直接操作图像或视频的像素时，它具有快速的优势。

```
size(600, 400, P3D);
```

P3D是Processing的3D软件渲染器，主要用于快速的像素操作，还可以在Web浏览器中生成3D图形，图像质量较差，但绘制图形的速度很快。

1. 缩放视觉元素

在Processing中，视觉元素的比例总是相对于画布及其坐标系的，并且比例值被指定为百分比。scale()函数可改变画布的缩放级别。例如，scale(2.0)将形状的大小增加到200%，而scale(0.8)将形状缩小到80%。

scale()函数可以设置一个、两个或三个参数，这样就可以使用各种形式缩放图形。不过要注意，scale()函数实际上并没有改变图形本身的尺寸，只是为接下来的绘图操作缩放了画布。这意味着，使用scale()函数将使画布保持缩放，直到再次改变缩放。如果多次使用缩放，结果是累积的，即先缩放2.0，再缩放3.0，等同于一次性缩放6.0。

在下面的示例中，代码中的多个比例函数可一起使用。输入代码如下：

```
size(800, 600);
background(208, 170, 208);
stroke(246, 170, 110);
strokeWeight(5);
fill(110, 70, 130);
ellipse(305, 240, 320, 320);
rect(130, 60, 320, 240, 100);
// 绘制第一次缩放的矩形
scale(1.3, 1.4);
fill(110, 70, 130, 150);
rect(130, 60, 320, 240, 100);
// 绘制第二次缩放的矩形
scale(0.6);
fill(110, 70, 130, 60);
stroke(246, 170, 110, 80);
rect(130, 60, 320, 240, 100);
```

运行代码(sketch_2_13)，查看效果，如图2-20所示。

图2-20

提示

缩放函数不仅会对变换函数组合运算的最终效果产生影响，而且如果在代码中更改缩放函数的顺序，可能会导致意想不到的结果。

2. 重置画布

因为画布缩放具有累积效应，当需要绘制10个或20个重叠的对象，且每个对象都有自己的缩放比例时，不同的缩放操作可能会相互影响，这时就需要将画布恢复到原始设置。建议单独缩放对象，并且在缩放和绘制下一个对象之前重置画布，这样每个对象的缩放就不会影响其他对象。

将画布恢复为原始的设置(平移或旋转)，包含如下两种方法：

第一种方法是直接调用resetMatrix()函数，它可以将所有的设置带回到初始状态，实现画布的完全重置，通常被称为“默认值”。输入代码如下：

```
1  size(600, 400);
2  background(200, 170, 200);
3  stroke(246, 170, 100);
4  strokeWeight(5);
5  fill(120, 70, 120);
6  rect(200, 100, 200, 200);
7  //缩放一次
8  scale(0.8);
9  rect(200, 100, 200, 200);
10 //重置画布
11 resetMatrix();
12 //缩放第二次
13 scale(0.6);
14 rect(200, 100, 200, 200);
```

运行代码(sketch_2_14)，查看效果，如图2-21所示。

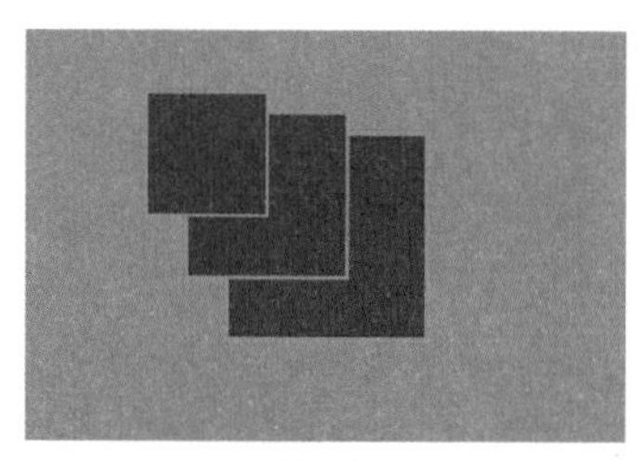

图2-21

注释掉重置画布这一行代码：

```
1  //重置画布
2  // resetMatrix();
```

再运行代码(sketch_2_15)，查看缩放效果，与前面的效果有很大的区别，如图2-22所示。

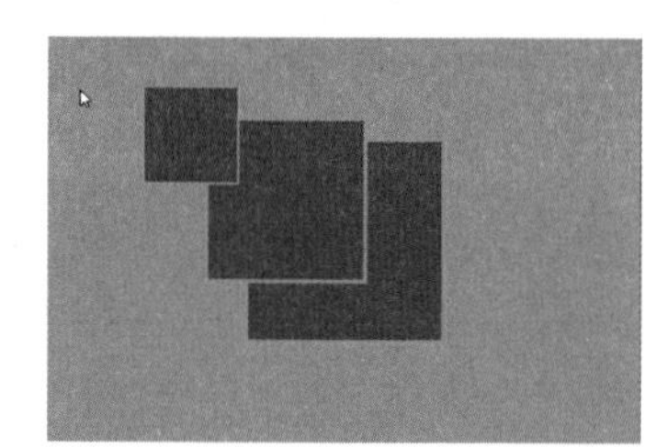

图2-22

另一种方法是可以单独控制某些画布，恢复其原有设置，而某些画布设置被保留。可以使用pushMatrix()和popMatrix()这两个函数来实现。

使用pushMatrix()和popMatrix()两个函数，可以有选择地恢复画布缩放。输入代码如下：

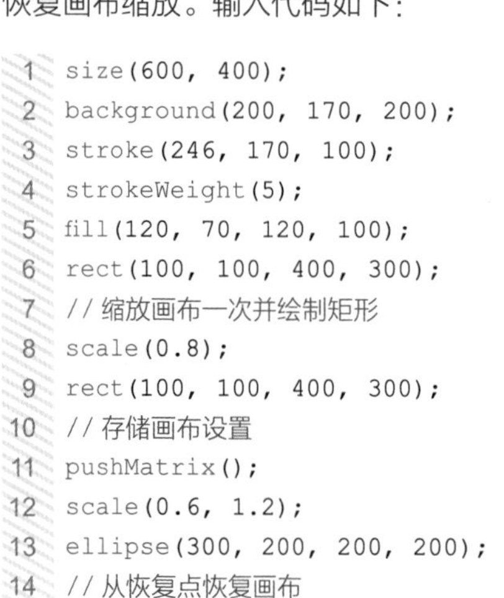

```
1  size(600, 400);
2  background(200, 170, 200);
3  stroke(246, 170, 100);
4  strokeWeight(5);
5  fill(120, 70, 120, 100);
6  rect(100, 100, 400, 300);
7  //缩放画布一次并绘制矩形
8  scale(0.8);
9  rect(100, 100, 400, 300);
10 //存储画布设置
11 pushMatrix();
12 scale(0.6, 1.2);
13 ellipse(300, 200, 200, 200);
14 //从恢复点恢复画布
```

```
15 popMatrix();
16 //按照前面的比例绘制图形
17 rect(100, 100, 400, 300);
18 //存储画布设置
19 pushMatrix();
20 scale(1.2, 0.6);
21 ellipse(300, 200, 300, 200);
22 //恢复画布
23 popMatrix();
```

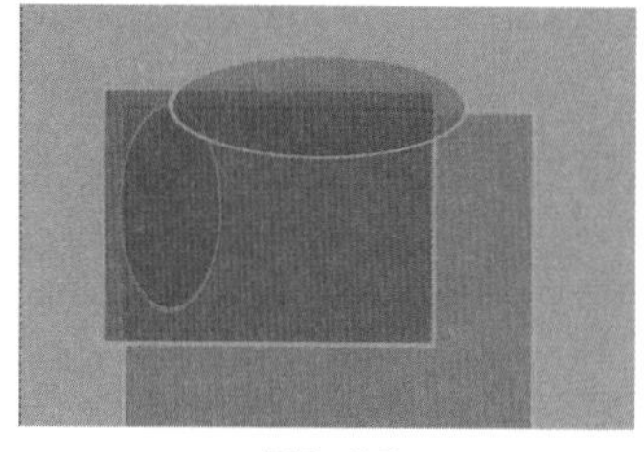
图2-23

运行代码(sketch_2_16)，查看效果，如图2-23所示。

3. 旋转和平移

旋转和平移用于旋转和移动视觉元素，可改变元素的绘制方向和位置，而不只是元素的比例。在实际应用中，首先应用旋转和平移变换到当前的绘图坐标系，然后绘制元素，绘制的元素会根据应用的变换进行相应的移动或旋转。

我们先在白色画布上绘制一个黑色矩形，没有其他元素。输入代码如下：

```
1 size(600, 400);
2 background(0);
3 rectMode(CENTER);
4 //绘制白色画布
5 fill(255);
6 rect(width/2, height/2, 300, 240);
7 //绘制黑色矩形
8 fill(0);
9 rect(width/2, height/2, 100, 100);
```

运行代码(sketch_2_17)，查看效果，如图2-24所示。

图2-24

接下来旋转白色的画布，并像之前一样，在画布中绘制黑色的矩形。修改代码如下：

```
1 //旋转15°
2 rotate(radians(15));
3 //绘制白色画布
4 fill(255);
5 rect(width/2, height/2, 300, 240);
6 //绘制黑色矩形
7 fill(0);
8 rect(width/2, height/2, 100, 100);
```

运行代码(sketch_2_18)，看到白色的画布和黑色的矩形都围绕着左下角旋转，如图2-25所示。

图2-25

在Processing中，默认任何旋转都相对于画布的原点，即左上角的点(0,0)。如果想围绕另一个点旋转一个视觉元素，需要首先将画布的(0,0)点设置为这个新的位置，然后旋转。

在下一个示例中展示这种工作原理，让白色画布保持不动，只围绕其中心点旋转黑色矩形。修改代码如下：

```
1  // 绘制白色画布
2  fill(255);
3  rect(width/2, height/2, 300, 240);
4  // 平移中心点
5  translate(width/2, height/2);
6  // 旋转15°
7  rotate(radians(15));
8  // 绘制黑色矩形
9  fill(0);
10 rect(0, 0, 100, 100);
```

运行代码(sketch_2_19)，查看效果，如图2-26所示。

可以通过不同的组合变换，绘制多种图形样式。例如，可以在平移后插入一个scale()函数，改变黑色矩形的大小。

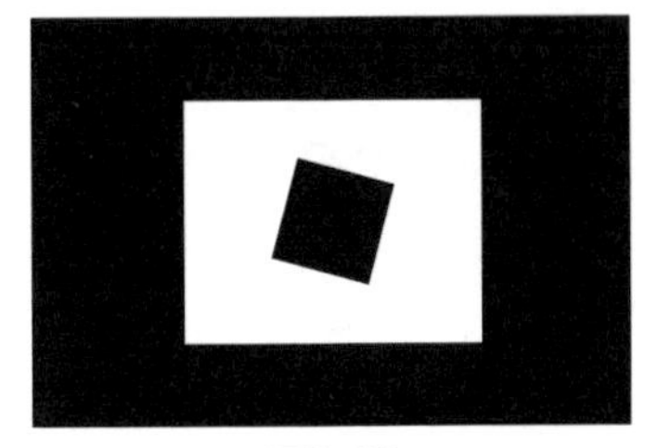

图2-26

操作时要注意变换的顺序，在平移前旋转有不同的效果。可以使用resetMatrix()函数来重置画布，也可以使用pushMatrix()和popMatrix()函数进行更细致的恢复工作。

使用Processing进行图形绘制时，只要使用更多的参数，就可以在三维空间的三个轴向上移动、旋转和缩放任何视觉元素。

2.2.3 文字与版式

在Processing中设计文本时，可以设置其颜色、字体、大小和位置。text()函数通过一个字符串和一个矩形的形状来显示文本内容。首先指定左上角，然后指定右下角。输入代码如下：

```
1  size(600, 400);
2  String s="Thank you for standing behind me"+
   "In all that I do-I hope you are as happy with
   me"+"As I am with you";
3  fill(255, 0, 255);
4  text(s, 50, 50, 400, 300);
```

运行代码(sketch_2_20)，查看文本效果，如图2-27所示。

图2-27

首先指定左上角，然后指定右下角，文本将自动换行，矩形相当于文本框。

如果要更改字体的大小，可以使用 textSize()函数。输入代码如下：

```
1  textSize(32);
```

运行代码(sketch_2_21)，查看文本效果，如图2-28所示。

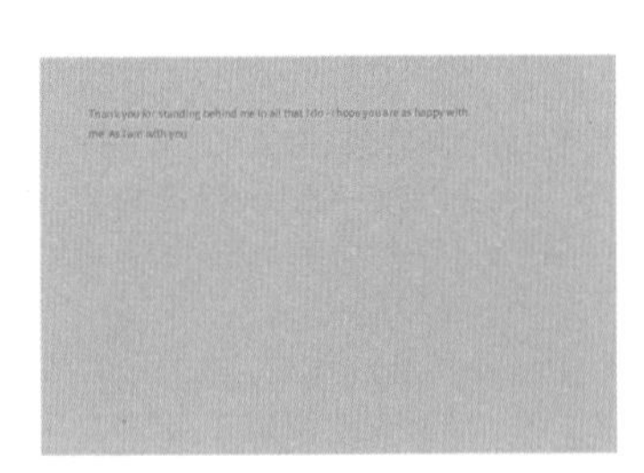

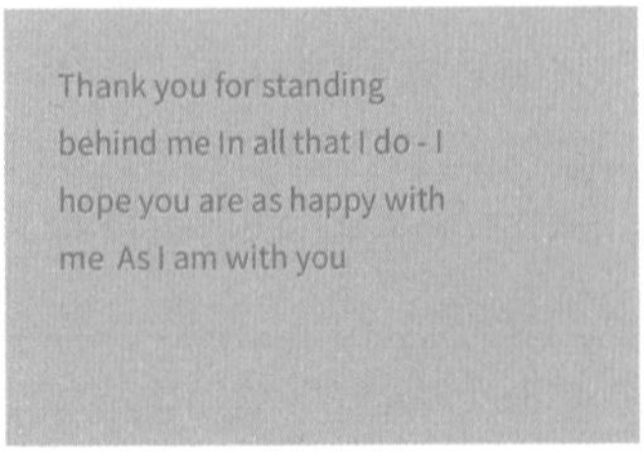

图2-28

如果不想将文本限制为矩形，可以单纯指定位置。输入代码如下：

```
1  size(600, 400);
2  String s="Thank you for standing behind me";
3  textSize(28);
4  fill(255, 0, 255);
5  text(s, 50, 50);
```

运行代码(sketch_2_22)，查看文本效果，如图2-29所示。

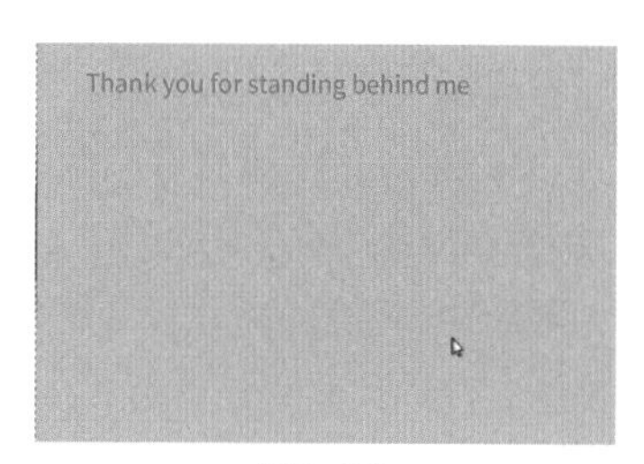

图2-29

如果输入的字符比较少，可以不使用字符串。修改代码如下：

```
1  size(600, 400);
2  textSize(28);
3  fill(255, 0, 255);
4  text("Thank you for standing behind me", 50, 50);
```

运行代码(sketch_2_23)，查看文本效果，如图2-30所示。

图2-30

如果要更改字体，首先必须在 Processing 中声明字体，然后使用 createFont()和 textFont()函数。输入代码如下：

```
1  PFont myFont;
2  size(600, 400);
3  fill(255, 0, 255);
4  myFont=createFont("Georgia", 32);
5  textFont(myFont);
6  textSize(28);
7  text("Thank you for standing behind me", 50, 50);
```

运行代码(sketch_2_24)，查看文本效果，如图2-31所示。

图2-31

createFont()函数中使用的字体名称必须是安装在本地计算机上的字体。

如果需要使用本地计算机之外的字体，可以自定义字体。在操作时，从Processing的主菜单中选择“工具”|“创建字体”命令，弹出对话框，从中选择想要使用的字体和大小，然后单击“确认”按钮，如图2-32所示。这样所选的文件将保存在一个名称为 data 的子文件夹中。

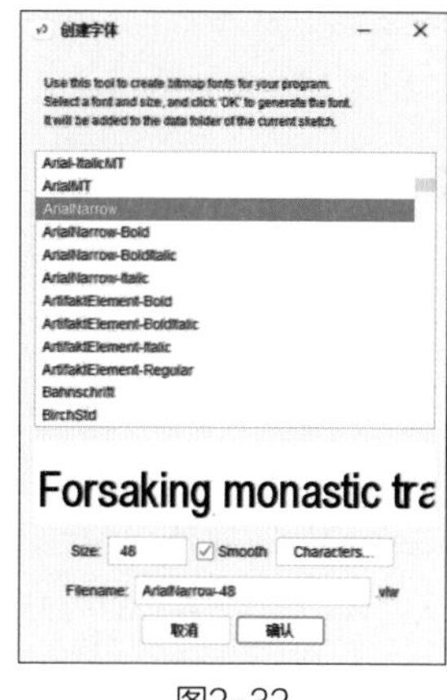

图2-32

要加载新创建的字体，可以使用 loadFont()函数。输入代码如下:

```
1  PFont myFont;
2  myFont=loadFont("ArialNarrow-48.vlw", 48);
3  textFont(myFont);
4  text("Thank you for standing behind me", 50, 50);
```

在使用篇幅较大的文本字符时，使用loadStrings()函数可以加载程序外部的文本文件，然后再设置文本段落或坐标。

loadStrings()函数专门用于加载文本文件（常见格式为.txt），这些文件可通过记事本或其他文本编辑器方便地创建。当文件中的文本被加载到字符串数组中时，每个换行符都会作为数组中新位置的标记，意味着文件中的每一行都会被单独保存为数组中的一个元素，在本例中，我们称这些元素为“行”。

加载一个文本文件poem.txt，输入代码如下:

```
1  PFont myfont;                                  // 声明字体
2  String lines[];                                // 创建文本行数组
3  void setup(){
4    size(800, 600);
5    background(0);
6    myfont=createFont("Deng.ttf", 32);           // 创建中文字体
7    lines=loadStrings("poem.txt");               // 加载文本文件
8    noLoop();
9  }
10 void draw(){
11   // 循环调用文本中的每一行
12   for(int i=0; i<lines.length; i++){
13     textSize(random(8, 15));
14     textFont(myfont);
15     text(lines[i], random(10, 100), i*50+50);
16   }
17 }
```

运行代码(sketch_2_25)，该代码需循环遍历文件中的字符串数组，并将它们以随机大小的50像素间隔放置在画布上，结果如图2-33所示。

图2-33

2.2.4 颜色和透明度

色彩是使视觉作品富有表现力的主要因素之一。它可以表达广泛的想法和情感，也适用于创意编码。

若要在Processing中使用颜色功能，如填充、描边、更换背景等，可通过指定颜色通道值来设置颜色：RGB模式中的红、绿、蓝，以及HSB模式中的色调、饱和度及亮度。在Processing中可以使用两种不同的颜色模式：RGB或HSB。如果在代码中没有指定颜色模式，默认使用取值范围为0~255的RGB模式。

当使用RGB颜色模式指定颜色时，黑色为(0,0,0)，白色为(255,255,255)，如果红、绿、蓝

三个通道的值相同，那么将生成灰色。在这种情况下，可以只使用一个值来指定颜色。

例如，绘制灰度颜色的代码：

```
1  fill(180, 180, 180);
```

等同于：

```
1  fill(180);
```

下面绘制一个模仿蒙德里安画作的图像，其中包含各种颜色和线条组合。由于Processing逐行运行代码，也就是说，代码中的第一行将首先被绘制出来，下面的行将被绘制在它们的上面，从而创建数字绘画层，在上面看到的是最后画的。为了精确实现设想的艺术效果，耐心而细致地安排代码行的顺序显得尤为重要。输入代码如下：

```
1  size(1920, 1080);
2  background(255);
3  // 设置描边宽度
4  strokeWeight(30);
5  // 设置线条颜色
6  stroke(10, 40, 80);
7  line(0, 980, width, 980);
8  stroke(135, 5, 20);
9  line(0, 10, width, 10);
10 stroke(10, 40, 80);
11 line(0, 90, width, 90);
12 stroke(200, 180, 15);
13 line(100, 0, 100, height);
14 stroke(200, 180, 15);
15 line(0, 650, width, 650);
```

运行代码(sketch_2_26)，查看效果，如图2-34所示。

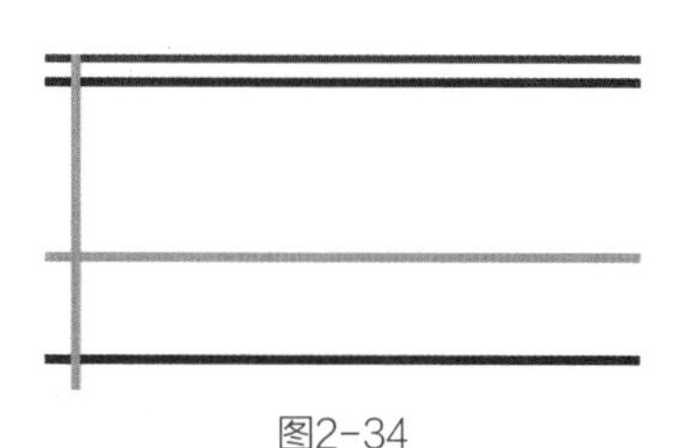

图2-34

为了提高效率，减少相同颜色值的定义，可以先定义颜色，而不是为各自的颜色输入相同的三个数字，然后重复使用。修改代码如下：

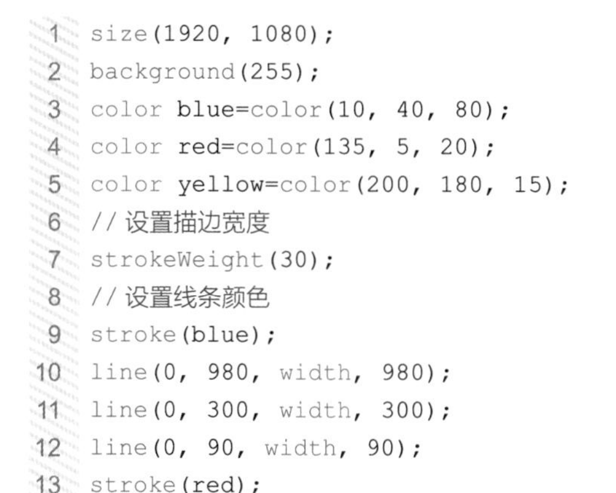

```
1  size(1920, 1080);
2  background(255);
3  color blue=color(10, 40, 80);
4  color red=color(135, 5, 20);
5  color yellow=color(200, 180, 15);
6  // 设置描边宽度
7  strokeWeight(30);
8  // 设置线条颜色
9  stroke(blue);
10 line(0, 980, width, 980);
11 line(0, 300, width, 300);
12 line(0, 90, width, 90);
13 stroke(red);
```

```
14 line(0, 10, width, 10);
15 line(300, 0, 300, height);
16 line(1300, 0, 1300, height);
17 stroke(yellow);
18 line(100, 0, 100, height);
19 line(400, 0, 400, height);
20 line(1800, 0, 1800, height);
21 line(0, 650, width, 650);
22 line(0, 150, width, 150);
23 line(0, 900, width, 900);
24 line(0, 1050, width, 1050);
```

运行代码(sketch_2_27)，查看效果，如图2-35所示。

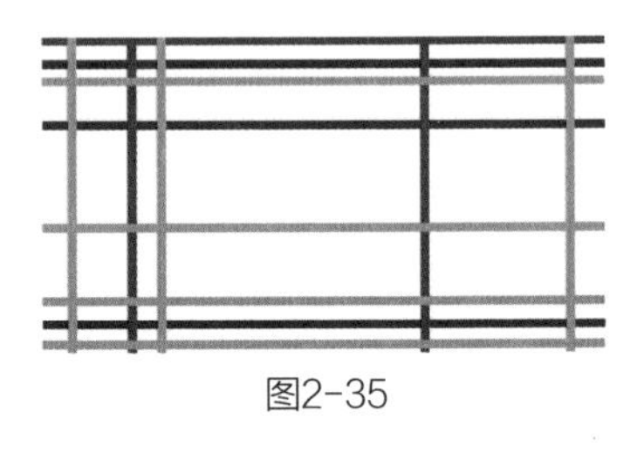

图2-35

在此定义了blue、red和yellow三个变量，分别代表三种不同的颜色。在使用描边时可多次使用这些变量。这是一种提高代码可读性的方法。

对于画布中多个重叠的图形，除了颜色通道值，还要指定一个控制颜色透明度的alpha值。对于灰度颜色，调整可选的第二个参数；对于RGB颜色，则调整可选的第四个参数。

继续修改代码如下：

```
1  size(1920, 1080);
2  background(255);
3  color blue=color(10, 40, 80);
4  color red=color(135, 5, 20);
5  color yellow=color(200, 180, 15);
6  //设置描边宽度
7  strokeWeight(30);
8  //设置线条颜色和透明度
9  stroke(blue, 150);
10 line(0, 980, width, 980);
11 stroke(blue, random(50, 255));
12 line(0, 300, width, 300);
13 line(0, 90, width, 90);
14 stroke(red);
15 line(0, 10, width, 10);
16 line(300, 0, 300, height);
17 stroke(red, random(50, 255));
18 line(1300, 0, 1300, height);
19 stroke(yellow);
20 line(100, 0, 100, height);
21 line(400, 0, 400, height);
22 stroke(yellow, random(50, 255));
23 line(1800, 0, 1800, height);
24 line(0, 650, width, 650);
25 line(0, 900, width, 900);
26 //灰度和透明
```

```
27 stroke(127, random(100, 255));
28 line(0, 150, width, 150);
29 line(0, 1050, width, 1050);
```

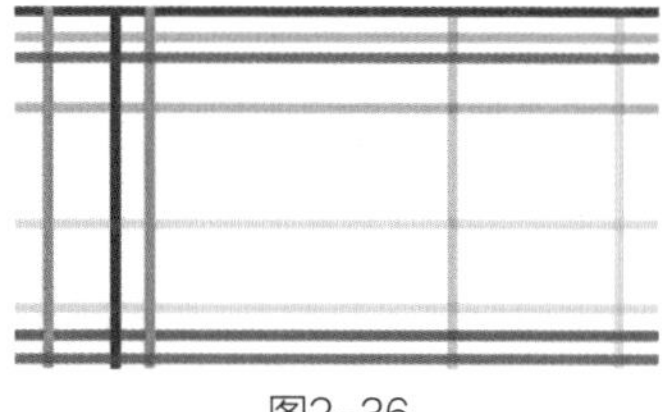
图2-36

运行代码(sketch_2_28)，查看效果，如图2-36所示。

在颜色处理中，Processing还提供了另一种颜色模式HSB，它代表色调(Hue)、饱和度(Saturation)和亮度(Brightness)。这些成分与色调、色彩强度(与饱和度相关)和明度(与亮度相关)这三种颜色属性相对应。默认情况下，RGB和HSB模式对颜色成分使用的值范围是不同的，但在此我们简化讨论。

下面使用数组创建了六种主色(红、黄、绿、青、蓝、紫)及其辅助色(橙、粉)，并特别包含了青色。输入代码如下:

```
1 size(800, 200);
2 smooth();
3 colorMode(HSB);
4 color red=color(0, 255, 255);
5 color orange=color(21.25, 255, 255);
6 color yellow=color(42.5, 255, 255);
7 color green=color(85, 255, 255);
8 color cyan=color(127.5, 255, 255);
9 color blue=color(170.0, 255, 255);
10 color purple=color(212.5, 255, 255);
11 color[]cols={ red, orange, yellow, green, cyan, blue, purple };
12 int w=width/cols.length;
13 for(int i=0; i<cols.length; i++){
14 fill(cols[i]);
15 rect(w*i, 0, w, height);
16 }
```

运行代码(sketch_2_29)，查看效果，如图2-37所示。

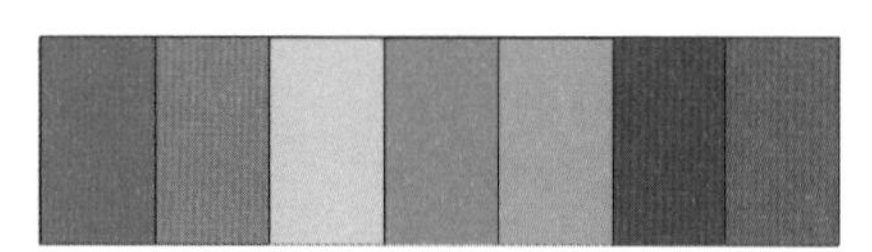
图2-37

通常，我们将色相的范围定义为0～360，而饱和度和亮度的范围则定义为0～100，这样的设定更符合人们的日常使用习惯。输入代码如下:

```
1 size(600, 200);
2 smooth();
3 //重新定义参数值范围
4 colorMode(HSB, 360, 100, 100);
5 int num=12;
6 float w=width/num;
7 float ang=360/num;
8 for(int i=0; i<num; i++){
9   fill(i*ang, 100, 100);
10  rect(w*i, 0, w, height);
11 }
```

运行代码(sketch_2_30)，查看效果，如图2-38所示。

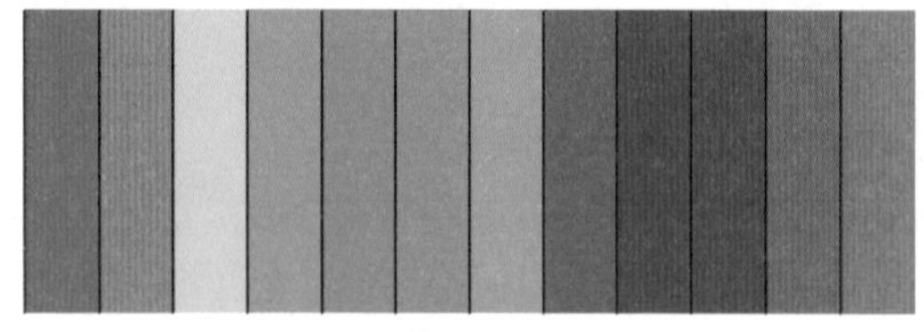

图2-38

下面再来制作一个放射渐变颜色轮，输入代码如下：

```
size(800, 600);
smooth();
colorMode(HSB, 360, 100, 100);
int num=12;
float w=width/num;
float ang=360/num;
for(int i=0; i<num; i++){
  fill(i*ang, 100, 100);
  arc(400, 300, 400, 400, radians(i*ang), radians((i+1)*ang));
}
```

运行代码(sketch_2_31)，查看效果，如图2-39所示。

Processing中包含一些使用方便的颜色函数，如blendColor()和lerpColor()函数，可以快速创建简单的颜色混合效果。

图2-39

blendColor()函数可以采用两种颜色作为参数，而第三个参数则用来控制这两种颜色混合的模式，包括混合、加、减、最暗和最亮。下面是一个blendColor()函数的示例，代码如下：

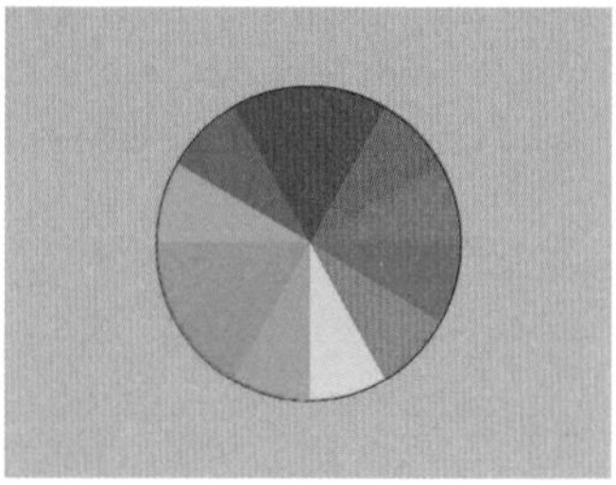

```
size(600, 400);
smooth();
noStroke();
//指定两个颜色变量
color c1=color(0, 170, 240);
color c2=color(255, 75, 50);
//设置不同的4个颜色混合
color[] blends={
  blendColor(c1, c2, ADD),
  blendColor(c1, c2, SUBTRACT),
  blendColor(c1, c2, DARKEST),
  blendColor(c1, c2, LIGHTEST)};
  //设置背景
  fill(c1);
  rect(0, 0, width, height);
  //4个颜色混合扇形
  for(int i=0; i<4; i++){
    fill(blends[i]);
    arc(width/2, height/2, 300, 300, PI/2*i, PI/2*i+PI/2);
```

```
    }
    // 中心小圆
    fill(c2);
    arc(width/2, height/2, 100, 100, 0, TWO_PI);
```

运行代码(sketch_2_32)，查看颜色混合的效果，如图2-40所示。

lerpColor()函数是blendColor()函数的替代品。lerp部分是指线性插值，插值意味着在其他离散值之间寻找值。lerpColor()函数与lerp()函数的使用方法相同，只是将其应用于混合颜色。它还需要三个参数：两种颜色和一个插值。

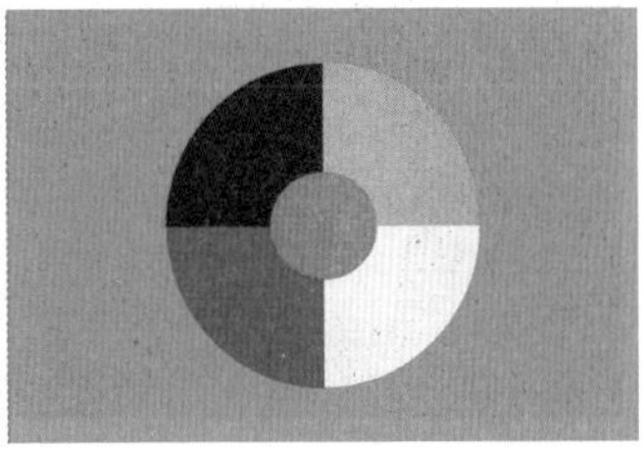

图2-40

下面是一个lerpColor()函数的示例，输入代码如下：

```
size(600, 400);
noStroke();
color c1=color(0, 170, 240);
color c2=color(255, 75, 50);
float steps=20;
// 设置渐变梯度级数
float cellH=height/steps;
float rampFactor=1.0/(steps);
for(int i=0; i<steps; i++){
  fill(lerpColor(c1, c2, i*rampFactor));
  rect(0, i*cellH, width, cellH);
}
```

运行代码(sketch_2_33)，查看颜色渐变效果，如图2-41所示。

图2-41

其中，使用一个不断变化的插值，可在两个颜色参数之间创建了一个梯度混合，还可尝试改变起始颜色值及变量steps来改变渐变颜色。

2.2.5 3D绘图

在Processing中，可以很方便地绘制3D图像，这极大简化了编写3D图像代码的过程。与2D图形不同，3D图像还具有高度这一维度，这使观察者的位置(即“相机”的视角)变得很重要。

Processing提供了对3D图形的全面支持，包括两个独立的3D渲染器(也被称为3D引擎)，即P3D和OPENGL。

其中，P3D较为常用，它用于计算3D坐标空间(x, y, z)，然后将3D空间重新映射回2D投影，这样就可以在显示器上进行查看。

接下来使用一些简单的3D功能，如box()函数，创建旋转立方体。输入代码如下：

```
void setup(){
  size(600, 400, P3D);
}
void draw(){
```

```
5    background(0);
6    translate(width/2, height/2);
7    rotateY(frameCount*PI/120);
8    rotateX(frameCount*PI/120);
9    box(150, 150, 150);
10 }
```

运行代码(sketch_2_34)，查看旋转的立方体效果，如图2-42所示。

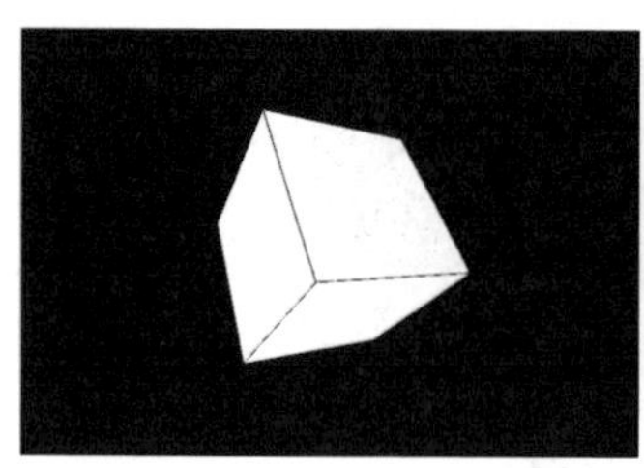
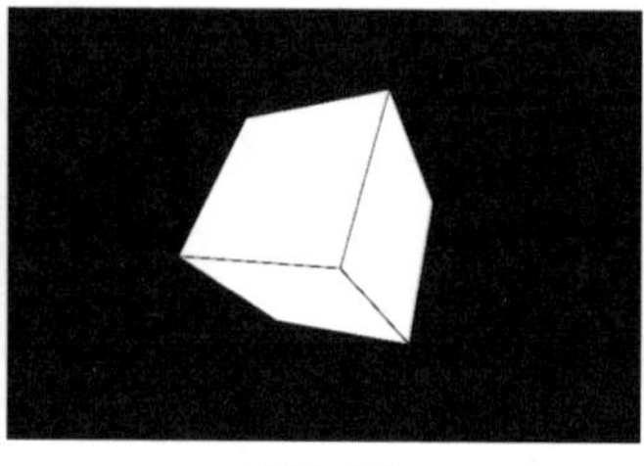
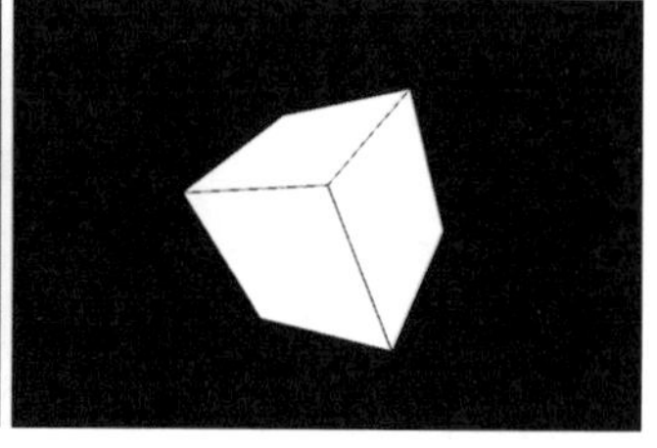

图2-42

3D渲染器通常支持使用3D几何体、光源、纹理，并且可以模拟相机视角。除此之外，3D渲染的工作原理与2D非常相似，可以设置填充、描边、位置和缩放等属性，并为这些属性设置动画。

下面创建一个光滑球体，并且包含光源属性。输入代码如下：

```
1  size(900, 600, P3D);
2  background(30, 30, 50);
3  noStroke();
4  sphereDetail(150);
5  ambient(100, 160, 250);
6  ambientLight(140, 40, 30);
7  lightSpecular(255, 215, 215);
8  directionalLight(185, 195, 255,-1, 1.25,-1);
9  shininess(255);
10 translate(width/2, height/2);
11 sphere(160);
```

运行代码(sketch_2_35)，查看效果，如图2-43所示。

虽然本例只有11行代码，但其中引入了许多新命令，包括：

- size(900,600, P3D);

启用Processing的P3D渲染器，能够进行3D计算。

- sphereDetail(150);

用于控制包含在球体中的顶点细节的级别，使用更高的参数值可以创建更平滑的球体，但会占用计算机资源。

- ambient(100,160,250);

用于定义3D场景中环境光的颜色和强度，环境光能够均匀地照亮场景中的所有对象，不仅影响对象的材质属性(如颜色)，还与其他光源相互作用，共同营造出环境的整体色调和明暗效果，从而增强场景的真实感和立体感。

图2-43

- ambientLight(140,40,30);

环境光影响场景中的整体照明，通常与更直接的光源一起使用，可以把环境光看作一个场景中所有散射光源与环境的混合。环境光通常保持在很低的水平，因为它可以改变其他的照明效果和视觉上扁平的形式。

- lightSpecular(255,215,215);

镜面光是在反射表面上产生高亮点。漫射光全方位(各个方向)反射，而镜面光单向反射。

- directionalLight(185, 195, 255, −1, 1.25, −1);

创建一个从特定位置指向场景的光源。定向光在创建部分照明表面时很有用。

- shininess(255);

与lightSpecular()函数一起控制镜面高亮点的大小。一般来说，较大的光泽值会产生更小的亮点，使物体感觉更有光泽。

- sphere(160);

计算和渲染一个球体。

在Processing中可轻松地创建基本的3D模型，是因为Processing简化了内部过程。

三维模型的一个重要特性是纹理，下面详细介绍向球体添加纹理的过程。首先加载纹理图像，然后创建一个球体形状，并使用设置纹理功能在形状上设置纹理图像。输入代码如下:

```
1  size(800, 640, P3D);
2  background(225);
3  noStroke();
4  // 加载图像
5  PImage img=loadImage("tex01.jpg");
6  // 创建图形并设置纹理图像
7  PShape globe=createShape(SPHERE, 200);
8  globe.setTexture(img);
9  // 设置灯光
10 ambientLight(50, 40, 30);
11 directionalLight(185, 195, 255,-1, 1.25,-1);
12 // 画布中心绘制球体
13 translate(width/2, height/2,-50);
14 rotateX(radians(-35));
15 rotateY(radians(175));
16 shape(globe);
```

运行代码(sketch_2_36)，查看球体纹理效果，如图2-44所示。

图2-44

如果为三维对象使用纹理，这意味着图像被包裹在对象的表面。

在Processing中，由于提供的用于绘制3D图形的函数非常有限，仅包含box()和sphere()，因此在大多数情况下，开发者会借助外部库来导入三维对象数据，例如obj模型，以满足更复杂的3D图形绘制需求，如图2-45所示。

图2-45

2.3 视觉结构

空间是视觉艺术中不可或缺的组成部分，它为视觉元素提供了定位与层次，从而决定了这些元素如何呈现及它们之间的空间相互作用如何引导观众的视角和注意力。视觉结构的核心在于清晰地定义如何在视觉上组织这些元素或元素集合，以便它们能够建立起相互之间的关系。

2.3.1 应用位图

要在Processing中处理图像，需要将它们加载到当前草图目录的data文件夹中。只需在主菜单栏中选择“速写本”|“添加文件”命令，就会打开文件浏览器，然后选择要复制到data文件夹的图像。如果没有该文件夹，则使用Processing自动创建一个相应文件夹。

Processing可以兼容GIF、JPG、TGA和PNG图像。

将一个图像加载到显示窗口，输入代码如下：

```
1 size(900, 600);
2 PImage img1;
3 img1=loadImage("my_img01.jpg");
4 image(img1, 0, 0);
```

运行代码(sketch_2_37)，查看图像效果，如图2-46所示。

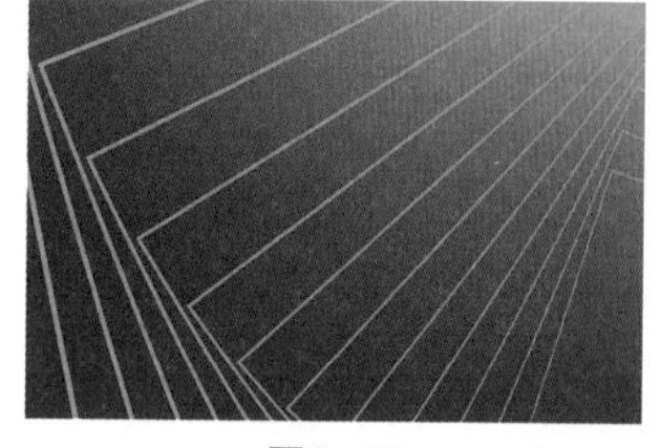

图2-46

在上一个示例中，声明了PImage类型的变量img1。PImage和loadImage()函数封装了整个加载过程。

除了loadImage()函数，还可以使用image()函数在屏幕上绘制图像，代码如下：

```
1 image(img1, 0, 0);
```

调用第二个和第三个参数，分别用于图像的x和y位置，即图像的顶部角。如果要将图像集中在显示窗口中，可以使用如下方法：

```
1 size(900, 600);
2 PImage img1;
3 img1=loadImage("my_img01.jpg");
4 translate(width/2, height/2);
5 image(img1,-img1.width/2,-img1.height/2);
```

运行代码(sketch_2_38)，查看完整的图像效果，如图2-47所示。

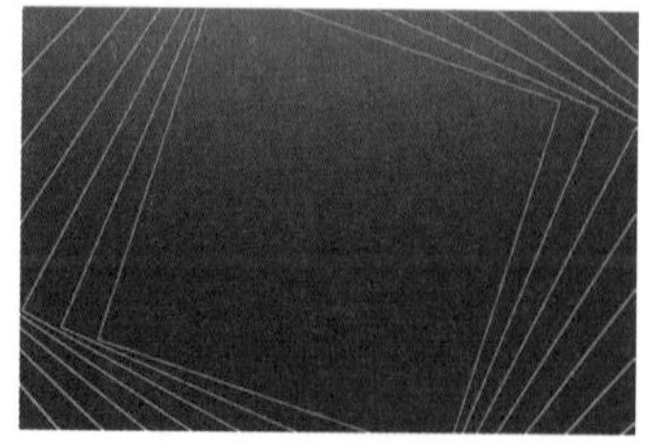

图2-47

image()函数有一个额外的特性，就是在加载图像时调整其大小的能力。如果加载的图像与画布尺寸不同，也可以满屏显示。输入代码如下：

```
1  size(900, 600);
2  PImage img1;
3  img1=loadImage("my_img01.jpg");
4  image(img1, 0, 0, width, height);
```

运行代码(sketch_2_39)，查看满屏显示图像的效果，如图2-48所示。

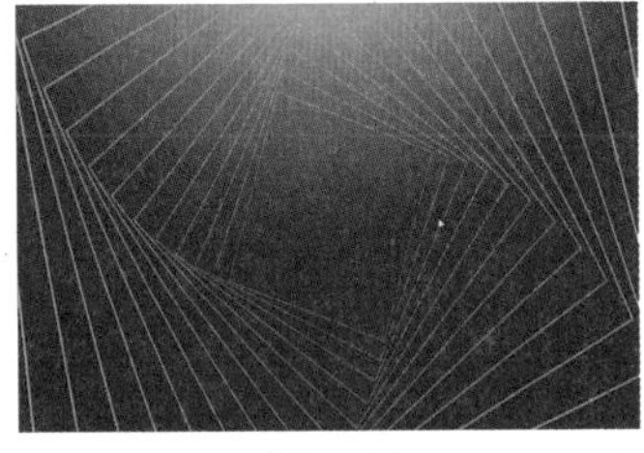

图2-48

利用image(img, x, y, w, h)函数，可以灵活调整图像的大小，可以在显示窗口中平铺图像。例如，用一个宽度为1000像素，高度为600像素的图像来尝试这个示例，代码如下：

```
1  size(1000, 600);
2  PImage img1;
3  img1=loadImage("my_img02.jpg");
4  int cols=8;
5  int rows=8;
6  int w=width/cols;
7  int h=height/rows;
8  for(int i=0; i<height; i+=h){
9    for(int j=0; j<width; j+=w){
10     image(img1, j, i, w, h);
11   }
12 }
```

运行代码(sketch_2_40)，查看图像平铺的效果，如图2-49所示。

除了调用image()函数来显示图像，还可以调用set()函数来加载图像，在这种情况下，可以创建图像的两个副本。输入代码如下：

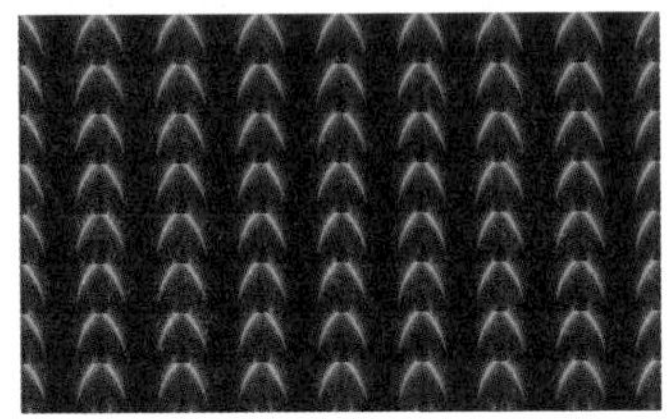

图2-49

```
1  size(1000, 800);
2  PImage img1;
3  img1=loadImage("my_img02.jpg");
4  background(0);
5  set(80, 100, img1);
6  set(img1.width+120, 100, img1);
```

运行代码(sketch_2_41)，查看复制图像的效果，如图2-50所示。

除了set()函数，还有一个get()函数也经常用到。get()函数可以返回单个像素、整个PImage或一个图像局部的颜色。下面是一个创建图像片段拼贴的示例，它复制4个图像，并将它们粘贴在显示窗口右侧。输入代码如下：

图2-50

```
1  size(1280, 720);
2  PImage img=loadImage("my_img03.jpg");
3  image(img, 0, 0, width, height);
4  int w=width/4;
5  int h=height/4;
6  PImage[]frags={
7    get(150, 150, w, h),
8    get(480, 260, w, h),
9    get(200, 540, w, h),
10   get(750, 300, w, h),
11 };
12 for(int i=0; i<4; i++){
13   image(frags[i], width-w, h*i);
14 }
```

运行代码(sketch_2_42)，查看图像拼贴的效果，如图2-51所示。

图2-51

PImage数据类型还具有一个pixel[ ]数组属性，该属性分配了PImage对象的像素。下面使用PImage类的get()函数来创建一个像素化的图像。原始PImage不会绘制到屏幕上，而是使用get()函数选择颜色值，然后使用该颜色值创建一个近似于图像的彩色矩形阵列。输入代码如下：

```
1  size(1280, 720);
2  PImage img=loadImage("my_img04.jpg");
3  img.resize(1280, 720);
4  int detail=10;                          // 设定细节级别
5  for(int i=0; i<width; i+=detail){
6    for(int j=0; j<height; j+=detail){
7      color c=img.get(i, j);
8      fill(c);
9      rect(i, j, detail, detail);
10   }
11 }
```

运行代码(sketch_2_43)，查看效果，如图2-52所示。

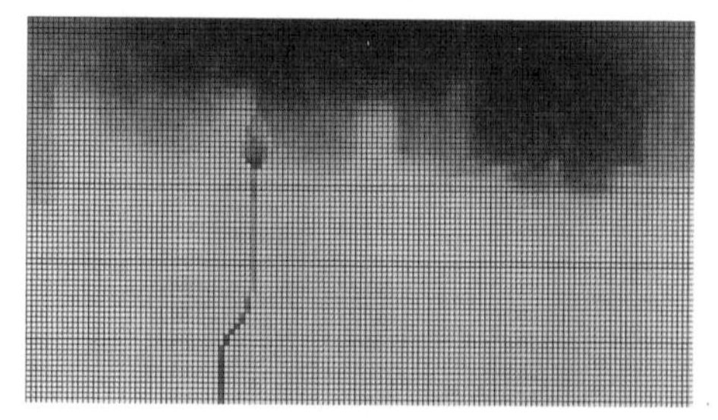

图2-52

如果将细节级别降低到(或接近)1，彩色矩形将近似于一个连续的色调图像。

下面通过加载像素，将一个图像的两个副本显示在窗口中，并增加右侧图像的红色饱和度。loadPixels()函数调用收集显示窗口中的像素数据，并将其分配给显示窗口像素数组(而不是img.pixels[ ]数组)。在对pixels[ ]数组进行一些更改后，再调用updatePixels()函数，在显示窗口内实时更新。在本示例中，使用了一个400 × 720像素的图像和一个1280 × 720像素的显示窗口。代码如下：

```
1  size(1280, 720);
2  PImage img=loadImage("my_img05.jpg");
3  background(0);
4  image(img, 100, 0);
5  image(img, width/2, 0);
6  int threshold=150;
7  loadPixels();
8  for(int j=0; j<height; j++){
9    for(int i=(width/2+j*width); i<width+j*width; i++){
10     if(blue(pixels[i])>threshold){
11       pixels[i]=color(red(pixels[i]), green(pixels[i]), 255);
12       }
13   }
14 }
15 updatePixels();
```

运行代码(sketch_2_44)，查看像素复制的效果，如图2-53所示。

可以尝试修改threshold变量的数值，或者将蓝色像素的值由255改为200，查看效果，如图2-54所示。

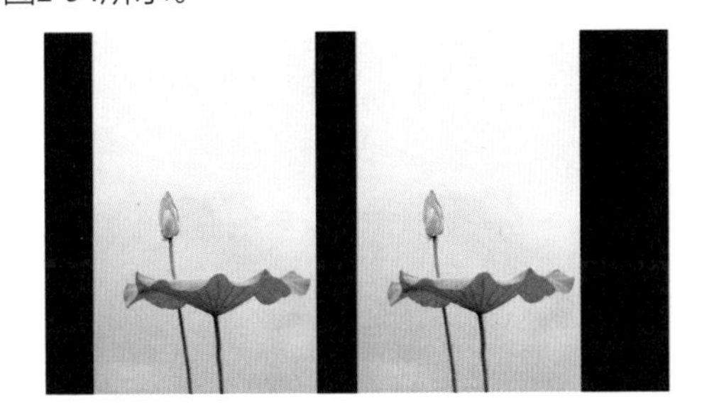

图2-53

threshold值120，蓝色像素200

图2-54

通过针对像素颜色的调整改变图像的色调，这并不是最简单的方法。可以尝试使用tint()函数，向图像中添加色彩或进行颜色覆盖。该函数需要一个颜色参数，可以指定几种不同的方式：灰色、包含或不包含alpha、RGB或RGBA颜色、使用单个颜色值。输入代码如下：

```
1  size(1280, 720);
2  PImage img=loadImage("my_img06.jpg");
3  int tintAlpha=180;
4  color col=color(200, 100, 0);
5  image(img, 0, 0, width, height);
6  tint(col, tintAlpha);
7  image(img, width/2, 0, width, height);
```

运行代码(sketch_2_45)，查看效果，如图2-55所示。

图2-55

2.3.2 组成和对齐

层次是视觉艺术家用于创造透视和深度的重要元素。分层有助于在空间中组织物体，常用于绘画和数字绘画中。例如，Photoshop或Illustrator等应用程序在图层中变得更加强大，不仅可以在单独的图层上尝试替代、显示或隐藏图层，还可以更改它们的顺序。通过将视觉元素划分为多层，可以让它们以新的组成关系出现在画布上。

在Processing中分为二维和三维绘图模式。二维绘图模式通常是一幅拼贴画，这意味着将首先绘制代码中的第一个元素，下面的所有元素将陆续向上绘制；在三维模式下绘制时，代码中的排序不再重要，绘制的每个元素都会依据坐标值(x, y, z)自动定位在三维空间中，而元素如何渲染取决于3D相机观看的视角。

下面的示例中包含多个三维组合的图层，它们在空间中的远近分布情况非常清晰。代码如下：

```
1   void setup(){
2     size(600, 600, P3D);                              // 应用3D渲染器
3   }
4   void draw(){
5     background(35, 30, 100);                          // 深蓝色背景
6     noStroke();
7     translate(width/2, height/2, 100-frameCount/100.);      // 变换到画布中心
8     rotateX(frameCount/300.);                         // 缓慢旋转
9     //绘制100个小方块
10    for(int i=0; i<100; i++){
11      scale(0.95, 0.95, 0.95);                        // 尺寸缩减
12      translate(0, 0,-100);
13      rotateY(radians(sin(frameCount/300.))*8);       // Y轴向旋转
14      //绘制四边形
15      beginShape();
16      fill(#FFA512);
17      stroke(255, 60);                                // 半透明描边
18      vertex(-100,-100, 0, 0, 0);
19      vertex(100,-100, 0, 200, 0);
20      vertex(100, 100, 0, 200, 200);
21      vertex(-100, 100, 0, 0, 200);
22      endShape(CLOSE);
```

```
23    }
24  }
```

运行代码(sketch_2_46)，查看效果，如图2-56所示。

图2-56

再介绍一种组合图像的方法，使用图像copy()函数将第一个图像中的像素复制到第二个图像中。代码如下：

```
1  size(1280, 720);
2  PImage img1=loadImage("my_img04.jpg");
3  PImage img2=loadImage("my_img05.jpg");
4  image(img1, 0, 0);
5  copy(img2, 100, 100, 600, 800, 800, 200, 640,
   500);
```

运行代码(sketch_2_47)，查看图像复制的效果，如图2-57所示。

图2-57

无论是在二维空间，还是在三维空间，都可以通过图形或图像的组合创建新的视觉效果。我们还可以通过像素分离功能将一张二维的图片转换成三维空间分布的效果，再应用鼠标交互控制摄像机，完全呈现一种很有创意的动态视觉效果。

首先加载图像，在三维空间分离像素。输入如下代码：

```
1  PImage img;
2  int cellsize=10;                        // 设置间隔像素数量
3  void setup(){
4    size(1280, 720, P3D);                 // 设置三维画布
5    img=loadImage("pic_045.jpg");
6    frameRate(30);
7  }
8  void draw(){
9    background(0);
10   img.loadPixels();                     // 加载位图像素
11     for(int i=0; i<width; i+=cellsize){
12       for(int j=0; j<height; j+=cellsize){
13       int loc=i+j*width;                // 计算像素位置
```

```
14        color c=img.pixels[loc];                    // 获取像素颜色值
15        // 方形的深度值与像素亮度值关联
16        float z=map(brightness(img.pixels[loc]), 0, 255,-100, 100);
17        // 绘制方形并平移坐标原点
18        pushMatrix();
19        translate(i, j, z);
20        fill(c);
21        square(0, 0, cellsize);
22        popMatrix();
23      }
24    }
25  }
```

运行代码(sketch_2_48)，查看像素分离的效果，如图2-58所示。

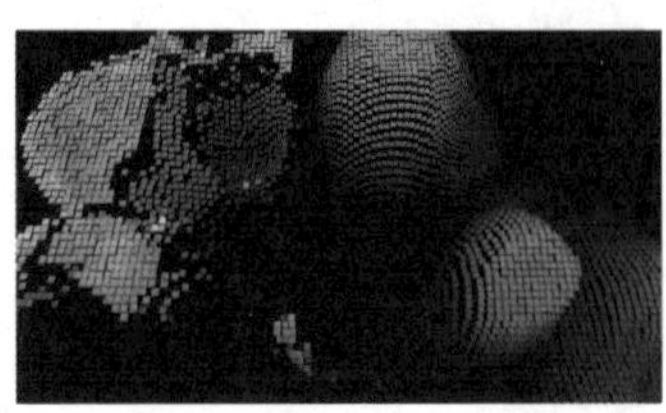

图2-58

在三维空间中可以添加摄像机，在draw()函数中添加代码如下：

```
1  camera(640, 360, 500, 640, 360, 0, 0, 1, 0);
   // 设置摄像机
```

运行代码(sketch_2_49)，查看立体空间的效果，如图2-59所示。

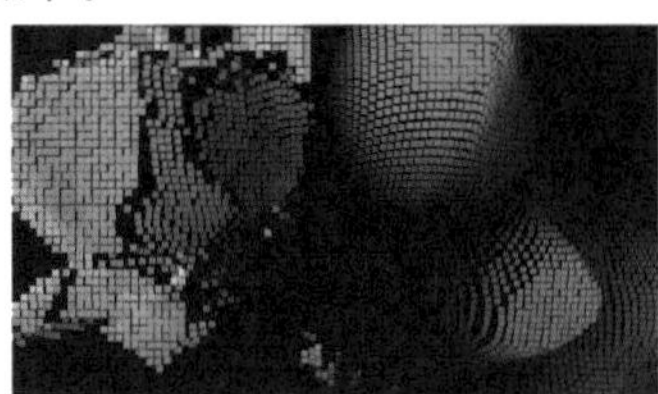

图2-59

增加交互性，通过移动鼠标改变三维视图，修改代码如下：

```
1  camera(700, 500, 500+mouseY/5, 640+mouseX/5, 400, 0, 0, 1, 0); // 设置交互摄像机
```

运行代码(sketch_2_50)，并移动鼠标查看效果，如图2-60所示。

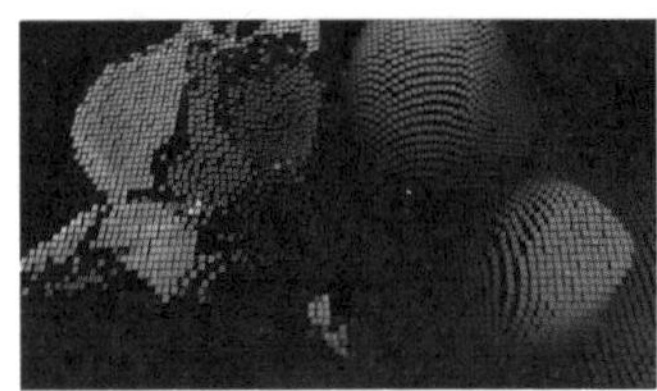
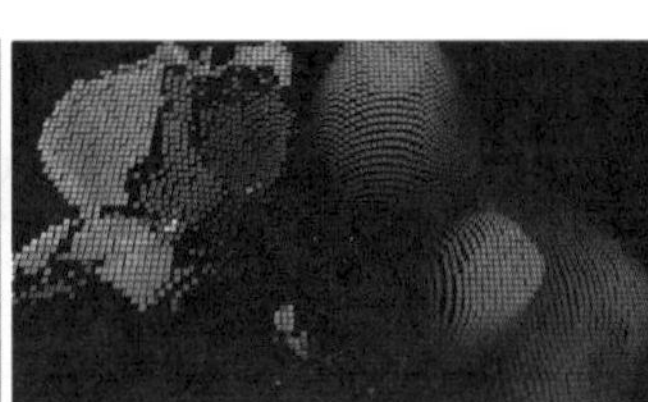
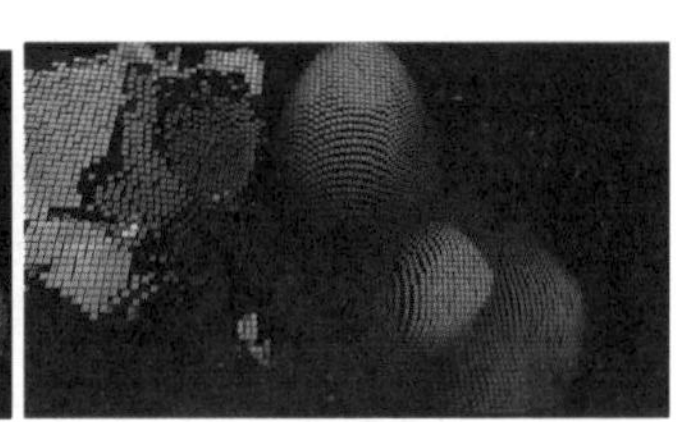

图2-60

2.3.3 混合图层

Processing的blend()函数总能带来新奇的效果。blend()函数用于将两个不同的图像混合在一起(或一个图像本身)。输入代码如下：

```
1  size(1280, 720);
2  PImage img1=loadImage("my_img09.jpg");
3  PImage img2=loadImage("my_img11.jpg");
4  blendMode(SCREEN);
5  background(loadImage("my_img10.jpg"));
6  image(img1, 300, 0, height, height);
7  image(img2, 0, 0, width, height);
```

运行代码(sketch_2_51)，查看图像混合的效果，如图2-61所示。

图2-61

除了直接使用混合模式来混合图像，还可以进行指定图像区域的混合：

```
blend(srcImg, sx1, sy1, swidth, sheight, dx1, dy1, dwidth, dheight, mode);
blend(sx1, sy1, swidth, sheight, dx1, dy1, dwidth, dheight, mode);
```

这两种形式的唯一区别，是第一个版本包含一个PImage参数。

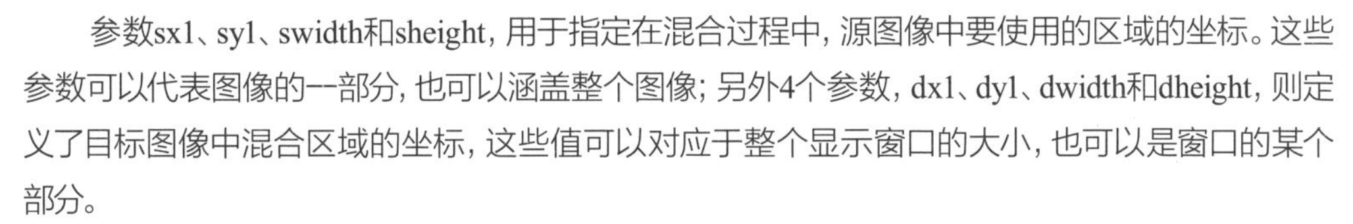

参数sx1、sy1、swidth和sheight，用于指定在混合过程中，源图像中要使用的区域的坐标。这些参数可以代表图像的一部分，也可以涵盖整个图像；另外4个参数，dx1、dy1、dwidth和dheight，则定义了目标图像中混合区域的坐标，这些值可以对应于整个显示窗口的大小，也可以是窗口的某个部分。

在下面的两个草图示例中，我们将创建一个简单的混合对象。为了确保比较的准确性，源图像和目标图像的大小应与显示窗口保持一致，同时用于混合的对应区域坐标也需相同。第一个示例将采用blend()函数进行混合，而第二个示例则使用PImage类的blend()方法进行混合。

输入代码如下：

```
size(1280, 720);
PImage img2=loadImage("my_img11.jpg");
background(loadImage("my_img10.jpg"));
blend(img2, 200, 100, 900, 600, 200, 0, 900, 600, SCREEN);
```

运行代码(sketch_2_52)，查看图像与背景混合的效果，如图2-62所示。

图2-62

再次输入代码如下：

```
size(1280, 720);
PImage img1=loadImage("my_img10.jpg");
PImage img2=loadImage("my_img11.jpg");
img2.blend(img1, 200, 100, 900, 600, 200, 0, 900, 600, SCREEN);
image(img2, 0, 0);
```

运行代码(sketch_2_53)，查看图像混合的效果，如图2-63所示。

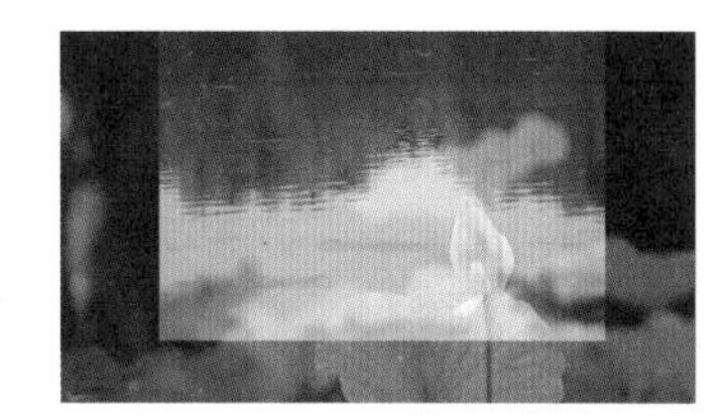
图2-63

除了源坐标和目标坐标，blend()函数还需要一个模式参数。blend()模式包括混合、加、最亮、减和最暗等模式。

提到图层混合，就不得不讲到蒙版，它允许使用图像或像素数组来掩蔽图像的一部分。Processing的PImage类中包含mask()函数，这是一种更灵活的修改图像alpha值的方法。

当使用图像作为蒙版时，需要与原始图像的大小相同，并且应该是灰度的。这个蒙版的工作原理就像一个alpha通道，值为0(黑色)将隐藏图像像素，而值为255(白色)将完全显示图像像素。0～255的值将显示图像中不同程度的掩蔽像素。

在下一个示例中，将使用一个图像来掩盖另一个图像的天空区域，允许显示窗口的背景颜色。首先在原始图像中制作天空形状的蒙版图像，可以使用Photoshop进行选择和转换。输入代码如下：

```
1  size(1440, 720);
2  PImage img1=loadImage("my_img05.jpg");
3  PImage img2=loadImage("my_img07.jpg");
4  PImage mask=loadImage("img_mask.jpg");
5  // 背景图像
6  image(img2, 0, 0);
7  // 对比前景和蒙版
8  image(img1, 480, 0);
9  image(mask, 960, 0);
10 // 应用蒙版
11 img1.mask(mask);
12 image(img1, 0, 0);
```

运行代码(sketch_2_54)，查看应用蒙版混合的效果，如图2-64所示。

图2-64

2.3.4 控制图层

在Processing中还有一个强大的图像滤镜函数filter()，它像Photoshop一样，能够快速实现无限多样的效果。例如，使用滤镜来反转图像，代码如下：

```
1  size(1000, 720);
2  PImage img1=loadImage("my_img05.jpg");
3  // 背景颜色
4  background(127);
5  image(img1, 0, 0);
6  // 应用滤镜
7  filter(INVERT);
8  // 对比原图像
9  image(img1, 500, 0);
```

运行代码(sketch_2_55)，并移动鼠标查看效果，如图2-65所示。

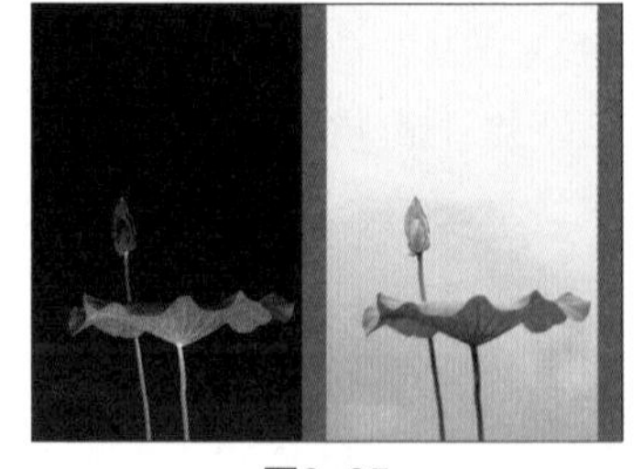

图2-65

再来尝试一个包含可调参数的阈值滤镜，代码如下：

```
1  size(1440, 720);
2  PImage img1=loadImage("my_img05.jpg");
3  float thresholdLevel=0.9;
4  for(int i=0; i<3; i++){
5    image(img1, 480*i, 0, 460, 720);
6    filter(THRESHOLD, thresholdLevel);
7    thresholdLevel-=.2;
8  }
```

运行代码(sketch_2_56)，查看效果，如图2-66所示。

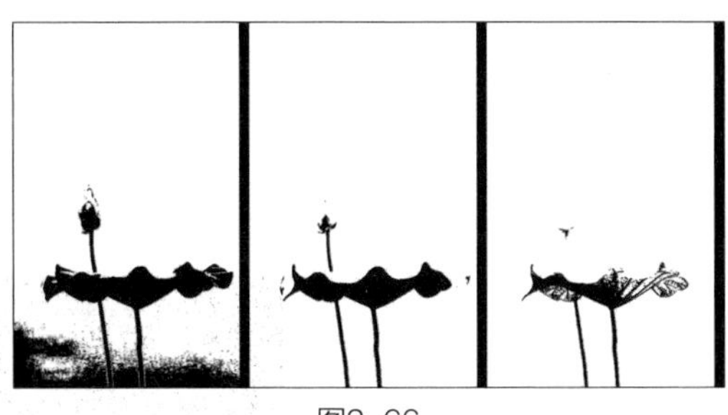

图2-66

阈值参数表示阈值级别在0.0和1.0之间，决定图像像素转换为黑色或白色的比例。例如，如果级别为0.5，那么值高于255/2的像素将变为白色，低于255/2的像素将变为黑色。

接下来看看其他滤镜的效果：

灰度滤镜没有其他可选参数，彩色图像被直接转换为灰度。

```
1  size(1280, 720);
2  PImage img1=loadImage("my_img08.jpg");
3  image(img1, 0, 0);
4  filter(GRAY);
```

运行代码(sketch_2_57)，查看灰度效果，如图2-67所示。

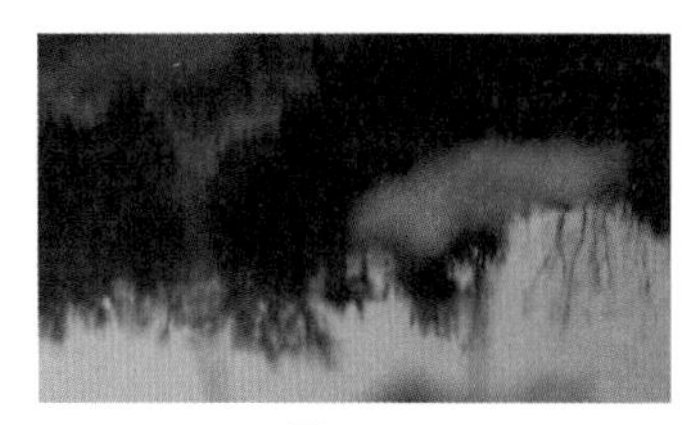

图2-67

分色滤镜参数根据必需的二级参数，将每个RGB组件的颜色数量转换为一个新的级别，此参数范围为2～255。

```
1  size(1280, 720);
2  PImage img=loadImage("my_img08.jpg");
3  int cols=4;
4  int w=width/cols;
5  int[]vals={2, 8, 16, 64};
6  for(int i=0; i<cols; i++){
7    image(img, i*w, 0, w, height);
8    filter(POSTERIZE, vals[i]);
9  }
```

运行代码(sketch_2_58)，查看分色效果，如图2-68所示。

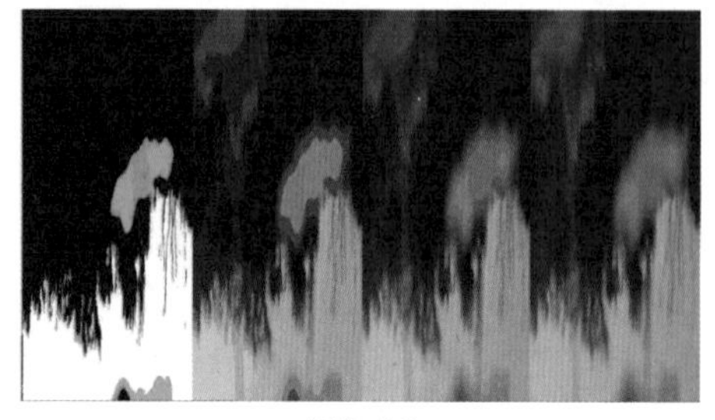
图2-68

BLUR参数根据传递给滤镜的第二个参数(模糊半径)的值，生成高斯模糊效果。如果不包含第二个参数，则Processing将使用模糊半径的默认值1。

```
1  size(800, 400);
2  PImage img=loadImage("my_img09.jpg");
3  image(img, 0, 0, img.width, img.height);
4  filter(BLUR, 3);
5  image(img, 400, 0, img.width, img.height);
6  noLoop();
```

运行代码(sketch_2_59)，查看图像模糊效果，如图2-69所示。

关于BLUR参数的注意事项是：模糊半径设得越高，模糊效果越强，渲染需要花费的时间越长。

图2-69

2.3.5 动态海报设计

结合前面讲解过的加载位图、蒙版、文字和混合等技巧，可更好地理解代码艺术。下面尝试制作一个动态海报。

先设计背景和边框，既使用了位图，也有绘制的圆形。输入代码如下：

```
1  PImage pic1, grid;                                    // 声明位图变量
2  void setup(){
3    size(1280, 840);
4    frameRate(30);
5    pic1=loadImage("角.png");                           // 指定加载位图
6    grid=loadImage("科技03.jpg");
7    imageMode(CENTER);                                  // 位图中心对齐方式
8  }
9  void draw(){
10   background(255);
11   stroke(255);
12   strokeWeight(5);
13   // 半透明网格位图
14   tint(255, 20);
15   image(grid, width/2, height/2, width, height); // 显示位图
16   noTint();                                           // 取消色调和透明度设置
17   image(pic1, width/2, height/2, width, height); // 显示位图
18 }
```

运行代码(sketch_2_60)，查看效果，如图2-70所示。

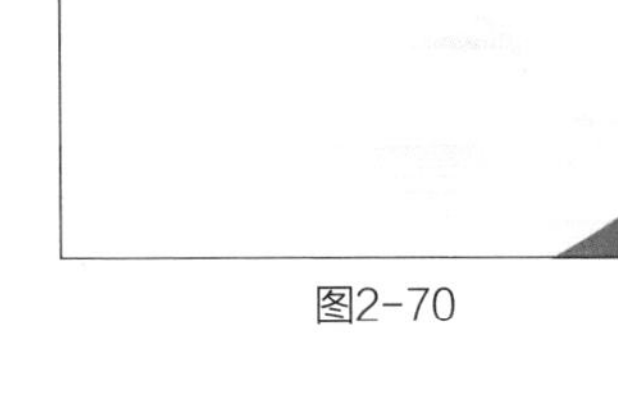

图2-70

添加边角图形的阴影，修改代码如下：

```
1  PImage shadow;
```

在setup()函数中添加如下语句：

```
1  shadow=loadImage("角.png");
2  //添加灰度和模糊滤镜
3  shadow.filter(GRAY);
4  shadow.filter(BLUR, 10);
```

在draw()函数部分修改代码如下：

```
1  noTint();                                             //取消色调和透明度设置
2  image(shadow, width/2, height/2, width, height); //显示位图
3  image(pic1, width/2, height/2, width, height);   //显示位图
```

运行代码(sketch_2_61)，查看效果，如图2-71所示。

图2-71

在左上角和右下角添加装饰性圆形，在draw()函数部分添加如下语句：

```
1  //绘制装饰圆形
2  strokeWeight(15);
3  stroke(148, 22, 159, 70);
4  fill(250, 0, 100);
5  circle(1255, 767, 450);
6  image(shadow, width/2, height/2, width, height); //显示位图
7  image(pic1, width/2, height/2, width, height);   //显示位图
8  fill(250, 0, 100);
9  circle(-36,-27, 239);
```

运行代码(sketch_2_62)，查看效果，如图2-72所示。

图2-72

在海报中心绘制圆形，创建两个变量，一个是圆形半径，一个是圆形偏移量。修改代码如下：

```
1  float r=10, diff=200;
```

在draw()函数部分添加如下语句：

```
1  //绘制中心圆形
2  noFill();
3  strokeWeight(5);
4  stroke(148, 22, 159);
5  circle(width/2+diff, height/2, 1.98*r);
6  strokeWeight(3);
7  stroke(253, 204, 9, 180);
8  circle(width/2+diff, height/2, 2.5*r);
9  strokeWeight(15);
10 stroke(148, 22, 159, 70);
11 circle(width/2+diff, height/2, 3.0*r);
```

运行代码(sketch_2_63)，查看效果，如图2-73所示。

创建中心圆形的动画效果，添加代码如下：

```
// 创建一个圆形半径最大值的变量
float max_r=160;
```

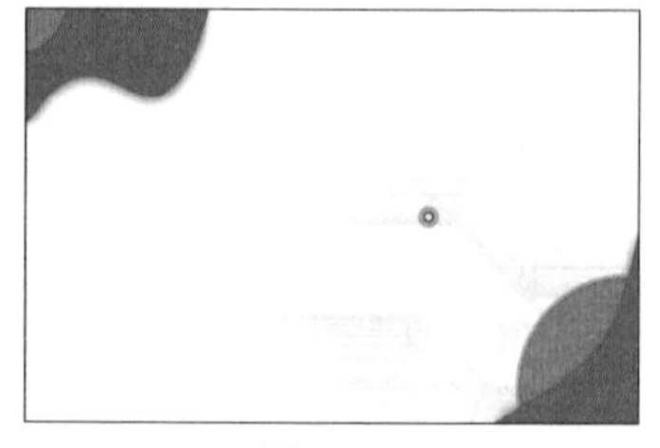

图2-73

在draw()函数中添加如下代码：

```
r+=2;
if(r>=max_r){
  r=max_r;
}
```

运行代码(sketch_2_64)，查看效果，如图2-74所示。

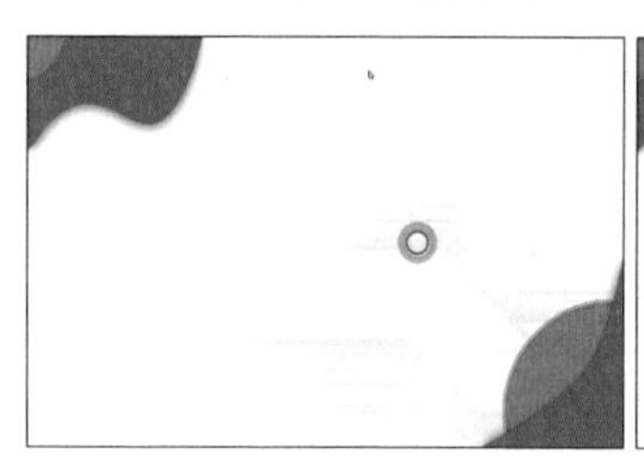
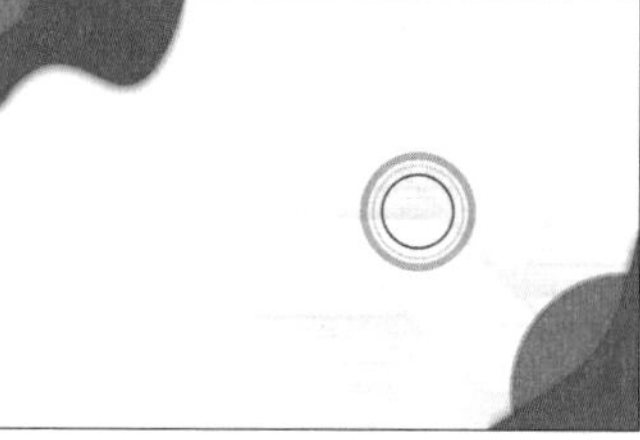
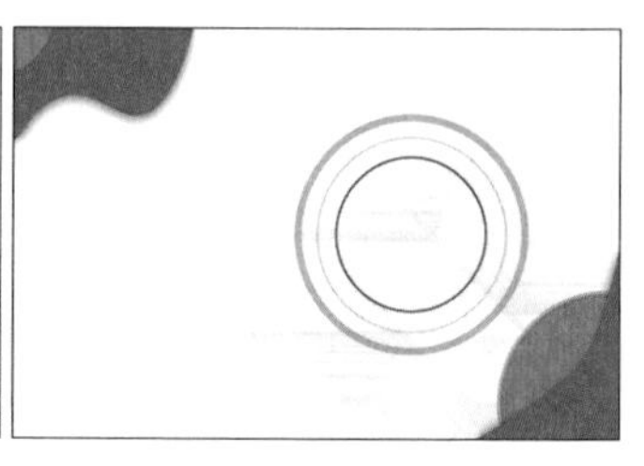

图2-74

这部分稍微复杂一些，通过数组加载多个位图，添加鼠标单击，更替显示位图。

创建变量，添加代码如下：

```
int count;                                        // 创建计数变量
int numframes=5;                                  // 创建位图数组
PImage[]images=new PImage[numframes];
```

在setup()函数中初始化变量，添加代码如下：

```
// 加载多个位图
for(int i=0; i<images.length; i++){
  String imageName="building_"+nf(i, 3)+".jpg";
  images[i]=loadImage(imageName);
}
```

在draw()函数中添加代码如下：

```
image(images[count], width/2+diff, height/2, 300, 300);// 显示数组中的位图
```

创建鼠标单击函数，输入代码如下：

```
// 创建鼠标单击计数函数
void mouseClicked(){
  r=0;
  count=(count+1)%numframes;
}
```

运行代码(sketch_2_65)，查看效果，如图2-75所示。

图2-75

画布上不断扩展的圆形遮罩，导致位图的显示区域也呈现圆形。在draw()函数中添加代码如下：

```
1  // 绘制圆形遮挡位图
2  stroke(255);
3  strokeWeight(5);
4  push();
5  translate(width/2+diff, height/2);
6  for(int i=0; i<360; i++){
7    float angle=i;
8    line(260*cos(radians(angle)), 260*sin(radians(angle)),
     r*cos(radians(angle)), r*sin(radians(angle)));
9  }
10 pop();
```

运行代码(sketch_2_66)，查看效果，如图2-76所示。

图2-76

根据位图颜色绘制装饰小圆形，添加代码如下：

```
1  // 绘制装饰小圆形
2  images[count].loadPixels();
3  for(int x=0; x<width; x+=100){
4    for(int y=0; y<height; y+=100){
5      color c=images[count].get(x, y);          // 获取颜色值
6      float red=red(c);
7      float green=green(c);
8      float blue=blue(c);
9      stroke(red, green, blue, 100);
10     noFill();
11     strokeWeight(2);
```

```
    push();
    translate(-472,-102);
    scale(2);
    circle(x, y, blue/10);
    pop();
  }
}
```

运行代码(sketch_2_67)，查看效果，如图2-77所示。

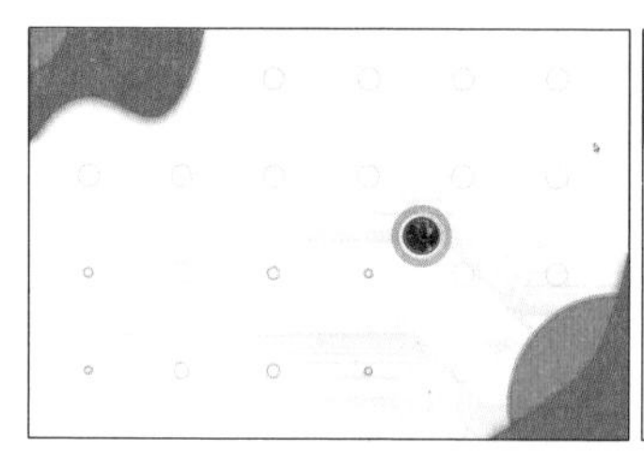

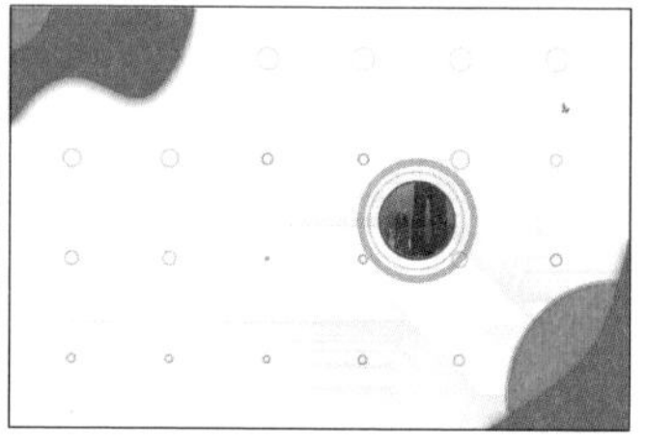

图2-77

最后添加文字内容。创建字体变量和字符串，添加代码如下：

```
PFont myfont;
String str1="城市 24小时";
String str2="生活在这样的城市是一种幸福，感受城市中爱的温度是暖暖的贴心，让自己成为调节城市温度的一分子一个因素则应该是每个人的追求。";
```

在setup()函数中添加如下字体初始化语句：

```
myfont=createFont("Keyboard", 24);
```

在draw()函数中添加如下代码：

```
// 创建文字
textFont(myfont);
textSize(87);
fill(0);
text(str1, 319, 402, 285, 341);
textSize(24);
fill(0);
text(str2, 350, 650, 391, 341);
```

运行代码(sketch_2_68)，查看效果，如图2-78所示。

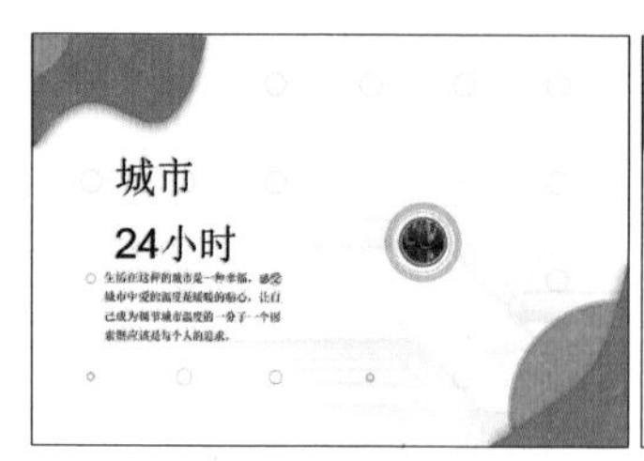

图2-78

2.4 本章小结

本章从介绍代码的艺术表现入手，带领读者学习基本的图形绘制、文字版式设置、颜色运用和3D绘图方法，进而逐步掌握视觉元素的组织与混合等形式，最后制作一个动态海报作为综合练习，涵盖从视觉创意到代码艺术作品呈现的流程和技能。

第3章 生成艺术

生成艺术是在计算机文化背景下产生的一种艺术形式，是科技与艺术融合的结果。设计师和艺术家们将计算机作为艺术创作的媒介，通过使用计算机编程语言、算法或软件，创作出丰富多彩的艺术作品。

Processing作为一款可用于视觉艺术表达的编程语言，有数以万计的设计师、艺术家和爱好者使用它进行艺术创作。图3-1展示了几张不同风格的艺术作品。

图3-1

3.1 条件语句

条件逻辑是编程的基础，在编程代码中被广泛使用。它的基本结构如下：

```
if(boolean condition){
}
```

如果条件的计算结果为true，将执行花括号{ }之间的代码；如果条件的计算结果为false，则跳过if语句的内部块，控件越过关闭的花括号。

除了if关键字，还可使用else。例如，为了确保两种可能的结果中有一种总要发生，将组合使用if 和else语句：

```
if(condition){
  // 如果条件满足则执行该花括号之间的代码
} else {
  // 如果条件不满足则执行该花括号之间的代码
}
```

这个结构保证了只有一个块能够执行。如果条件为真，if块执行并跳过else块；如果条件为假，则只有else块执行。

还可以组合使用if、else、if 和else块，例如：

```
if(condition1){
  // 如果满足条件1则执行该花括号之间的代码
} else if(condition2){
  // 如果满足条件2则执行该花括号之间的代码
} else {
  // 如果都不满足则执行该花括号之间的代码
}
```

用户不仅可以使用if else块的分组，还可以嵌套使用，控制分支逻辑。例如，如果一个条件为真，那么检查一下其他的条件，等等。

还有一种简单的开关语句switch也经常使用，在满足某种条件的情况下执行对应的代码块。switch与允许复杂条件逻辑的if/else不同，开关语句只是简单地计算一个匹配的值。示例如下：

```
    case 0:
    // 如果val等于0则执行
    break;
    case 1:
    // 如果val等于1则执行
    break;
    case 2:
    // 如果val等于2则执行
    break;
    default:
```

```
11    // 如果val不满足以上条件则执行默认
12 }
```

val必须与(0,1,2)情况下的代码完全匹配。

每个示例中的break语句都可以防止所谓的失败，其下面的案例被评估，而无论前面的案例是否为真。如果没有break语句，每个案例都将始终被执行。例如，一个培训程序可以检查用户已完成的最后一个模块。通过使用不带中断语句的开关语句，可以确保所有用户无论从哪个模块开始，都将持续到程序的结束。一般来说，示例中都包含中断语句。

3.2 循环结构

在编程中，通过使用循环结构能够处理重复、烦琐的任务，解决各种枯燥乏味的问题。循环是连续运行或执行的结构，直到满足导致它们停止的某些条件为止。

循环很简单，在其中允许重复运行代码，只要条件测试的计算结果为true，这类似于前面学习过的if语句的情况。

Processing中提供了for、while和do while三个用于创建循环的结构：

for循环是常用的循环，它基本上与while循环的使用情形相同。下面是一个关于循环的示例：

```
1 for(int i=0; i<50; i++){
2   println(i);
3 }
```

在for循环的头部，括号内有三个单独的区域：

```
1 int i=0;                                  // 初始化
2 i<50;                                     // 条件
3 i++                                       // 计数
```

for循环的真正好处之一，是在循环的初始化部分中声明的变量“i”是一种本地变量，只能在for循环的花括号之间看到，仅在其内部定义的结构中已知。本地作用域允许在同一程序的其他地方，甚至在另一个单独的循环中使用另一个名为“i”的变量，而不会使两个名称冲突或在程序中产生歧义。

使用字母i、j和k作为循环中计数器的局部变量的名称是常见的做法，也是一种编码惯例。

通常在编写一个包含许多简单循环的程序时，计数器变量除了局部作用域，还可以声明具有全局作用域的变量，这意味着它们可以出现在程序中的任何地方，而且会包括在循环中。例如，变量x具有全局范围，可以在程序中的任何地方看到，又当作计数变量，输入代码如下：

```
int x=1000;
while(x>=0){
  println(x);
  x-=100;
}
```

运行代码(sketch_3_1)，查看控制台的输出效果，如图3-2所示。

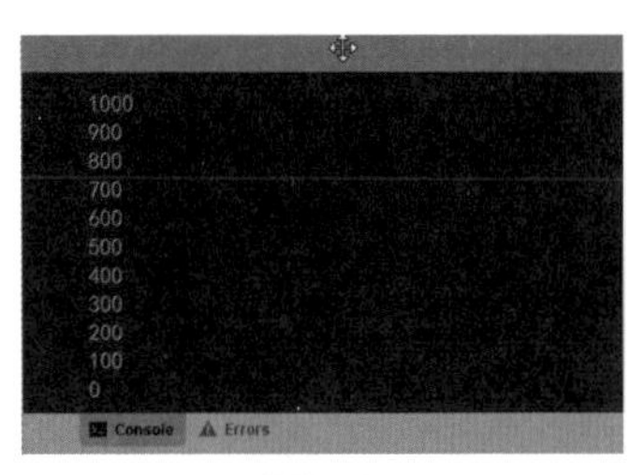

图3-2

在循环示例的头部可以使用多个变量和增量，只需要用逗号来分隔不同的变量。输入代码如下：

```
for(int i=1000; i>50; i-=2){
  println(i);
}
for(int i=1000, j=200; i>50; i-=2, j++){
  print("i=");
  println(i);
  print("j=");
  println(j);
}
```

运行代码(sketch_3_2)，查看控制台的输出效果，如图3-3所示。

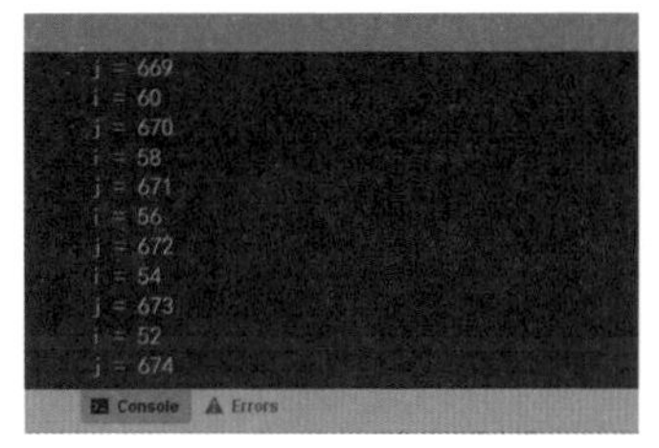

图3-3

因为循环可以大大地为代码增加效率，巧妙地使用循环可以减少代码行的数量。下面使用for循环创建一个径向渐变，并将其转换为一个更平滑的连续渐变。输入代码如下：

```
size(600, 400);
background(0);
for(int i=255; i>0; i--){
  noStroke();
  fill(255-i);
  ellipse(width/2, height/2, i, i);
}
```

运行代码(sketch_3_3)，查看渐变效果，如图3-4所示。

图3-4

使用循环结构时，还应根据具体问题选择适合的循环。下面来看几个示例，输出值，范围为0～99，首先使用一个while循环，然后使用一个for循环。代码如下：

```
//while循环
int i=0;
while(i<100){
  println("i="+i);
  i=i+1;
```

```
6  }
7  //for循环
8  for(int i=0; i<100; i=i+1){
9    println("i="+i);
10 }
```

运行代码(sketch_3_4)，这两个循环将输出完全相同的值，范围为0～99，如图3-5所示。

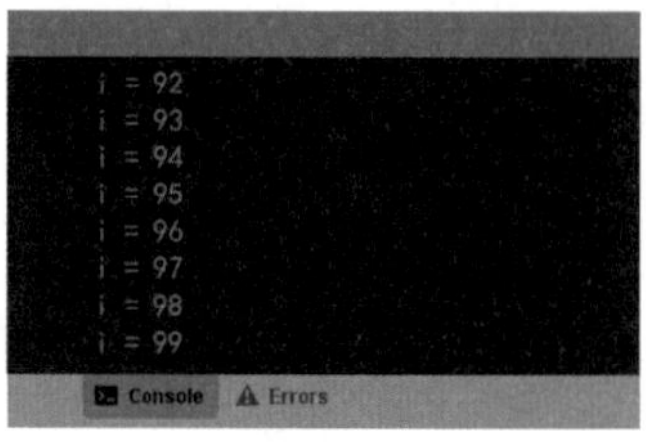

图3-5

当测试条件为true时，循环将继续运行，如果它总是正确的，将得到一个无限的循环，无限循环将使Processing锁定，导致停滞。而循环总是通过条件测试开始执行或跳过循环，依赖于程序内的状态而不是预设的步骤数。例如，设定一个1～100值的随机搜索，并不知道它需要多少步骤，可以创建一个名称为isFound的布尔变量，并将其作为while循环的条件测试。输入代码如下：

```
1  void setup(){
2    findValue(15);
3  }
4  void findValue(int val){
5    boolean is Found=false;
6    int steps=0;
7    while(!isFound){
8      steps=steps+1;
9      if(1+int(random(100))==val){
10       isFound=true;
11     }
12   }
13   println("It took"+steps+"steps to find"+val+".");
14 }
```

运行代码(sketch_3_5)，查看效果，如图3-6所示。

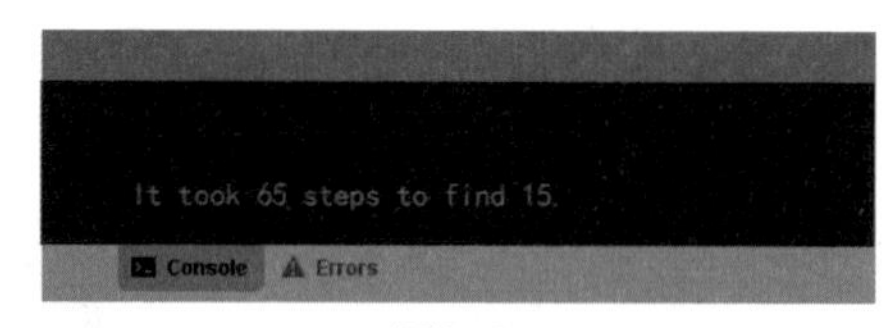

图3-6

在这个示例中使用了一些新的代码，如int(random(100))。random()函数返回一个浮点数值，但示例中需要检查一个整数。int()函数通过删除小数点之后的任何数字，将浮点值取整。Processing还包括一个四舍五入的round()函数，它将一个值四舍五入到最接近的整数值。

do循环是while循环的变体，保证至少运行一次。它使用了一个倒置的结构，在条件测试之前运行块。代码如下：

```
int i=100;
do {
  println("i="+i);
  i=i+1;
}
while(i<100);
```

运行代码(sketch_3_6)，查看效果，如图3-7所示。

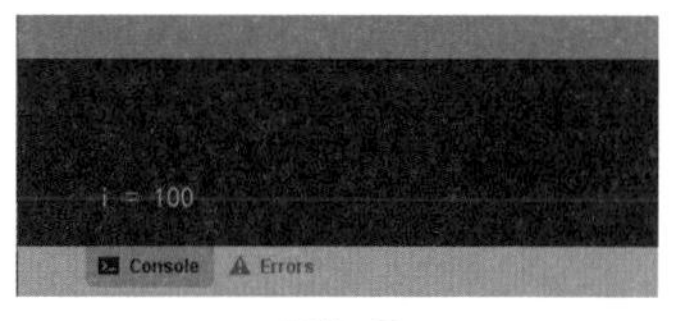

图3-7

从逻辑上看，这个循环似乎不应该运行，因为计数器i永远不会小于100。但是，循环至少执行一次。

为了帮助读者更好地理解循环结构，下面生成一个简单的网格。首先，生成一系列等间距的平行点，输入代码如下：

```
size(600, 400);
background(0);
int cellWidth=width/30;
stroke(255);
// 绘制垂直线条
for(int i=cellWidth; i<width; i+=cellWidth){
  for(int j=0; j<height; j++){
    point(i, j);
    }
}
```

运行代码(sketch_3_7)，查看等距竖线条的效果，如图3-8所示。

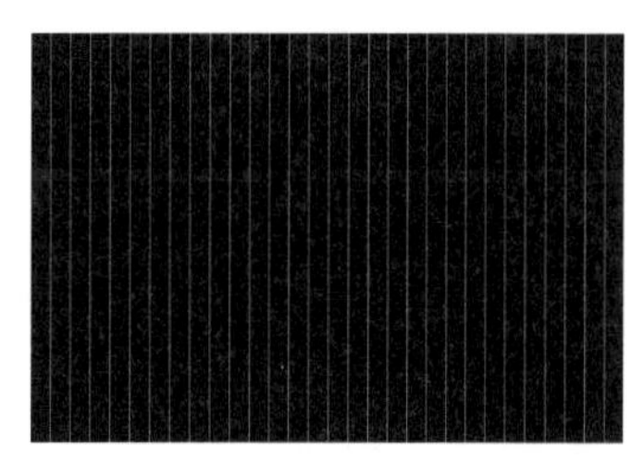
图3-8

接下来添加水平线，修改代码如下：

```
size(600, 400);
background(0);
int cellWidth=width/30;
int cellHeight=height/20;
stroke(255);
// 绘制垂直线条
for(int i=cellWidth; i<width; i+=cellWidth){
  for(int j=0; j<height; j++){
    point(i, j);
  }
}
// 绘制水平线条
for(int i=cellHeight; i<height; i+=cellHeight){
  for(int j=0; j<width; j++){
    point(j, i);
  }
}
```

运行代码(sketch_3_8)，查看网格效果，如图3-9所示。

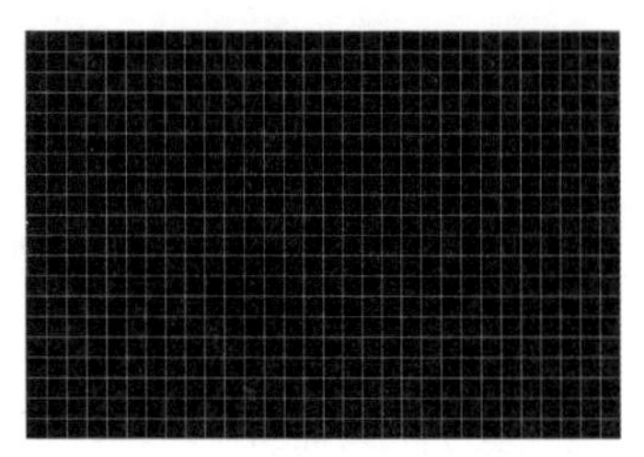
图3-9

下面模拟水纹的案例也是利用for()循环结构，不过需要奇偶行排列，得到图形错位。

先使用for循环结构创建绘制图案单元的函数，输入代码如下：

```
1  void setup(){
2    size(900, 600);
3    noFill();
4  }
5  void draw(){
6    background(125);
7    circlegroup(width/2, height/2);
8  }
9  // 创建绘制圆形组的函数
10 void circlegroup(float x, float y){
11   for(int i=0; i<12; i++){
12     float r=160-i*15;
13     float sw=3-i*0.2;
14     push();
15     translate(x, y);
16     fill(125, 0, 0);
17     strokeWeight(sw);
18     circle(0, 0, r);
19     pop();
20   }
21 }
```

运行代码(sketch_3_9)，查看图案单元的效果，如图3-10所示。

图3-10

接下来，按照行列平铺圆形组合图形。添加两个变量，代码如下：

```
1  float tt=60, tw;
```

修改draw()函数的代码如下：

```
1  void draw(){
2    background(125);
3    for(int j=0; j<width/tt; j++){
4      for(int i=0; i<height/tt; i++){
5        circlegroup(i*140-tw, j*40+80);
                          // 循环执行绘制圆形组合函数
6      }
7    }
8  }
```

运行代码(sketch_3_10)，查看效果，如图3-11所示。

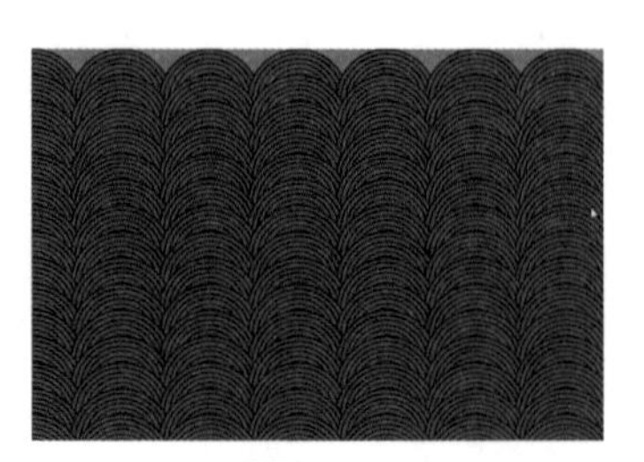
图3-11

按照奇偶行使圆形错开排列，形成水纹图案。修改代码如下：

```
1  for(int j=0; j<width/tt; j++){
2    for(int i=0; i<height/tt; i++){
3      circlegroup(i*140-tw, j*40+80);          // 循环执行绘制圆形组合函数
4      int even=j%2;                            // 奇偶行判断
5      if(even==0){
6        tw=0;
7      } else {
8        tw=70;
9      }
10   }
11 }
```

运行代码(sketch_3_11)，查看模拟水纹效果，如图3-12所示。

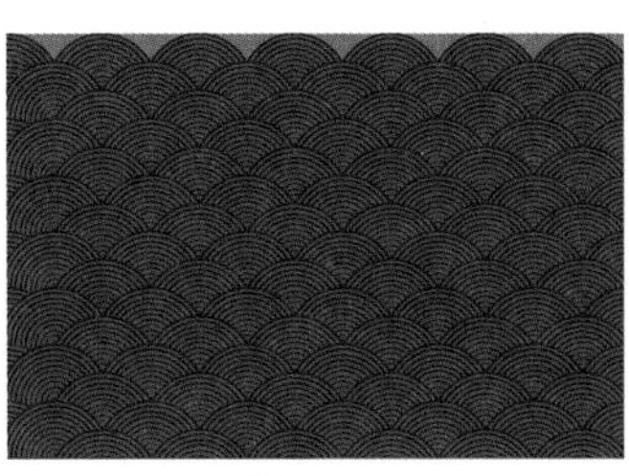

图3-12

对于许多重复的视觉效果，循环嵌套无疑是一种不错的方法。当使用for循环嵌套时，只有内层的for循环结束后，才会跳转到外层循环进行运算。例如，在上一个示例中要先执行x层的for循环，若x满足条件会执行y层的for循环；若y满足条件，则再执行圆形的绘制。圆形绘制完成后，首先进行y的递增，然后判断y是否满足条件，若满足，继续绘制圆形；若不满足，则跳回到上一层进行x的递增，并判断x是否满足条件，若满足，将重新进入y层循环；若不满足，则所有循环结束。

下面通过鼠标交互，创建一个简单的动态图案。输入代码如下：

```
1  int num=360;                                 // 定义小圆点的数量
2  void setup(){
3    size(800, 800);
4  }
5  void draw(){
6    fill(200, 2);                              // 设置半透明填充颜色
7    rect(0, 0, width, height);                 // 绘制全屏矩形
8    noFill();
9    for(int i=0; i<num; i++){
10     float theta=i*2*PI/num;
11     float r=(400*mouseX/width)*sin(2*theta);  // 与鼠标位置一起定义一个动态半径
12     float x=400+r*cos(theta);                // 计算圆形上点的x坐标
13     float y=400+r*sin(theta);                // 计算圆形上点的y坐标
14     ellipse(x, y, 4, 4);
15   }
16   circle(width/2, height/2, 100);
17 }
```

运行代码(sketch_3_12)，查看图案的动画效果，如图3-13所示。

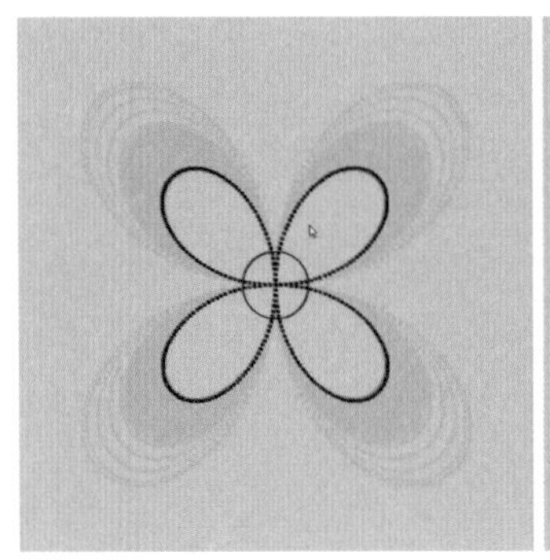
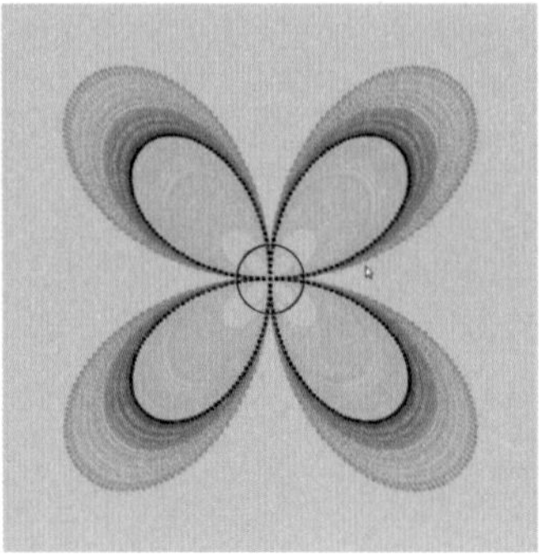

图3-13

饼图作为一种可视化工具拥有很高的价值。在下一个示例中，我们将展示如何从楔形开始，逐步构建并过渡到一个完整的饼图，并且为楔形填充颜色。代码如下：

```
1  size(600, 400);
2  background(80, 140, 150);
3  smooth();
4  noStroke();
5  float diameter=40;
6  float ang=0;
7  float col=0;
8  float xCount=width/diameter;
9  float yCount=height/diameter;
10 float cellTotal=xCount*yCount;
11 float angIncrement=radians(360.0/cellTotal);
12 float colIncrement=255.0/cellTotal;
13 for(float i=diameter/2; i<=height; i+=diameter){
14   for(float j=diameter/2; j<=width; j+=diameter){
15     ang+=angIncrement;
16     col+=colIncrement;
17     fill(col);
18     arc(j, i, diameter, diameter, 0, ang);
19   }
20 }
```

运行代码(sketch_3_13)，查看饼图的效果，如图3-14所示。

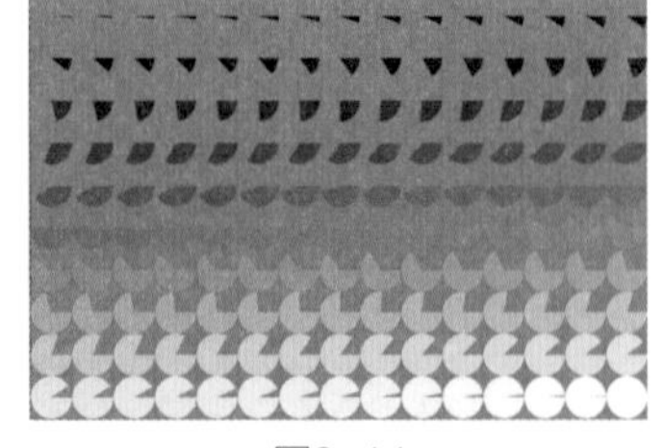

图3-14

由饼楔形组成基本的表格结构，还可以在视觉上更加有趣味，如简单地减少直径变量的值并添加一些随机变量，修改代码如下：

```
1  size(600, 400);
2  background(80, 140, 150);
3  smooth();
4  noStroke();
5  float radius=10;
6  for(int i=0; i<=width; i+=radius/2){
7    for(int j=0; j<=height; j+=radius/2){
8      float size=(random(radius*2));
9      fill(255);
10     arc(random(i), random(j), size, size, random(PI*2), random(PI*2));
11     fill(0);
12     arc(random(i), random(j), size, size, random(PI*2), random(PI*2));
13   }
14 }
```

运行代码(sketch_3_14)，可以展示更好的效果，如图3-15所示。

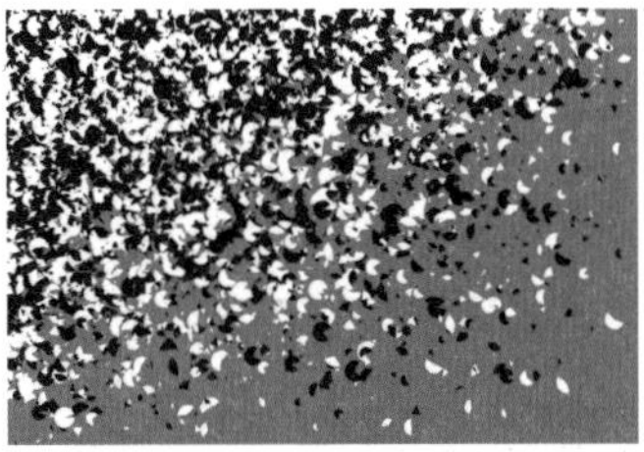

图3-15

接下来创建单一的花朵图案，通过合并一个循环来产生图案的重叠效果。输入代码如下：

```
1  int pointCount=8;
2  int steps=20;
3  float outerR=400;
4  float innerR_Factor=0.6;
5  float innerR=outerR*innerR_Factor;
6  float outerR_Ratio=outerR/steps;
7  float innerR_Ratio=innerR/steps;
8  float shadeRatio=255.0/steps;
9  float rotationRatio=45.0/steps;
10 void setup(){
11   size(800, 600);
12 background(0); }
13 void draw(){
14   translate(width/2, height/2);
15   for(int i=0; i<steps; i++){
16     stroke(255-shadeRatio*i, 100);
17     fill(shadeRatio*i);
18     pushMatrix();
19     rotate(rotationRatio*i*PI/180);
20     star(pointCount, outerR-outerR_Ratio*i, innerR-innerR_Ratio*i);
21     popMatrix();
22   }
23 }
24 void star(int n, float r1, float r2){
25   float radian=TWO_PI/(n*2);
26   float xtemp, ytemp;
27   noStroke();
28   beginShape();
```

```
29      for(int i=0; i<n*2; i++){
30        if(i%2==0){
31          xtemp=cos(radian*i)*r1;
32          ytemp=sin(radian*i)*r1;
33        } else {
34          xtemp=cos(radian*i)*r2;
35          ytemp=sin(radian*i)*r2;
36        }
37        vertex(xtemp, ytemp);
38      }
39      endShape(CLOSE);
40    }
```

运行代码(sketch_3_15)，查看效果，如图3-16所示。

图3-16

结合steps、shadeRadio和rotationRadio的变量调整，就能够生成美丽、光滑的效果。steps变量只是控制for循环运行的迭代次数，而shadeRadio和rotationRadio控制星形的色调梯度和递增角度。尝试为这些变量赋予不同的值，并查看产生光滑效果的可能性，如图3-17所示。

星形花朵变体1

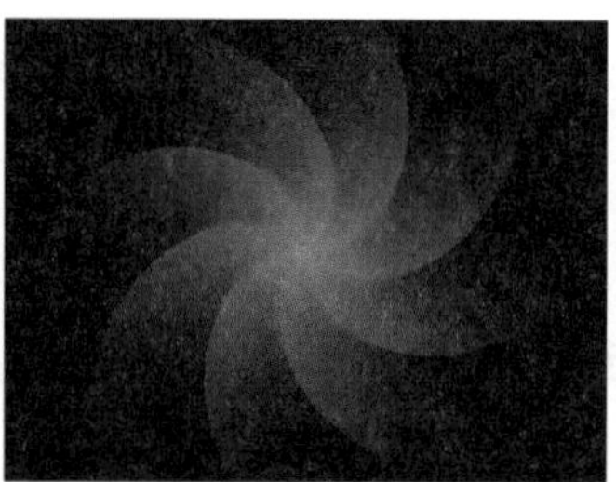
星形花朵变体2

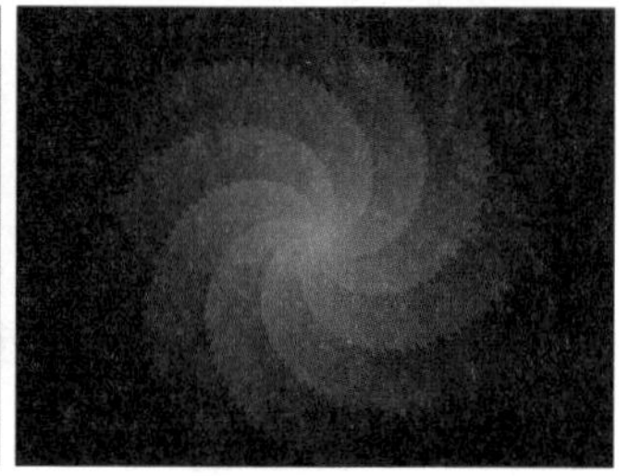
星形花朵变体3

图3-17

3.3 随机和噪波

几乎所有的编程语言都包含一个相当于Processing的random()函数，造就了生成性艺术都包含了一定程度的随机性，存在不可预测性和新奇感。

3.3.1 初识随机函数

使用随机函数的方法很简单，在Processing中输入一个参数以给出最大值，或者输入两个参数以确定范围内的数值。例如，如果想要一个20～480范围内的数值，可以使用以下代码：

```
1  float randNum=random(20, 480);
```

也可以这样写：

```
1  float randNum=random(460)+20;
```

如果不使用任何参数，可以用以下方式表示任意随机范围：

```
1 float randNum=(random(1)*(max+min))-min;
```

下面将其应用到一条直线的绘制中。如果想得到一条直线，那么有一种简单的方法可以连接点a到点b，输入如下代码：

```
1 size(600, 400);
2 background(220);
3 strokeWeight(5);
4 smooth();
5 stroke(50, 150, 100);
6 line(20, 200, 580, 200);
```

运行代码(sketch_3_16)，查看效果，如图3-18所示。

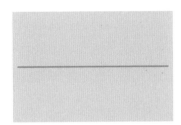

图3-18

随机化的直线可以替换参数。修改代码如下：

```
1 size(600, 400);
2 background(220);
3 strokeWeight(5);
4 smooth();
5 stroke(50, 150, 100);
6 line(20, 200, 580, 200);
7 stroke(50, random(150), random(100));
8 line(20, 200, random(500), random(300));
```

运行代码(sketch_3_17)，查看效果，如图3-19所示。

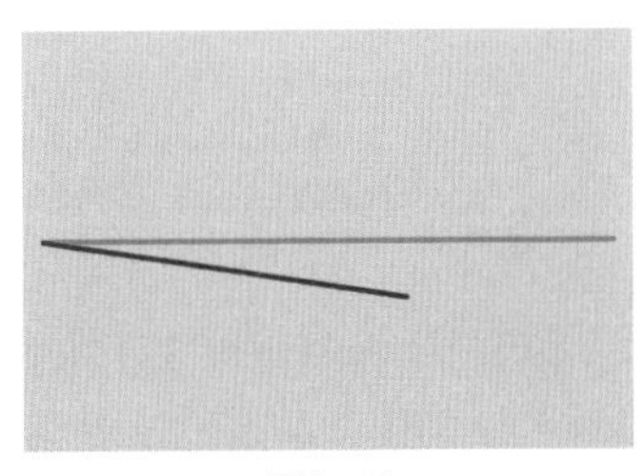

图3-19

随机性提供了一个非常快速且简单的不可预测的数据来源，以避免自己对某些数字的偏见。随机性可以增加渲染的深度，能够在视觉元素中创建许多微妙的变化，以防止整个作品看起来过于规整。通过使用随机性，还可以实现各种创意。

Processing生成的随机值总是浮点类型的，如3.14、5.0005或-100.9，把它们转换成整数也很简单，既可以使用取整的int()函数，也可以使用四舍五入的round()函数。

使用随机函数每次都会生成不同的数字，但有时需要以相同的顺序生成随机数，使草图的随机性可以在不同的运行中复制。因此，可以运用一个总是相同的值来初始化随机数生成器，那就是randomSeed。输入代码如下：

```
1 size(600, 400);
2 randomSeed(0);                          // 初始化随机数生成器种子
3 noStroke();
4 for(int i=0; i<600; i+=40){
5   fill(random(0, 255), 200, 200);
6   rect(i, 200, 40, 40);
7 }
```

运行代码(sketch_3_18)，查看效果，如图3-20所示。

图3-20

初始化randomSeed，就算多次运行代码，也依然会产生相同的灰度模式。这样做的好处是可以使用不同的随机种子来生成不同的艺术品，并将它们与随机种子一起保存，一旦选择了最佳种子，就有机会用匹配的随机种子重新创建它。

针对上面的示例，尝试在随机种子中更改值，或者尝试从for循环中随机移动，看看会发生什么，如图3-21所示。

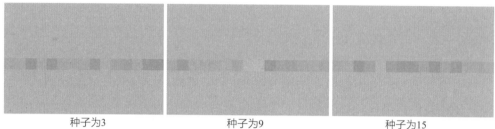

种子为3　　种子为9　　种子为15

图3-21

在Processing中使用随机函数时，所有的值都有相同的机会被随机选择。如果需要创建一个正态曲线或高斯分布的随机性，不妨试试randomGaussian()函数的作用。输入代码如下：

```
size(600, 400);
noStroke();
fill(50, 50);
for(int i=0; i<200000; i++){
  float position=300+randomGaussian()*10;
  rect(position, i%400, 2, 2);
}
```

运行代码(sketch_3_19)，可以看到分布在画布中心的点非常拥挤，向中心线的两边越来越少，如图3-22所示。

图3-22

这就是随机高斯分布产生不均匀分布的特点：中心线周围的值比其他值产生的机会要高得多，由随机高斯分布返回的所有值都紧密地聚集在0附近；这些值与0的差异越大，它们就越不常见。如果在代码中使用它，可能需要在随机高斯函数的输出上使用映射函数，这样可以将值扩展到离0更远的地方。输入代码如下：

```
size(600, 400);
noStroke();
fill(50, 50);
for(int i=0; i<200000; i++){
  float position=map(randomGaussian(),-5, 5, 0, width);
  rect(position, i%400, 2, 2);
}
```

运行代码(sketch_3_20)，查看效果，如图3-23所示。

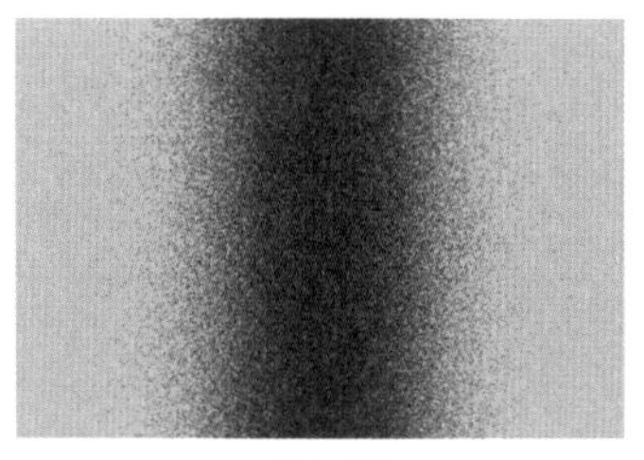
图3-23

随机性为视觉创作带来了无限可能，它不仅能随机填充空间，还能以等概率生成新奇的视觉元素。而randomGaussian()函数则能在预设值附近创造微妙的变化，为作品增添细腻的动态效果。

下面尝试在画布上绘制交互式随机笔画，代码如下：

```
1  void setup(){
2    size(600, 400);
3    background(240);
4  }
5  void draw(){
6    // 变换鼠标位置
7    translate(mouseX, mouseY);
8    // 随机改变描边颜色
9    stroke(random(0, 200), 10, 50);
10   // 绘制随机位置的垂直线条
11   line(randomGaussian(),-10, randomGaussian(), 10);
12 }
```

运行代码(sketch_3_21)，使用鼠标在画布中随意绘制，查看线条和颜色效果，如图3-24所示。

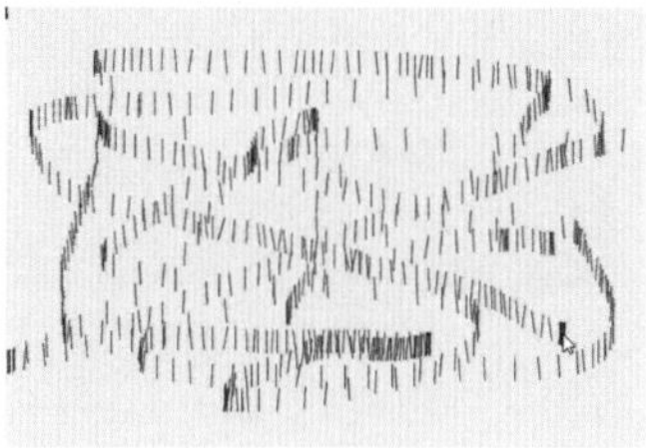

在这个示例中，使用了两种不同的随机性，random用于选择颜色，使颜色更加多样化；randomGaussian分布用于线的定位(即它们的端点)，随机值是均匀的，使图形看起来像彩色的篱笆。

图3-24

3.3.2　控制随机性

本节我们设计一个颜色笔刷工具，当用户运用鼠标在画布上移动时，它会根据鼠标的位置和移动轨迹，结合经过精心调控的随机函数，生成一系列色彩缤纷的斑点。这些斑点的颜色、大小和透明度都可以通过调整随机函数的参数来精细控制，从而在画布上创造出既随机又富有创意的视觉效果。输入代码如下：

```
1  void setup(){
2    size(600, 400);
3    background(0);
4    noStroke();
5    colorMode(HSB);
6  }
7  void draw(){
8    filter(BLUR, 1);
9    if(mousePressed){                          // 按压鼠标
```

```
10      translate(mouseX, mouseY);
11      // 每帧绘制5个小圆
12      for(int i=0; i<5; i++){
13        fill(random(0, 255), 255, 255);                // 随机填充色相
14        PVector pos=new PVector(random(-20, 20), random(-20, 20));
                                                         // 创建随机位置向量
15        float size=20-dist(0, 0, pos.x, pos.y);       // 基于鼠标位置计算圆的大小
16        ellipse(pos.x, pos.y, size, size);            // 绘制小圆
17      }
18    }
19  }
```

运行代码(sketch_3_22)，查看随机颜色笔刷的效果，如图3-25所示。

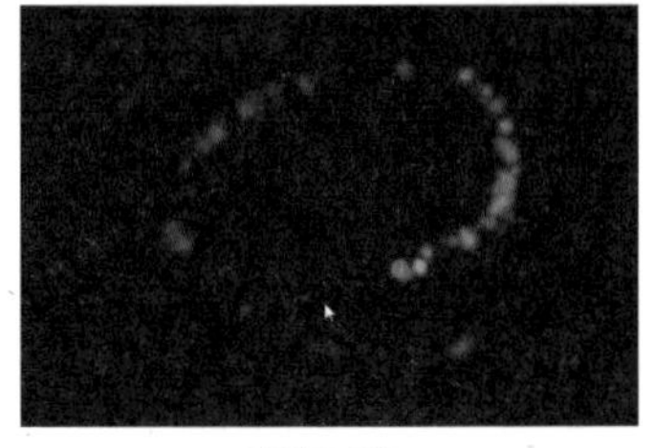

图3-25

在本示例中，使用具有随机选择的色调、完全饱和度和亮度的颜色，在黑色背景上创建充满活力的彩色斑点。当鼠标按键被按下时，会绘制5个颜色、位置和大小不同的斑点。该位置由鼠标指针周围的一个随机点确定，大小取决于斑点到鼠标指针的距离。它离鼠标指针越远，渲染的效果就越小。

那如何控制随机性呢？如想要限制随机颜色的选择，并将其与鼠标指针的方向绑定，该怎么做呢？我们可以尝试替换前面的draw函数，代码如下：

```
1   void draw(){
2     filter(BLUR, 1);
3     if(mousePressed){                                  // 按压鼠标
4       // 创建两个向量点
5       PVector center=new PVector(width/2, height/2);
6       PVector mouse=new PVector(mouseX, mouseY);
7       // 计算鼠标和中心点的角度
8       float angle=PVector.sub(mouse, center).heading();
9       // 转换角度由弧度到角度
10      angle=degrees(angle);
11      // 转换角度到色相
12      float hue=map(angle,-180, 180, 0, 255);
13      translate(mouseX, mouseY);
14      // 每帧绘制5个小圆
15      for(int i=0; i<5; i++){
16        fill(random(hue-20, hue+20)%255, 255, 255);  // 随机色相填充
17        PVector pos=new PVector(random(-20, 20), random(-20, 20));
                                                         // 创建随机位置向量
18        float size=20-dist(0, 0, pos.x, pos.y);       // 基于鼠标位置计算圆的大小
19        ellipse(pos.x, pos.y, size, size);            // 绘制小圆
20      }
21    }
22  }
```

运行代码(sketch_3_23)，查看随机颜色笔刷的效果，如图3-26所示。

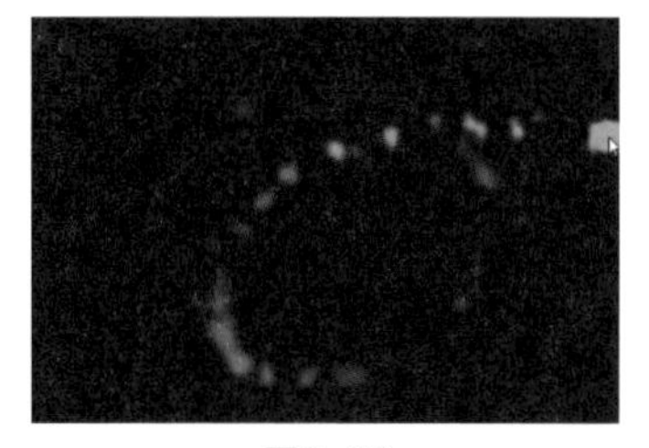

图3-26

这段代码中通过一个色相轮，围绕着画布的中心点，计算鼠标相对于画布中心点的位置和方向，并提供更多的颜色控制。

接下来可以使用随机性或草图中不同点的距离进一步定制笔刷。例如，如果想将颜色饱和度与鼠标到中心点的距离联系起来，可修改代码如下：

```
1  for(int i=0; i<5; i++){
2   float saturation=constrain(255-center.dist(mouse), 0, 255);
3   fill(random(hue-20, hue+20)%255, saturation, 255);        // 随机色相填充
4   PVector pos=new PVector(random(-20, 20), random(-20, 20));// 创建随机位置向量
5   float size=20-dist(0, 0, pos.x, pos.y);         // 基于鼠标位置计算圆的大小
6   ellipse(pos.x, pos.y, size, size);              // 绘制小圆
7  }
```

运行代码(sketch_3_24)，查看随机颜色笔刷的效果，如图3-27所示。

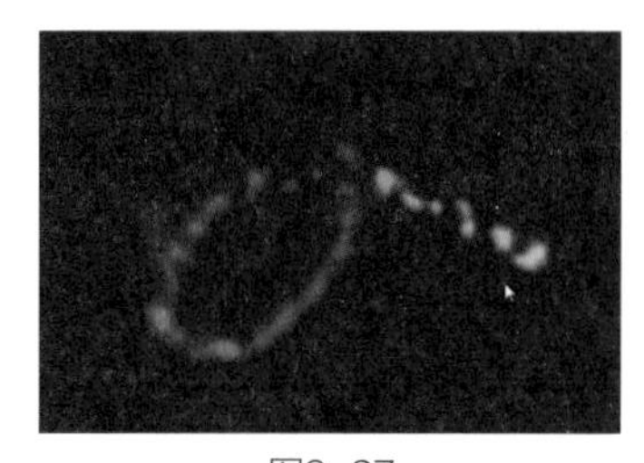

图3-27

在本示例中，饱和度是从255中减去中心点和鼠标位置的距离，因此在接近中心点的鼠标位置给出最高的饱和值。当在画布中心按下鼠标按键拖动时，会看到鲜艳的颜色在中心生成，颜色向画布边缘逐渐混合到白色。另外，还使用了一个将输出锁定到特定范围内的函数constrain()，无论鼠标距离中心的距离有多远，甚至有可能出现饱和度小于0的情况，使用该函数都可将饱和度锁定在0～255的范围。

在前面利用随机数值的基础上，可以稍作扩展，即在随机性中融入选择机制。例如，拥有一个预先设定且色彩搭配和谐的调色板，当使用随机笔刷绘制时，从这个调色板中挑选颜色，而不是完全随机选取。修改绘画部分代码如下：

```
1  void draw(){
2    // 定义颜色板数组
3    color[] palette={color(30, 240, 240), color(30, 60, 240), color(160, 30, 200),
                      color(230, 170, 40), color(200)};
4    // 模糊滤镜
5  filter(BLUR, 1);
6  if(mousePressed){
7    translate(mouseX, mouseY);
8    // 每帧绘制5个小圆
9    for(int i=0; i<5; i++){
```

```
10      int paletteChoice=int(random(0, palette.length));
                                                    // 从颜色板数组中随机选择颜色
11      fill(palette[paletteChoice]);
12      PVector pos=new PVector(random(-20, 20), random(-20, 20));
                                                    // 创建随机位置向量
13      float size=20-pos.dist(new PVector());      // 基于鼠标位置计算圆的大小
14      ellipse(pos.x, pos.y, size, size);          // 绘制小圆
15      }
16    }
17  }
```

运行代码(sketch_3_25)，使用鼠标进行绘制，随机选择预先设计好的调色板，查看效果，如图3-28所示。

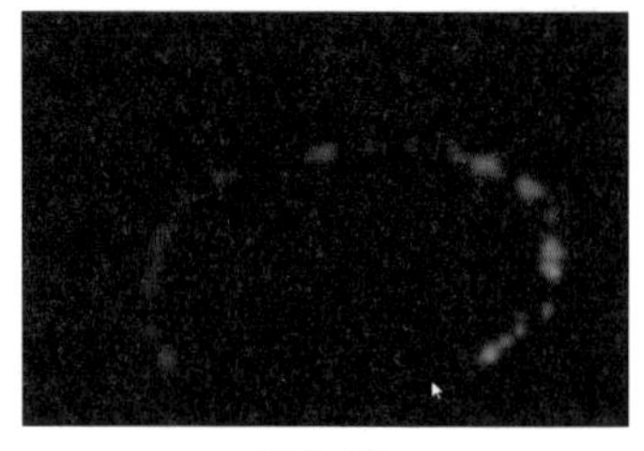

图3-28

本示例首先定义了具有颜色数组的调色板，当绘制时从这个调色板中随机选择一种颜色，也就是说选择的颜色仅限于调色板数组中。通过一个从0到palette.length-1的计数，从调色板数组中检索随机颜色。

也可以运用随机性做出选择，例如，在绘制红色或蓝色的图形之间进行选择。作为这种选择的简单示例，可考虑以下代码：

```
1  if(random(0, 100)<70){
2    // 限定在70%的范围内执行
3  } else {
4    // 执行另外30%的可能
5  }
```

当在画布上移动鼠标并时不时停止时，将看到红色与蓝色、矩形与圆圈的分布会发生变化。当将鼠标指针移动到画布的各个角时，就可以观察到极端的分布。读者可以自己完善示例代码。

3.3.3 初识柏林噪波

噪波具有随机性，广泛应用于生成艺术，以产生各种创意效果。例如，使用噪波控制点描图中笔刷的大小。输入代码如下：

```
1  PImage img;
2  int tt=10;
3  void setup(){
4    size(1280, 720);
5    img=loadImage("lu2.jpg");
6    img.resize(1280, 720);
7    background(127);
8    noLoop();
9  }
10 void draw(){
11   img.loadPixels();
12   for(int x=0; x<img.width; x+=tt){
```

```
13      for(int y=0; y<height; y+=tt){
14        color c=img.get(x, y);
15        stroke(c);
16        strokeWeight(random(1, 50));
17        point(x, y);
18      }
19    }
20    img.updatePixels();
21  }
```

运行代码(sketch_3_26)，查看效果，如图3-29所示。

在这些示例中，从绘制一些线条开始，每一个线条都与其他线条略有不同，但它们很好地结合在一起，给人一种起伏的三维表面的错觉。

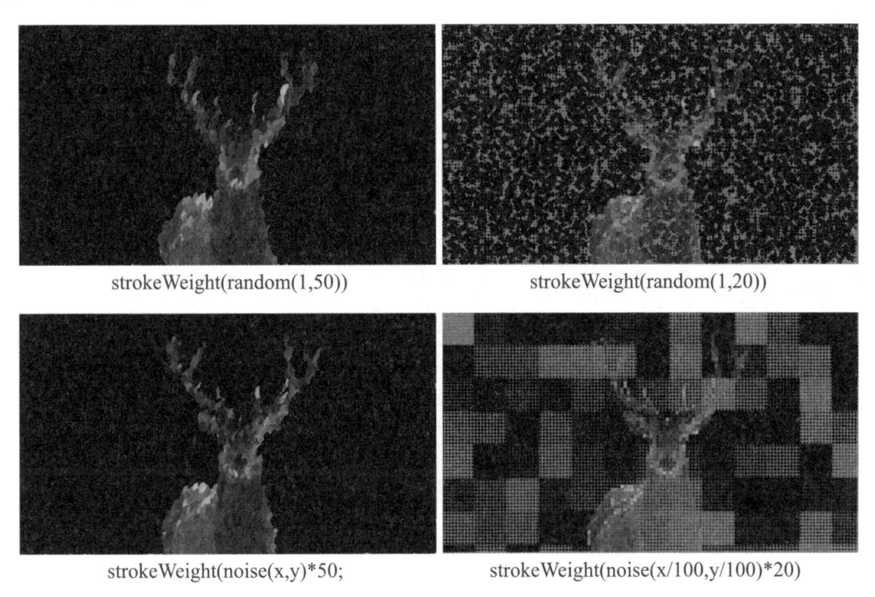

strokeWeight(random(1,50))　　strokeWeight(random(1,20))

strokeWeight(noise(x,y)*50;　　strokeWeight(noise(x/100,y/100)*20)

图3-29

接下来我们要详细地学习噪波，首先从了解柏林噪波开始。

柏林噪波是计算机科学家Ken Perlin编写的一个算法，最初是为了在3D物体上创建看起来自然的表面，后来被引用到设计领域，用来实现随机数生成器无法达到的效果，即产生平滑的随机性。

下面通过一条线，创建一个山脉的轮廓。输入代码如下：

```
1  int prevX=0;
2  int prevY=100;
3  void setup(){
4    size(600, 200);
5    background(240);
6    for(int x=1; x<width; x++){
7      int newY=(int)(noise(x)*100);
8      point(x, newY);
```

```
9       line(prevX, prevY, x, newY);
10      prevX=x;
11      prevY=newY;
12    }
13  }
```

运行代码(sketch_3_27)，查看效果，如图3-30所示。

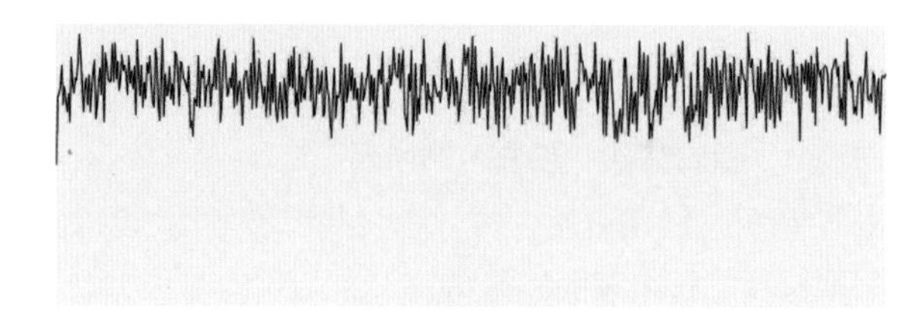

图3-30

通过仔细观察，柏林噪波给出了先慢慢增加然后减少的区域，其算法的步进性质变得很明显。噪波函数的结果是一个介于0和1的浮点值，这就是为什么在前面的代码中该值被乘以100的原因，换句话说，放大到需要的y值。

正常的random()函数是杂乱的，如果想要得到在值之间平稳移动的随机性，而不是在给定的范围内跳跃，最好的选择是使用noise()函数，它会产生遵循平滑曲线的随机值。下面对比随机函数和噪波函数的不同之处，输入代码如下：

```
1  void setup(){
2    size(600, 400);
3    background(240);
4    noStroke();
5  }
6  void draw(){
7    fill(255, 0, 255, 100);
8    rect(frameCount, random(0, height), 5, 5);    //随机位置
9    fill(255, 0, 0, 100);
10   ellipse(frameCount, map(noise(frameCount/100.), 0, 1, 0, height), 5, 5);
                                                    //噪波位置
11 }
```

运行代码(sketch_3_28)，查看效果，可以看到柏林噪波创建的曲线比随机值创造的曲线更加平滑，如图3-31所示。

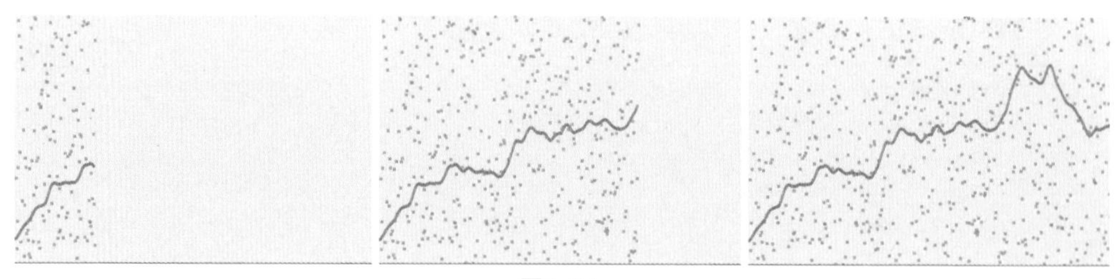

图3-31

下面用一个比较具体的图形来展示噪波函数的魅力。通过循环结构创建40个矩形，使用BLUR滤镜产生雾或类似火的视觉效果，再使用frameCount()函数关联矩形向下的运动，最重要的是对颜色使用噪波函数，并确保噪波值在40个矩形(水平)和时间(垂直)之间变化。输入代码如下：

```
1  void setup(){
2    size(600, 400);
3    noStroke();
4    background(0);
5  }
6  void draw(){
7    filter(BLUR, 1);
8    // 间隔10像素绘制矩形
9    for(int i=0; i<width; i+=10){
10     fill(noise(i/10.0+frameCount/100.0)*255, 50.50);      // 噪波颜色值填充
11     float size=noise(0.3+frameCount/1000.0)*15;           // 噪波关联矩形大小
12     rect(i, frameCount%height, size, size);
13   }
14 }
```

运行代码(sketch_3_29)，查看模拟火焰的效果，如图3-32所示。

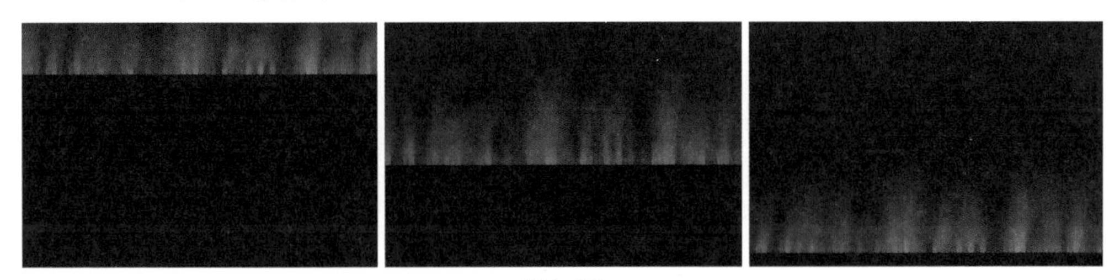

图3-32

尝试使用不同的颜色，甚至是一个调色板，可以呈现更接近真实火焰的效果。

用户可以将随机数视为与其他类型数据无异，并且这种数据是取之不尽的。无论是利用随机数来探索视觉元素的多样化变体，还是为了激发新的创意灵感，都可以通过不断调整和优化随机性的应用，直至达成满意的效果。

可以将柏林噪波想象成一个无限的数字列表，它是由正弦和余弦函数产生的，用来产生倾斜和下降值的平滑波。下面的示例通过使用一个变量来获取noise()的值，很好地演示了这一点。当发送给noise()函数的值在0.005～0.03时，会产生最好的噪波。输入代码如下：

```
1  float preX=0;
2  float preY=100;
3  float scaleFactor=100;
4  float noisePos=0;
5  float noiseStep=0.1;
6  void setup(){
```

```
7    size(1200, 600);
8    background(240);
9    scale(2);
10   for(int x=1; x<width; x+=1){
11     float newY=(noise(noisePos))*scaleFactor+50;
12     strokeWeight(1);
13     stroke(0, 100, 200);
14     line(preX, preY, x, newY);
15     strokeWeight(2);
16     stroke(200, 0, 0);
17     point(x, newY);
18     preX=x;
19     preY=newY;
20     noisePos+=noiseStep;
21   }
22 }
```

运行代码(sketch_3_30)，查看噪波效果，如图3-33所示。

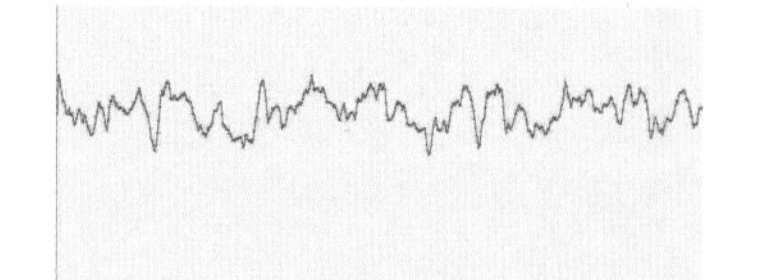

图3-33

在本示例中，noisePos的值和noise()函数一起使用，它从0开始，随着for循环的每次迭代，递增0.1(noiseStep的值)。当noiseStep的值变小时，曲线也变得更加平滑，如图3-34所示。

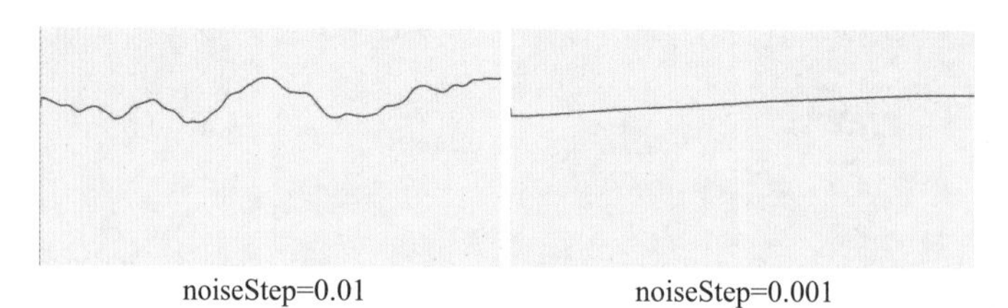

noiseStep=0.01　　noiseStep=0.001

图3-34

上面的示例效果很像山脉横截面的线条，还可以绘制一系列的横截面，并组合在一起，创建一个如地形表面的效果。输入代码如下：

```
1  float stepSize=0.005;
2  int prevX, prevY=0;
3  float xnoise, ynoise=0;
4  float startingXNoise=0;
5  void setup(){
6    size(900, 600);
7    smooth(1);
8    strokeWeight(1);
9    colorMode(HSB);
10 }
11 void draw(){
12   background(0);
13   stroke(255);
14   xnoise=startingXNoise;
```

```
15      for(int y=0; y<200; y+=5){
16        ynoise=0.0;
17        prevX=0;
18        prevY=y;
19        for(int x=0; x<width; x+=1){
20          float h=y+noise(xnoise, ynoise)*300;
21          stroke(noise(xnoise)*255, 200, 200);
22          point(x, h);
23          line(prevX, prevY, x, h);
24          ynoise+=stepSize;
25          prevX=x;
26          prevY=(int)h;
27        }
28        xnoise+=stepSize;
29      }
30    }
```

运行代码(sketch_3_31)，查看模拟地形表面的效果，如图3-35所示。

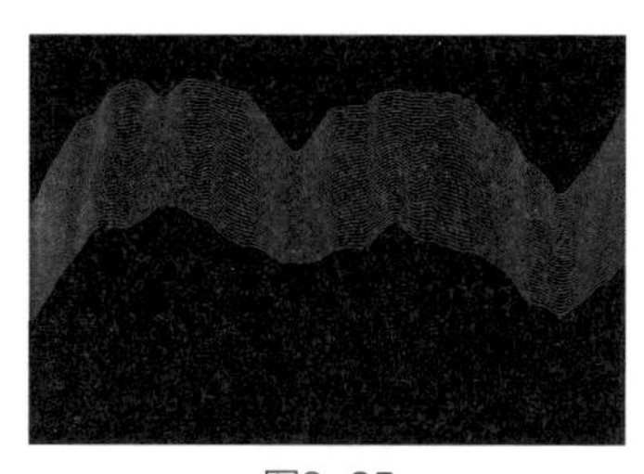

图3-35

同样的效果可以应用到二维空间中，使用noise()函数设置点的位置和颜色并填充画布，可以模拟云的效果。输入代码如下：

```
1   float stepSize=0.005;
2   void setup(){
3     size(900, 600);
4   }
5   void draw(){
6     float xnoise=0.0;
7     for(int x=0; x<width; x++){
8       float ynoise=0.0;
9       for(int y=0; y<width; y++){
10        stroke(noise(xnoise, ynoise)*255);
11        point(x, y);
12        ynoise+=stepSize;
13      }
14      xnoise+=stepSize;
15    }
16  }
```

运行代码(sketch_3_32)，查看模拟云的效果，如图3-36所示。

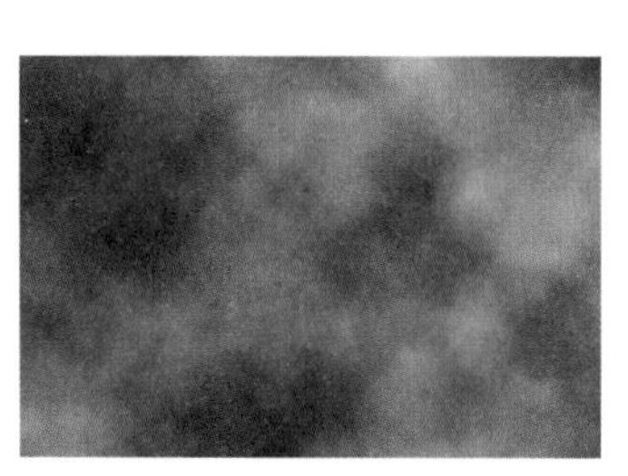

图3-36

因为noise()函数返回一个介于0和1的值，乘以255就产生了一个介于0～255的stroke()函数的灰度值。随着noise()函数产生的灰度值逐渐增大和减小，最终产生云的效果。不过步长(stepSize)值越小，云的效果就会越平滑。

在了解了噪波函数产生数值的特性后，可以考虑与三角函数组合在一起，创建波动的圆形矩阵，再通过鼠标位置关联运动缓冲，产生交互性的波动效果。

首先创建波纹状分布的圆点矩阵，输入代码如下：

```
1  float tt, n;
2  int a, b;
3  void setup(){
4    size(800, 600);
5  }
6  void draw(){
7    background(0);
8    tt+=0.005;
9    clear();
10   for(a=50; a<750; a+=10){
11     for(b=50; b<550; b+=10){
12       fill(255*noise(a*.01, b*.01), 0, 0);
13       n=TWO_PI*(tt+sin(TWO_PI*tt-dist(a, b, width/2, height/2)*.01));
14       circle(a+20*sin(n), b+20*cos(n), 8);
15     }
16   }
17 }
```

运行代码(sketch_3_33)，查看波动的矩阵效果，如图3-37所示。

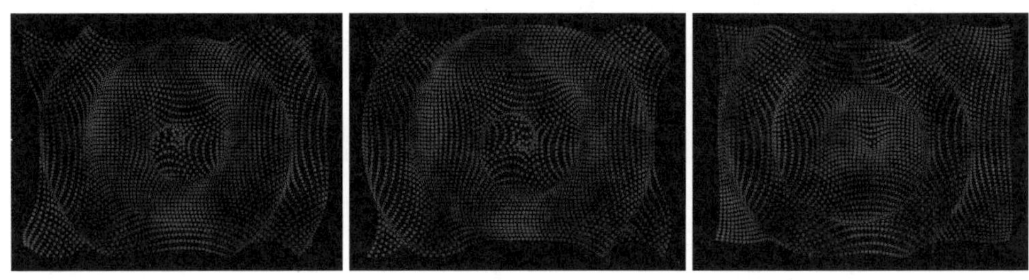

图3-37

在此基础上，可以把前面讲解过的运动缓冲添加进来，创建新的变量，代码如下：

```
1  float x, y, px, py;
2  float easing=0.01;
```

在draw函数部分添加如下语句：

```
1  float diffX=mouseX-x;
2  float diffY=mouseY-y;
3  x+=diffX*easing;
4  y+=diffY*easing;
```

修改语句如下：

```
1  n=TWO_PI*(t+sin(TWO_PI*t-dist(a+x, b+y, width/2, height/2)*.01));
```

最后添加如下语句：

```
1  px=x;
2  py=y;
```

运行代码(sketch_3_34)，查看鼠标交互的波动矩阵效果，如图3-38所示。

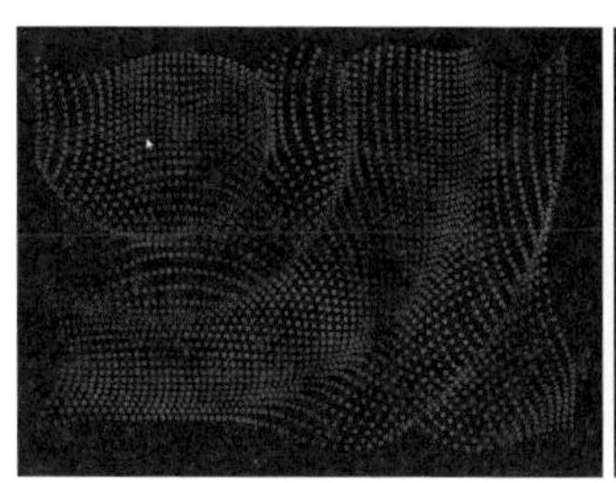
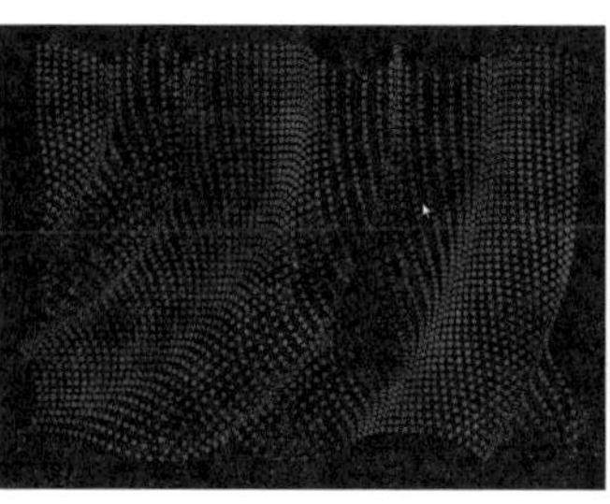
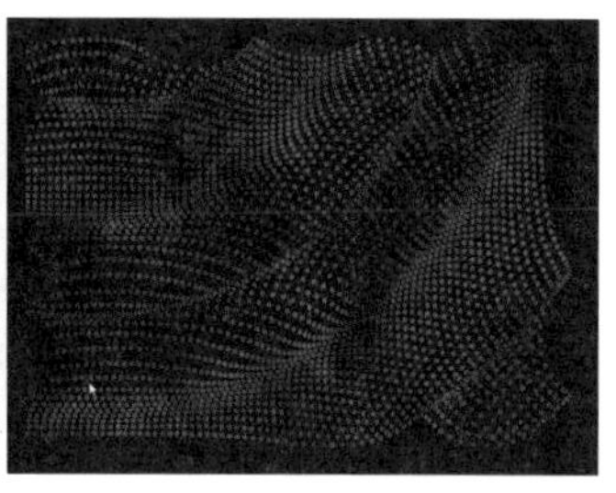

图3-38

3.4 递归分形

在创造生成艺术时，无论涉及的逻辑和程序操作多么抽象，其实都与自然世界中更复杂的计算过程存在千丝万缕的联系。

递归是基于自相似性和重复的概念，而分形艺术可能是数学递归中较普及的例子。虽然递归从本质上来说是一种数学构造，并且非常适用于通用规划，但当它与几何形式和拓扑模式结合使用时，能够表现出惊人的对称性和美学特征。

3.4.1 递归函数

尽管递归有多种形式，但其基本特征是重复创建自己的新实例，很像两个镜面放置在彼此对面会导致无限反射一样。除了无限重复的可能性，递归也使人类难以区分新实例和旧实例。为了帮助读者轻松理解递归的概念，现在从一个非递归Processing程序开始，升级成一个递归的可视化示例。

先在屏幕中间绘制一个大圆圈，将对ellipse()函数的调用封装在一个名称为drawCircle()的函数中。输入代码如下：

```
1  void setup(){
2    size(1200, 800);
3    background(225);
4    smooth();
5    noFill();
6    translate(width/2, height/2);                    // 移动到屏幕中心
7    drawCircle(0, 0, width/2)                        // 绘制一个大圆
8  }
9  // 定义绘制圆函数
10 void drawCircle(int x, int y, int s){
11   if(s>2){
12     ellipse(x, y, s, s);
```

```
    }
}
```

运行代码(sketch_3_35)，查看效果，如图3-39所示。

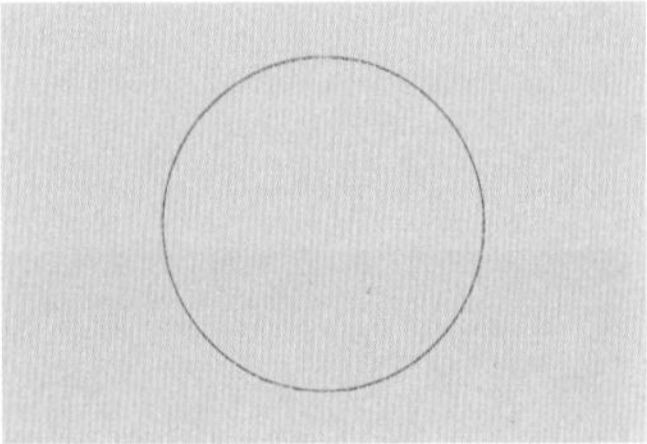

图3-39

在本示例中，drawCircle()函数所做的只是检查大小参数s，以确保它大于2，然后调用s作为椭圆的宽度和高度。

接下来向函数添加一个递归调用，修改代码如下：

```
// 定义绘制圆函数
void drawCircle(int x, int y, int s){
  if(s>2){
    ellipse(x, y, s, s);
    drawCircle(x-s/2, y, s/2);                    // 递归调用
  }
}
```

运行代码(sketch_3_36)，查看递归效果，如图3-40所示。

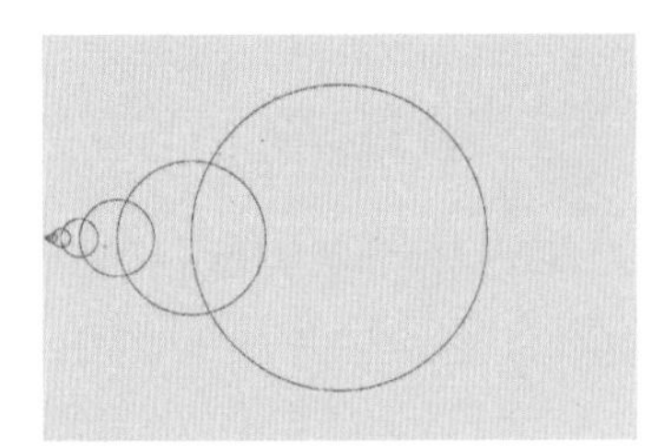

图3-40

drawCircle()函数的前两个参数指定圆心的x和y坐标，第三个参数指定圆的直径。以下值被传递到递归调用中：x-s/2、y和s/2，这意味着每个调用都将绘制当前大小的一半，并将中心向左移动至当前圆直径的一半，圆心位置保持不变。当圆的直径超过2，图形停止绘制。

同理，再添加一个递归调用drawCircle()函数，不过这次是在圆的右边绘制大小为一半的圆。修改代码如下：

```
// 定义绘制圆函数
void drawCircle(int x, int y, int s){
  if(s>2){
    ellipse(x, y, s, s);
    drawCircle(x-s/2, y, s/2);                    // 递归调用
    drawCircle(x+s/2, y, s/2);
  }
}
```

运行代码(sketch_3_37)，查看递归效果，如图3-41所示。

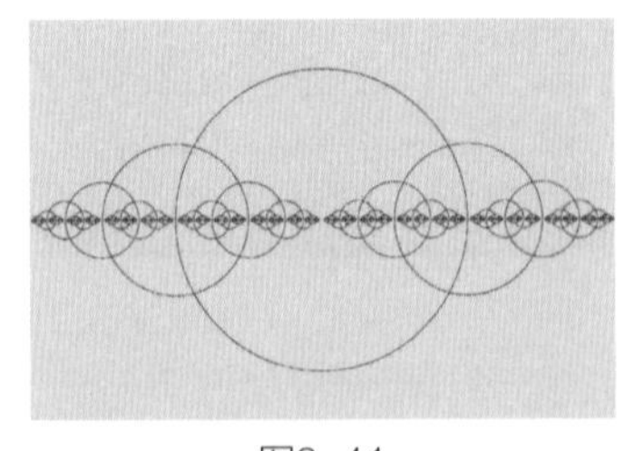

图3-41

我们发现，这次绘制的图形并不是上一个示例的简单镜像，递归带来的复杂性是意料之外的，因为每个递归函数调用都生成两个额外的递归调用，整个调用模式如树木生长一般。

下面的示例，运用4个递归调用来绘制当前大小的一半(所有边)的正方形，以当前正方形的4个角为中心。当方块的大小小于20时，该函数终止。输入代码如下：

```
1  void setup(){
2    size(600, 600);
3    background(225);
4    rectMode(CENTER);
5    noFill();
6    stroke(0);
7    drawBox(width/2, height/2, width/2);
8  }
9  //定义绘制方块函数
10 void drawBox(float cx, float cy, float d){
11   strokeWeight(0.1*d);
12   stroke(d);
13   rect(cx, cy, d, d);
14   //条件语句
15   if(d<20)return;
16   //递归调用
17   drawBox(cx-d/2, cy-d/2, d/2);
18   drawBox(cx+d/2, cy-d/2, d/2);
19   drawBox(cx-d/2, cy+d/2, d/2);
20   drawBox(cx+d/2, cy+d/2, d/2);
21 }
```

运行代码(sketch_3_38)，查看效果，如图3-42所示。

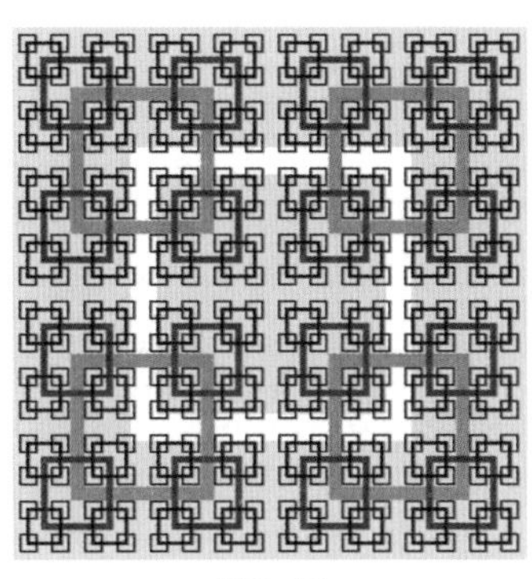

图3-42

为了显示更深的递归变化，可让颜色随着方块大小的变化而变化。修改代码如下：

```
1  stroke(d, 200, 200);
```

运行代码(sketch_3_39)，查看效果，如图3-43所示。

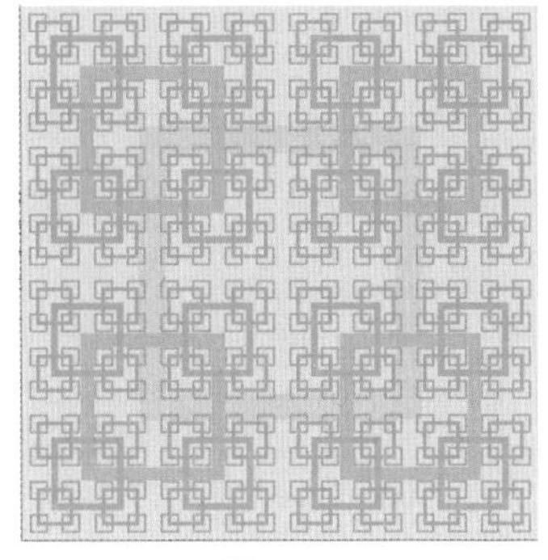

图3-43

继续对上面的示例进行扩展，展示一个绘制树的递归函数。其理论核心是在每次递归迭代时，函数使用参数(x0, y0, len, angle)绘制一个分支，其中x0和y0是起点的x和y坐标，分支长度由len给出，参数角度指定线段与水平之间的角度，将分支的一个端点作为line()函数的(x0, y0)，另一个端点(x1, y1)通过x0、y0、len和angle的简单三角计算得到，有效地使分支从水平方向逆时针旋转。输入代码如下：

```
1  void setup(){
2    size(800, 600);
3    background(225);
4    drawTree(width/2, height, 160, 90);
5  }
6  //定义绘制树函数
7  void drawTree(float x0, float y0, float len, float
   angle){
8    if(len>2){
9      float x1=x0+len*cos(radians(angle));
```

```
10      float y1=y0-len*sin(radians(angle))*len;
11      line(x0, y0, x1, y1);
12      drawTree(x1, y1, len*0.75, angle+30);
13      drawTree(x1, y1, len*0.65, angle-40);
14    }
15  }
```

运行代码(sketch_3_40)，查看树形效果，如图3-44所示。

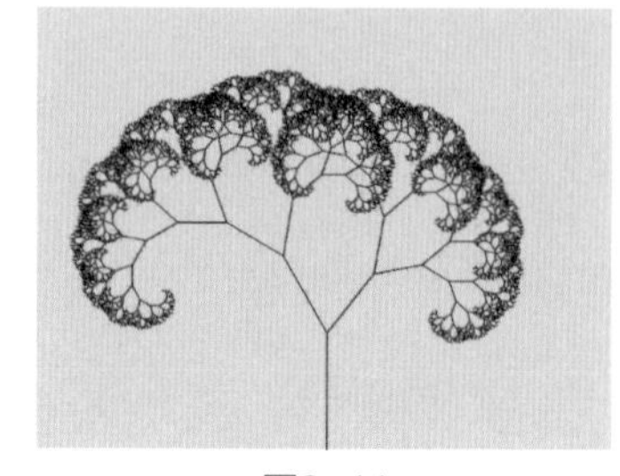

图3-44

在setup()函数中，对drawTree()的顶级调用，是将(x0,y0)放置在坐标(width/2,height)处，这是草图窗口的底部中间点，因为我们希望树向上生长。树的初始段长度为160，与水平线成90°。绘制树的基本逻辑在于递归地处理每个分支，即在当前分支的末端移动画笔，分别向左旋转30°绘制一个子分支，向右旋转40°绘制另一个子分支，并对这两个子分支重复上述过程。递归的前几个级别和它们的绘制结果，如图3-45所示。

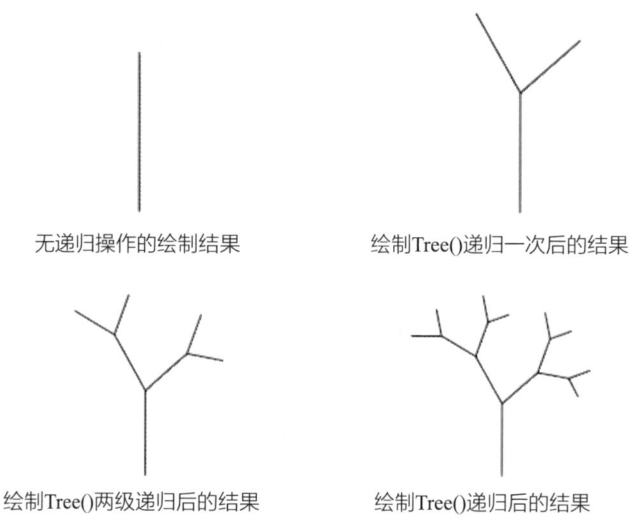

图3-45

可以使用平移画布来重写程序，递归函数drawTree()只需要两个参数len和angle，因为平移了坐标系，总是在(0,0)处绘制，从而不必跟踪起点。修改代码如下：

```
1  void setup(){
2    size(800, 600);
3    background(235);
4    translate(width/2, height);
5    drawTree(160,-90);
6  }
7  //定义绘制树函数
8  void drawTree(float len, float angle){
9    if(len>2){
10     rotate(radians(angle));
```

```
11      line(0, 0, len, 0);
12      translate(len, 0);
13      pushMatrix();
14      drawTree(len*0.75,-30);
15      popMatrix();
16      pushMatrix();
17      drawTree(len*0.65, 40);
18      popMatrix();
19    }
20  }
```

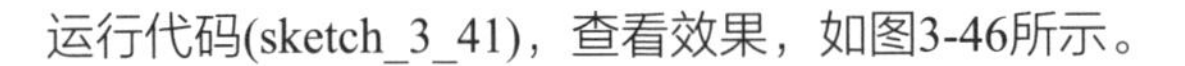

运行代码(sketch_3_41)，查看效果，如图3-46所示。

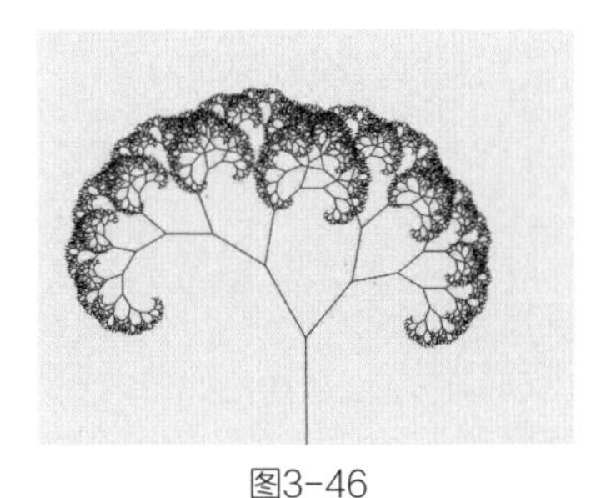

图3-46

注意

在递归调用之间，pushMatrix()和popMatrix()函数的调用是必要的，以将坐标系的原点返回到父分支的末端。

让递归运行，得到当前线段长度小于或等于2的结果。在不同分支角度下获得变化，可通过线段长度和递归停止条件(递归深度)实现，如图3-47所示。

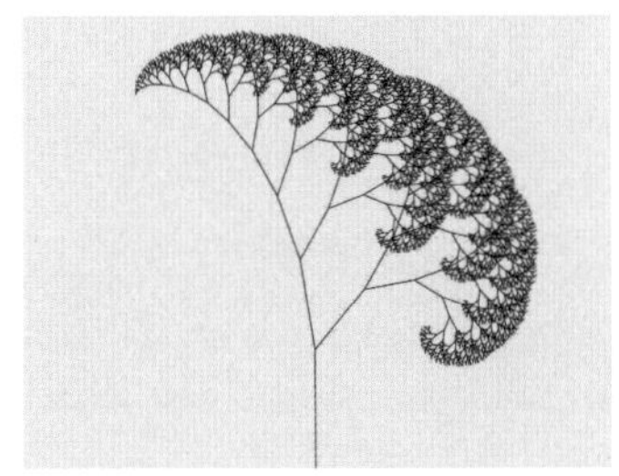

drawTree(len*0.75, -10);drawTree(len*0.65, 40);

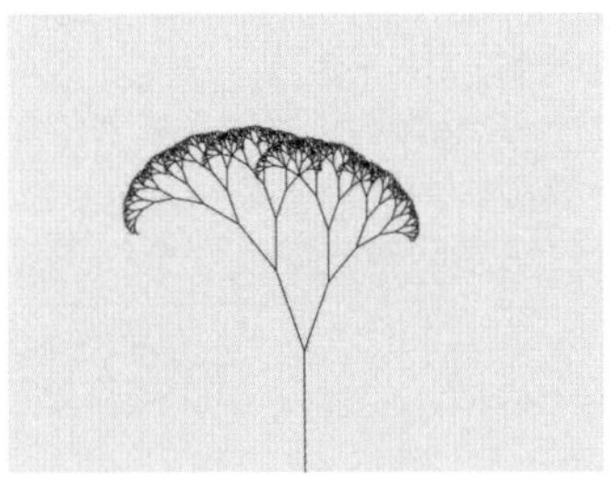

drawTree(len*0.7, -20);drawTree(len*0.6, 20);

图3-47

通过改变递归调用的数量，可以获得更多的变化。此外，还可以引入随机性来减少递归所产生的形状的规律性，这样每个递归调用就完全不是其自身的缩放副本。

3.4.2 分形结构

分形源于自然界中的一种组织结构，通过自反递归放大，能够用简单的代码生成复杂的图形。分形具有自相似性，每个形状都由自身的较小副本组成。例如，树就是一个分形，由其自身的较小副本构成，每个分支都是一棵小树。

自然的形状不能用常规的几何图形列表来定义。例如，云不是球体、山不是锥体、海岸线不是圆形、树皮不是光滑的、闪电也不是直线。但是，分形几何却可以构造出更加简单而又无限美丽的图像。

生成分形最简单的方法之一就是重复地应用一组变换。以三角形为例，如果将三角形缩放一半，并变换三个拷贝，一个拷贝在另外两个的上面，然后得到由三个三角形组成的形状，缩放一半，复制三次，不断变换出无穷的图像效果。这个著名的图像被称为谢尔宾斯基三角形，其代码如下：

```
1  PImage canvasImg;
2  void setup(){
3    size(800, 800);
4    background(235);
5    stroke(0);
6    fill(0);
7    triangle(width/2, 0, width, height, 0, height);
8  }
9  void draw(){
10 }
11 void keyPressed(){
12   //创建一个图像缓冲
13   canvasImg=createImage(width, height, ARGB);
14   loadPixels();
15   //将屏幕上的像素存储进缓冲
16   canvasImg.pixels=pixels;
17   background(235);
18   //左下绘制半尺寸三角形1
19   image(canvasImg, 0, height/2, width/2, height/2);
20   //顶部绘制半尺寸三角形2
21   image(canvasImg, width/4, 0, width/2, height/2);
22   //右下绘制半尺寸三角形3
23   image(canvasImg, width/2, height/2, width/2, height/2);
24 }
```

运行代码(sketch_3_42)，多次按空格键，查看谢尔宾斯基三角形效果，如图3-48所示。

图3-48

通过代码创建一个与画布大小相同的图像缓冲区，这个变量叫作canvasImg。要将画布上所有的像素都放到缓冲区中，需要分配屏幕上的像素，这些像素是通过Processing中的pixels[ ]存储的，然后把它们放到canvasImg中：

```
1  canvasImg.pixels=pixels;
```

使用image()函数，在给定宽度和高度的x和y坐标上将canvasImg的内容绘制到画布上：

```
1  image(theImage, xpos, ypos, width, height);
```

把初始的三角形改成其他的形状，如椭圆形，参考代码(sketch_3_43)，查看效果，如图3-49所示。

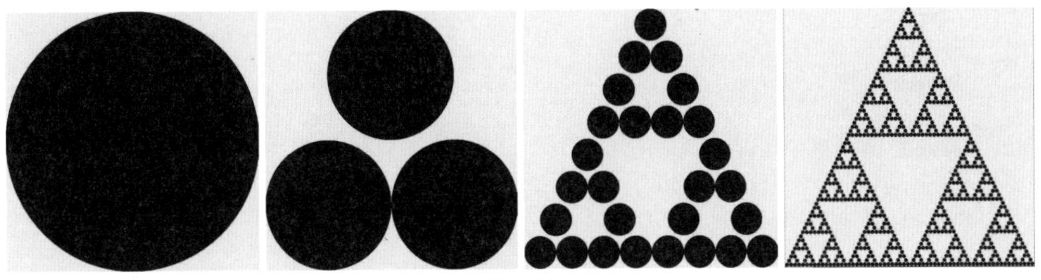

图3-49

数学家迈克尔•巴恩斯利在其1993年出版的《分形无处不在》一书中定义了一个迭代变换，后来它被发展成类似于蕨类的图像。像谢尔宾斯基三角形一样，该迭代变换通过获取一个简单的初始图像，然后对其进行若干次变换并取其结果，以同样的方式进行无穷次变换而创建的。Barnsley 蕨类由4个转换组成，代码如下：

```
1   PGraphics pg;
2   void setup(){
3     size(1000, 1000, P2D);
4     background(235);
5     //绘制矩形到图像缓冲
6     pg=createGraphics(width, height);
7     pg.beginDraw();
8     pg.rectMode(CENTER);
9     pg.stroke(0);
10    pg.strokeWeight(10);
11    pg.fill(0);
12    pg.background(235, 0);
13    pg.translate(width/2, height/2);
14    pg.rect(0, 0, 400, 800);
15    pg.endDraw();
16    image(pg, 0, 0);
17  }
18  void draw(){
19  }
```

```
20 void keyPressed(){
21   if(key=='p')background(235);
22   PGraphics newpg=createGraphics(width, height);
23   newpg.beginDraw();
24   newpg.imageMode(CENTER);
25   newpg.background(255, 0);
26   newpg.translate(width/2, height/2);
27   // 1
28   newpg.pushMatrix();
29   newpg.translate(15,-80);
30   newpg.rotate(radians(2.5));
31   newpg.translate(0, 16);
32   newpg.scale(0.85, 0.85);
33   newpg.image(pg, 0, 0);
34   newpg.popMatrix();
35   // 2
36   newpg.pushMatrix();
37   newpg.translate(120, 250);
38   newpg.rotate(radians(49));
39   newpg.translate(0, 16);
40   newpg.scale(0.3, 0.34);
41   newpg.image(pg, 0, 0);
42   newpg.popMatrix();
43   // 3
44   newpg.pushMatrix();
45   newpg.translate(-120, 185);
46   newpg.rotate(radians(-50));
47   newpg.translate(0, 4.4);
48   newpg.scale(0.3, 0.37);
49   newpg.image(pg, 0, 0);
50   newpg.popMatrix();
51   // 4
52   newpg.pushMatrix();
53   newpg.translate(0, 340);
54   newpg.scale(0.01, 0.16);
55   newpg.image(pg, 0, 0);
56   newpg.popMatrix();
57   newpg.endDraw();
58   background(235);
59   image(newpg, 0, 0);
60   pg=newpg;
61 }
```

运行代码(sketch_3_44)，查看效果，如图3-50所示。

图3-50

这段代码采用了PGraphics对象，而非直接使用图像来存储先前的形状，并对其施加变换。PGraphics对象类似于PImage，但它作为内存中的一个绘图缓冲区存在，允许用户在其上进行绘制操作，而这些操作在绘制过程中并不会立即显示在屏幕上。为了将内存缓冲区的内容呈现到画布上，需要调用image()函数。此外，选择PGraphics而非PImage的一个优势在于，利用PGraphics绘制的巴恩斯利叶子的背景是透明的，因此当它们重叠时，不会干扰彼此的显示效果。

第一个变换在x和y轴向，将初始形状缩放0.85；第二个变换将形状缩放到原始大小的三分之一，然后将其向左旋转近45°；第三个变换与第二个变换一样，但是向右旋转；初始形状在x轴向缩放0.01，在y轴向缩放0.16，形成一个非常细的茎状结构。

3.5 抽象几何图案

图案无处不在，它们既体现在数学中的重复序列里，也展现在视觉设计中元素的复制与重用上。人类的大脑天生偏好图案，总会试图从纷繁复杂的世界中提炼出已知的图案，以此来更好地理解这个世界。

3.5.1 图案与循环

图案是通过对象和形状的重复来产生的。在Processing编程语言中，重复代码并绘制对象的最佳实践是利用循环，因为这样可以方便地控制循环的条件，以及用于控制过程的变量。若要在网格布局中绘制图案，最理想的方法是使用嵌套的for循环，从而能够同时管理x和y坐标。

下面先来看一个渐变网格图案，输入代码如下:

```
1  void setup(){
2    background(0);
3    stroke(255);
4    size(600, 600);
5  }
6  void draw(){
7    int step=20;
8    for(int y=0; y<=height; y+=step){
9      for(int x=0; x<=width; x+=step){
10       fill(x, y, 0);
11       rect(x, y, step, step);
12     }
13   }
14 }
```

运行代码(sketch_3_45)，查看效果，如图3-51所示。

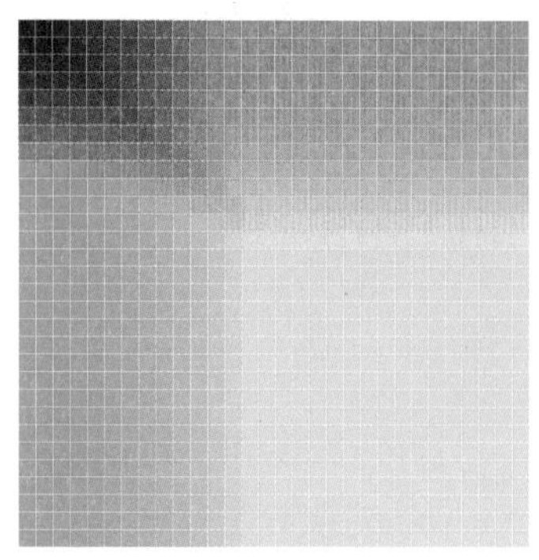

图3-51

一个嵌套的for循环通过一次递增y，循环遍历所有的x值，再次递增y，然后循环遍历所有的x值，这样它处理所有的矩形，y=0，x=0,10,20,30,40等，当它到达行的末尾时，y被递增到10，x循环遍历0,10,20等，这一直持续到y达到一个小于或等于身高的值。

如果将step的值更改为40，并且绘制椭圆，仍然可以使用圆形构成的网格，如图3-52所示。

如果将圆形换成一个花型的图案单元(代码sketch_3_46)，效果如图3-53所示。

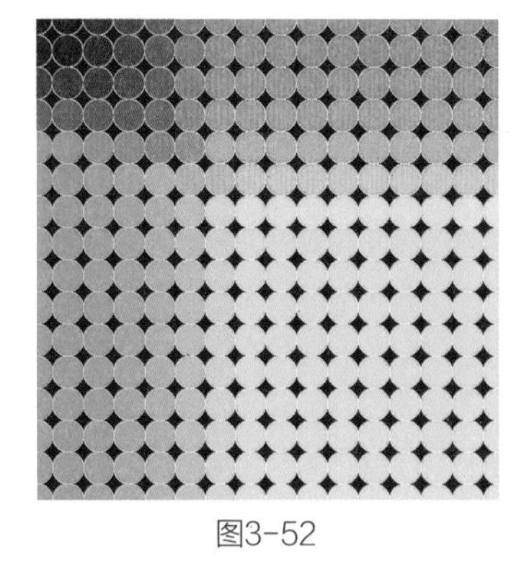

图3-52

图3-53

3.5.2 几何图案的组织

1. 重复式

下面绘制一个重复式图案。输入代码如下:

```
void setup(){
  size(800, 800);
  rectMode(CENTER);
}
void draw(){
  background(240);
  fill(0);
  stroke(0);
  for(int i=0; i<8; i++){
    for(int j=0; j<8; j++){
      push();
      translate(i*100+50, j*100+50);
      circle(0, 0, 100);
      pop();
    }
  }
  fill(240);
  stroke(240);
  for(int i=0; i<8; i++){
    for(int j=0; j<8; j++){
      push();
      translate(i*200, j*200);
      rotate(PI/4);
      rect(0, 0, 140, 8);
      rotate(-PI/2);
      rect(0, 0, 140, 8);
      pop();
    }
  }
}
```

运行代码(sketch_3_47)，查看效果，如图3-54所示。

图3-54

2. 近似重复式

近似重复是重复的轻度变异，即在大同之中求小异，在重复的主题下大多数几何图案相同，局部有差异变化。注意在图案中相同的内容占多数，不同的内容占少数。修改draw()函数部分的代码如下：

```
for(int i=0; i<8; i++){
  for(int j=0; j<8; j++){
    float r=map(abs(sin(i*20+j*20)), 0, 1, 40, 100);
    push();
    translate(i*100+50, j*100+50);
    circle(0, 0, r+random(30));                    //圆形半径添加了随机变换值
    pop();
  }
}
```

在代码结尾添加代码如下：

```
noLoop();                                    //不循环执行
```

再创建鼠标单击函数，添加代码如下：

```
void mouseClicked(){
  redraw();
}
```

运行代码(sketch_3_48)，查看效果，如图3-55所示。

图3-55

3. 渐变与发射式

渐变是指造型的规律性顺序运动，而发射是一种由中心向外散开或向内集中的组织形式。修改draw()函数部分的代码如下：

```
for(int i=0; i<8; i++){
  for(int j=0; j<8; j++){
    float r=dist(i*100+50, j*100+50, width/2, height/2)/8;
    push();
    translate(i*100+50, j*100+50);
    fill(r*3, 0, 0);
    circle(0, 0, r+40);
    pop();
  }
}
```

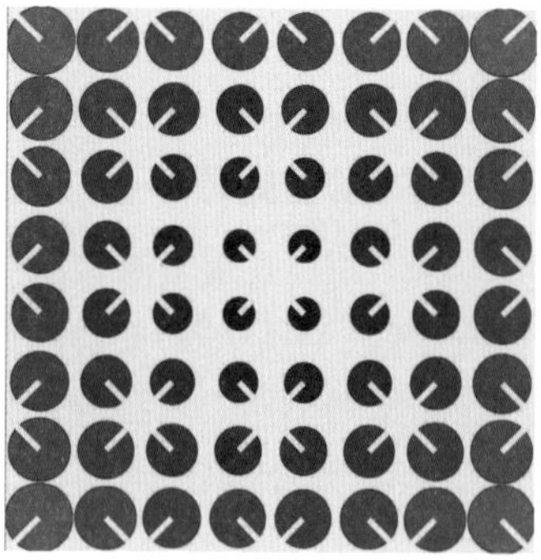

运行代码(sketch_3_49)，查看效果，如图3-56所示。

图3-56

下面再来看一个放射式图案的变体，定义绘制图案单元的函数，并进行轴心点的偏移。输入代码如下：

```
void setup(){
  size(800, 800);
}
void draw(){
  background(240);
```

```
6    strokeWeight(2);
7    drawpattern(162,-373, PI/4);                    // 执行绘制图案函数
8    drawpattern(-406, 192,-PI/4);
9    drawpattern(-404,-942, 3*PI/4);
10   drawpattern(-971,-374,-3*PI/4);
11   push();
12   translate(width/2, height/2);
13   rotate(PI/4);
14   fill(50);
15   square(-30,-30, 60);
16   pop();
17 }
18 // 创建一个绘制图案的函数
19 void drawpattern(float x, float y, float ang){
20   push();
21   rotate(ang);
22   translate(x, y);
23   for(int i=0; i<15; i++){
24     push();
25     translate(width/2, height/2);
26     rotate(i*0.5*PI/15);
27     fill(240);
28     rect(0, 0, 340, 20);
29     fill(200);
30     rect(0, 0, 240, 16);
31     fill(120);
32     rect(0, 0, 140, 12);
33     pop();
34   }
35   pop();
36 }
```

运行代码(sketch_3_50)，查看效果，如图3-57所示。

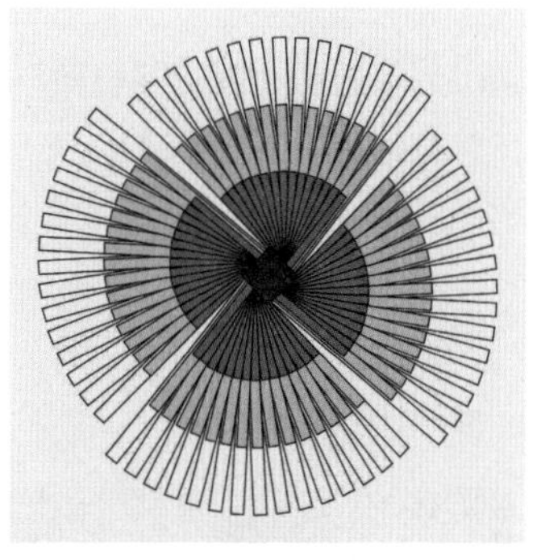

图3-57

在下面的示例中主要运用嵌套的while循环绘制多列圆形，并使用随机函数实现颜色变化的效果。

先绘制多列圆形，输入代码如下：

```
1  void setup(){
2    size(900, 600);
3    noStroke();
4    background(25, 100, 240);
5  }
6  void draw(){
7    float x=0;
8    while(x<width){
9      float y=0;
10     while(y<height){
```

```
11      fill(100);
12      ellipse(x+20, y+20, 44, 44);
13      y=y+10;
14    }
15    x=x+50;
16  }
17 }
```

运行代码(sketch_3_51)，查看效果，如图3-58所示。

因为填充的颜色相同，因此图像没有层次。可修改fill()函数里面的颜色值为随机。

图3-58

```
1 fill(random(0, 100));
```

运行代码(sketch_3_52)，查看随机动画效果，如图3-59所示。

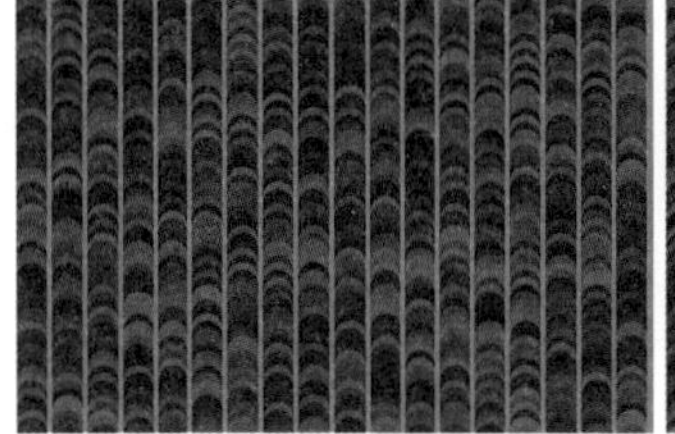
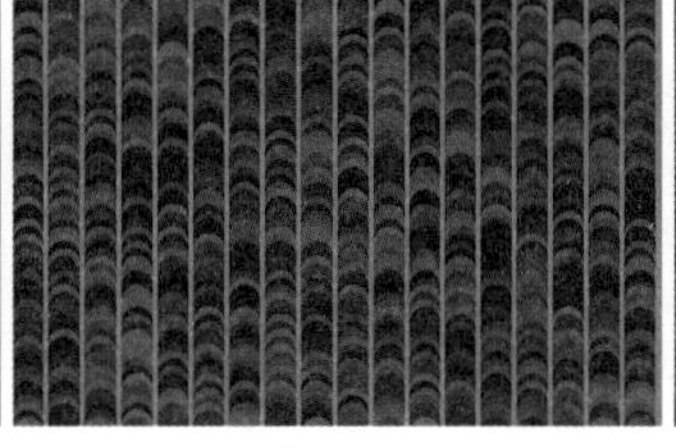
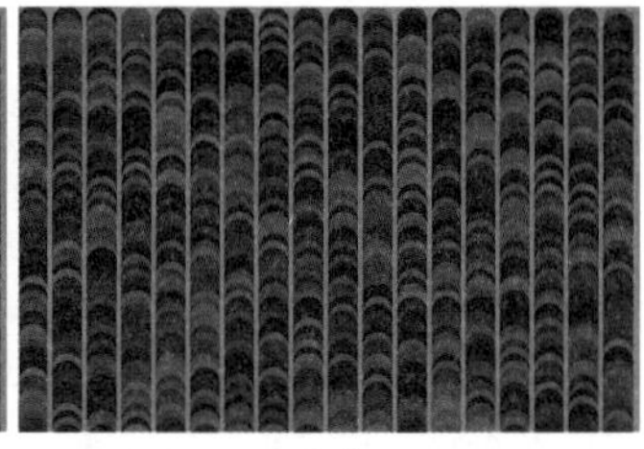
图3-59

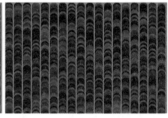

取消没有必要的随机动画，在setup()函数部分添加noLoop()函数，该程序不再循环执行，只显示了一帧画面。

运行代码(sketch_3_53)，查看效果，如图3-60所示。

通过利用随机函数的特性，可以对图像中填充的颜色进行限制。例如，红色，在draw()函数部分添加代码如下：

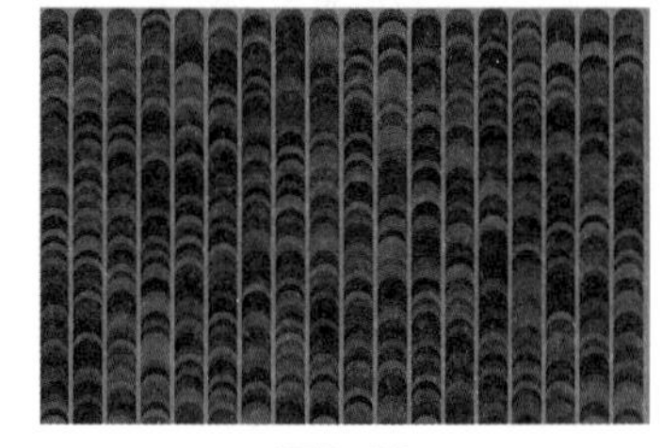
图3-60

```
1 if(random(0, 100)>98){
2   fill(255, 0, 0);
3 } else {
4   fill(random(0, 100));
5 }
```

运行代码(sketch_3_54)，查看效果，每次打开运行该程序时，红色的分布都是不同的，如图3-61所示。

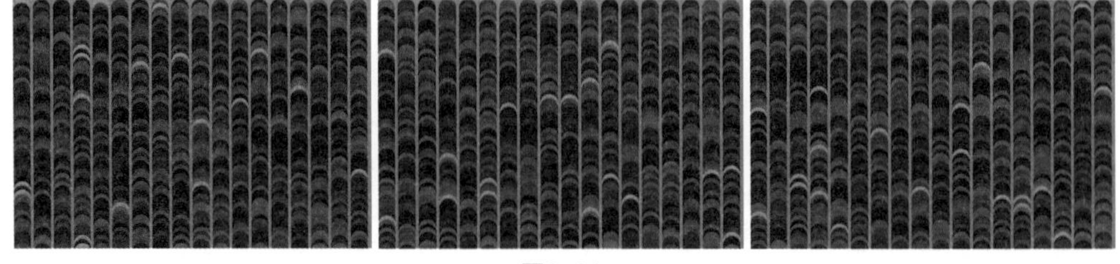
图3-61

下面提前尝试一下鼠标交互的功能，单击一次，程序重新运行一次，随机分布的红色就会变化一次。在代码的结尾部分添加一个鼠标单击函数，输入代码如下：

```
1  void mouseClicked(){
2    redraw();
3  }
```

读者可以尝试一下，运行代码(sketch_3_55)，在画布中单击一次，红色的分布情况就会改变一次。

3.5.3 模拟自然图案

自然图案的形式，如树木的枝干和蕨类植物的叶子，可以通过简单的分形系统来描述。这些系统基于一组基本规则，通过不断重复规则，可以生成令人惊叹的复杂自然图案。更多结构化的自然图案可以在雪花或火山岩的六边形组织中找到。图3-62为不同形态的石头。

图3-62

雪花从精致的六边形图案到形态各异的不规则粒子，展示了自然界中基本的结晶结构之美。其中，最浪漫且常用于圣诞装饰的形状，便是被称为恒星晶体的雪花类型。这种雪花由围绕中心点不断重复的分支组成，通过识别并提取构成雪花的单个重复元素。我们可以用代码来构造出这一美丽的图案：首先生成一个分支，再用这个分支重复绘制6次，每次旋转60°，可以创建一个完整的雪花形状。输入代码如下：

```
1  void setup(){
2    size(600, 600);
3    background(0);
4  }
5  void draw(){
6    translate(width/2, height/2);
7    snowFlake();
8  }
9  void snowFlake(){
10   pushMatrix();
11   drawArm();
12   popMatrix();
13   pushMatrix();
14   scale(1,-1);
15   drawArm();
16   popMatrix();
17 }
18 // 定义绘制雪花分支的函数
19 void drawArm(){
20   noFill();
21   stroke(255);
22   beginShape();
23   vertex(0, 2);
```

```
24   vertex(67, 2);
25   vertex(89,-46);
26   vertex(103,-46);
27   vertex(91, 2);
28   vertex(114, 2);
29   vertex(122,-24);
30   vertex(136,-23);
31   vertex(130, 2);
32   vertex(154, 2);
33   vertex(159,-11);
34   vertex(170,-11);
35   vertex(166, 2);
36   vertex(197, 2);
37   vertex(200, 0);
38   endShape();
39 }
```

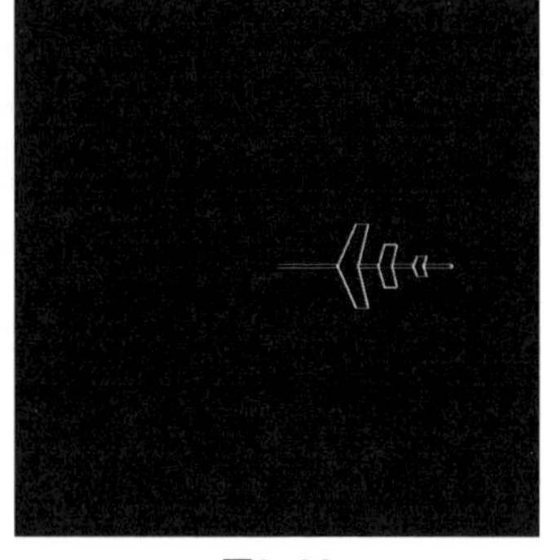

图3-63

运行代码(sketch_3_56)，查看效果，如图3-63所示。

接下来以旋转60° 的方式绘制出6个雪花瓣，修改代码如下：

```
1  void snowFlake(){
2    for(int i=0; i<6; i++){
3      pushMatrix();
4      drawArm();
5      popMatrix();
6      pushMatrix();
7      scale(1,-1);
8      drawArm();
9      popMatrix();
10     rotate(radians(60));
11   }
12 }
```

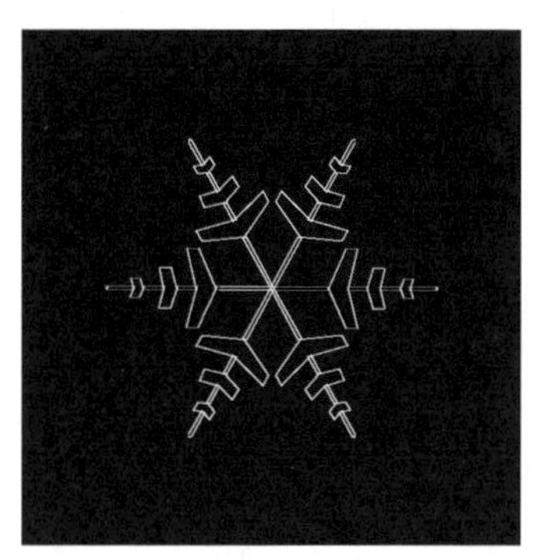

图3-64

最终构造出的形状将是一个六臂恒星晶体。运行代码(sketch_3_57)，查看效果，如图3-64所示。

另一个源于自然界的经典六边形结构是蜂窝。六边形是一种高效结构，能够用最少的材料创造出尽可能大的体积空间，形成稳定的晶格结构。举例来说，无论是蜜蜂构建的蜂窝，还是肥皂泡自然形成的六边形排列，都是由六边形的边相互连接而成的，如图3-65所示。

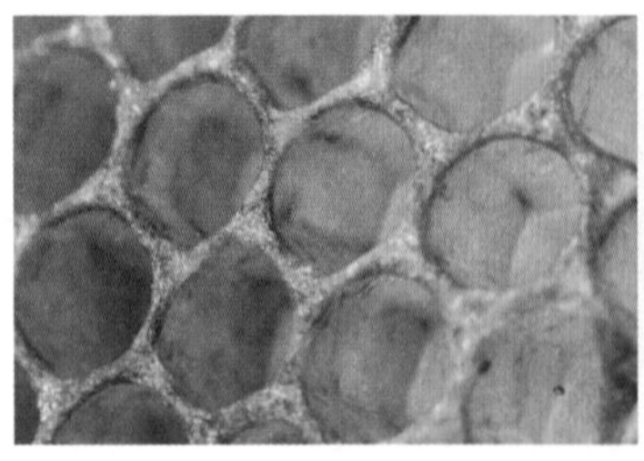
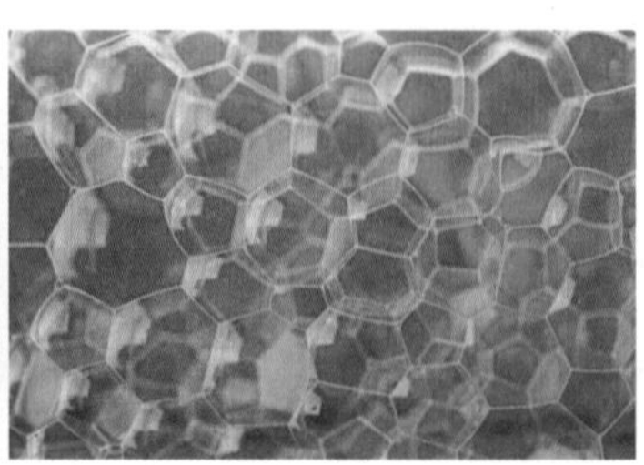

图3-65

下面就来模拟一下六边形的结构，创建蜂窝形状。先绘制一个六边形，输入代码如下：

```
1  float radius=40;
2  float ap;
3  void setup(){
4    size(600, 600);
5    background(0);
6    stroke(255, 255, 0);
7    noFill();
8    ap=radius*cos(PI/6);
9  }
10 void hex(float radius, int x, int y){
11   pushMatrix();
12   translate(x, y);
13   beginShape();
14   float angle=60;
15   for(int i=0; i<6; i++){
16     vertex(cos(radians(angle))*radius,
17     sin(radians(angle))*radius);
18     angle+=(60);
19   }
20   endShape(CLOSE);
21   popMatrix();
22 }
23 void draw(){
24   hex(radius, 100, 100);
25 }
```

运行代码(sketch_3_58)，查看绘制的黄色六边形，这是通过计算中心点周围60° 间隔的顶点来构建的，如图3-66所示。

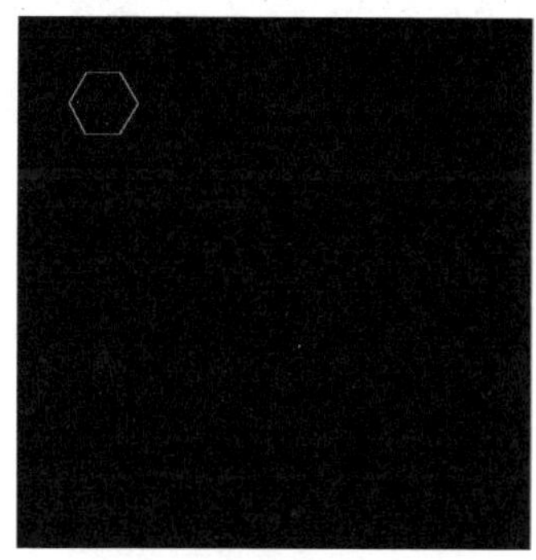

图3-66

为了确定任何相邻六边形的中心坐标，需要计算中心半径，而六边形中心之间的距离是中心半径的2倍，并且相邻的六边形存在60° 偏移。修改draw()函数部分的代码如下：

```
1  void draw(){
2    translate(width/2, height/2);
3    hex(radius, 0, 0);
4    for(int i=0; i<4; i++){
5      hex(radius, 0, 0);
6      int ang=30;
7      translate(cos(radians(ang))*ap*2,
8       sin(radians(ang))*ap*2);
9    }
10 }
```

运行代码(sketch_3_59)，查看效果，如图3-67所示。

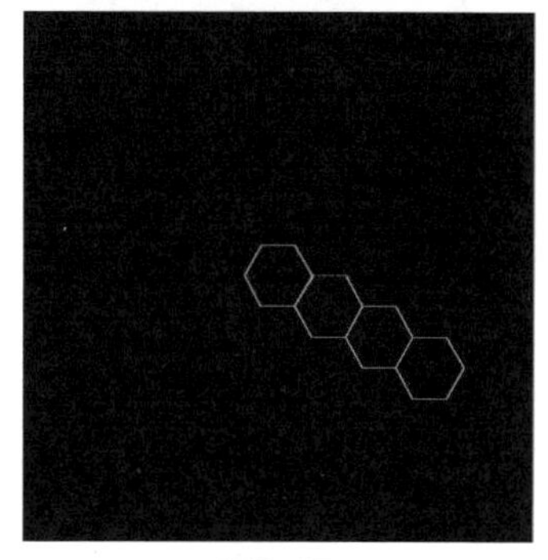

图3-67

当前的程序绘制了一排六边形，下面对其进行扩展，可以选择一个已绘制六边形的一个侧面，然后沿着该侧面以60° 的角度偏移，计算出新六边形的中心点，代码如下：

```
1  void draw(){
2    translate(width/2, height/2);
3    hex(radius, 0, 0);
4    for(int i=0; i<4; i++){
5      hex(radius, 0, 0);
6      int ang=(int)random(0, 6)*60+30;
7      translate(cos(radians(ang))*ap*2,
8       sin(radians(ang))*ap*2);
9    }
10 }
```

运行代码(sketch_3_60)，每个代码将负责绘制三个六边形，并且这些六边形之间将在随机选择的位置相互联接，如图3-68所示。

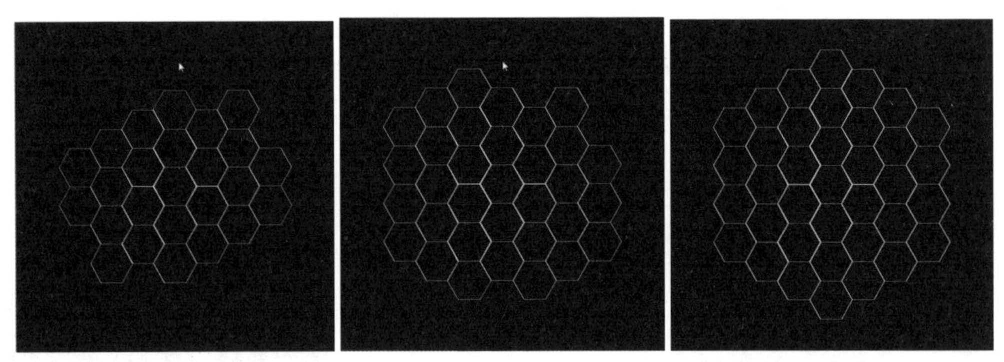

图3-68

为了增加绘制的六边形数量，可以将for循环中的迭代次数从4增加到一个更大的数字，如8，查看效果，如图3-69所示。

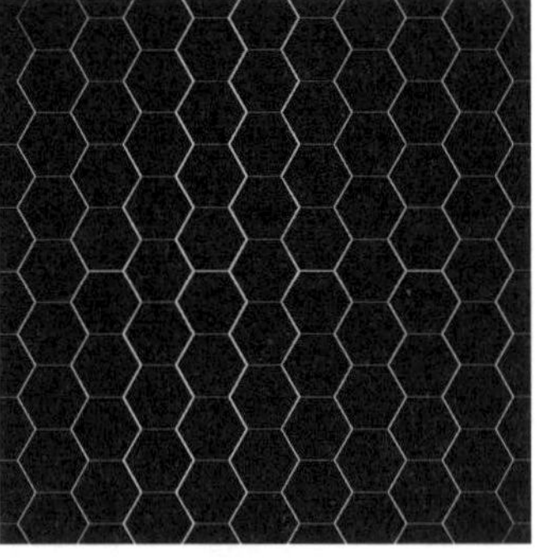

图3-69

在绘制每个六边形图形之前，可以添加一些代码来为其赋予一个随机的颜色：

```
1  void draw(){
2    translate(width/2, height/2);
3    hex(radius, 0, 0);
4    for(int i=0; i<4; i++){
5      hex(radius, 0, 0);
6      fill(random(255), random(255), random(255));
7      int ang=(int)random(0, 6)*60+30;
8      translate(cos(radians(ang))*ap*2,
9       sin(radians(ang))*ap*2);
10   }
11 }
```

运行代码(sketch_3_61)，现在已经生成了类似于图3-70所示的图像。

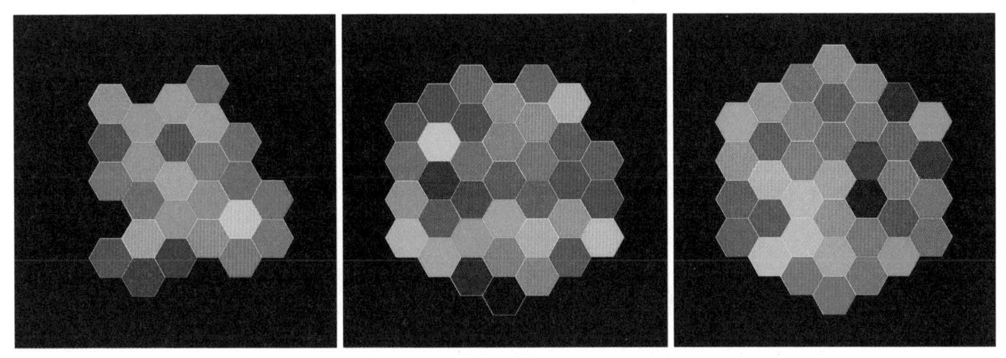

图3-70

另一种填充空间的方法，是使用类似拼图的形状整齐地组合起来。下面的示例展示的是从一个中心点开始，生成一系列不断减小的圆圈，并将它们紧密地排列在一起。代码如下：

```
1  ArrayList<Circle>circles=new ArrayList<Circle>();
2  int min=2;
3  int max=200;
4  Circle c=new Circle(new PVector(0, 0), 20);
5  void setup(){
6    size(800, 600);
7    circles.add(c);
8    background(0);
9  }
10 void draw(){
11   c.draw();
12   // 随机的位置和大小
13   PVector newLoc=new PVector(random(width), random(height));
14   int newD=(int)random(min, max);
15   // 检测是否有相互交叉重叠
16   while(detectAnyCollision(circles, newLoc, newD)){
17     newLoc=new PVector(random(width), random(height));
18     newD=(int)random(min, max);
19   }
20   c=new Circle(newLoc, newD);
21   circles.add(c);
22 }
23 static boolean detectAnyCollision(ArrayList<Circle>circles, PVector newLoc,
   int newR){
24   for(Circle c:circles){
25     if(c.detectCollision(newLoc, newR)){
26       return true;
27     }
28   }
29   return false;
30 }
```

```
31 class Circle {
32   PVector loc;
33   int d;
34   Circle(PVector loc, int d){
35     this.loc=loc;
36     this.d=d;
37   }
38   void draw(){
39     // 随机颜色
40     fill(random(255), random(100), random(255));
41     ellipse(loc.x, loc.y, d, d);
42   }
43   boolean detectCollision(PVector newLoc, int newD){
44     return dist(loc.x, loc.y, newLoc.x, newLoc.y)<((d+newD)/2);
45   }
46 }
```

运行代码(sketch_3_62)，查看效果，如图3-71所示。

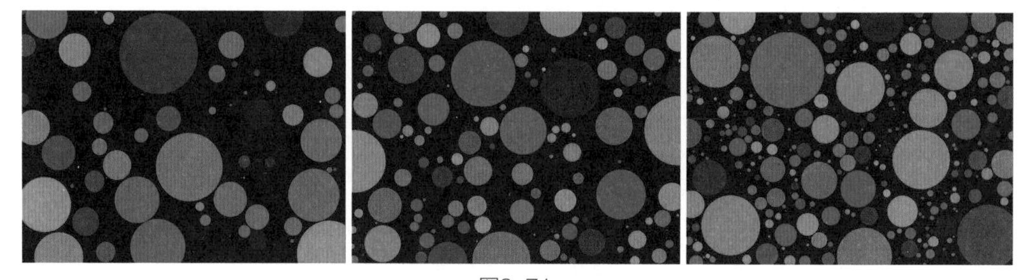

图3-71

我们还可以从Processing官网和Openprocessing网站上学习更多的案例，通过分析其中的代码来不断提升自己的编程水平。

3.6 本章小结

本章重点讲解条件语句、循环结构的运用，并深入探讨生成艺术的构思与创作方法，尤其是迭代分形结构，为视觉设计师提供了无限的创意想象空间。随机性和噪波在动画控制、生成图形和几何图案中的运用，不仅丰富了视觉特性，还使得模拟自然景观成为可能。

第4章 动态视觉效果

传播技术的发展带来了传播媒介的巨大变化，当今的信息传播更加注重信息可视化中的视觉图形设计，使大量信息以更加生动形象的方式传递给受众。相对于静止的图表而言，动态图形更能够给受众带来耳目一新的感受。

广义的动画专注于叙事方面的实际表现，而运动图形设计则是为了使图形所传达的信息更形象、直观的策略性动态转译，它淡化了时间概念，采用非线性的影像结构，更注重图形设计的视觉语言，以增强视觉表达效果。

4.1 图形动画与数据视觉艺术

运动图形设计是新媒体时代的新兴产物，具有数字化、信息化的形态特征，因此被广泛应用于多种宣传物料和交互媒介。在表述和传播信息的过程中，运动图形设计相对于传统的平面图形设计具有明显的优势，已经成为一种设计时尚和风格，受到动画、影视片头片尾设计、栏目包装设计、广告设计制作、音乐视频(MV)设计、交互界面设计、空间展示设计及虚拟现实等领域的青睐，服务于媒体和个人的需求，并深刻地影响着受众的心理和行为。

4.1.1 运动图形的视觉语言

视觉语言是由基本元素和设计原则两部分构成的一套传达意义的规范或符号系统。在运动图形设计中，静态图形设计依然是核心的“视觉语言”，是主导版面信息传达的灵魂要素，其设计内容包括图形元素、色彩、画面构图和信息层级等。

1. 运动图形设计的视觉语言构成要素

有效的运动图形设计，要求在动画中每一帧画面的编排、图形的样式、色彩的搭配等都遵循视觉传达设计的基本法则。因此，运动图形设计的视觉语言基本构成要素，可以归纳为图形、色彩、构图、信息层级和运动方式。

1) 图形语言在运动图形设计中的表达

图形作为运动图形设计之源，是构成版面形式美感和承载信息内涵的重要视觉元素。在运动图形的每一个设计阶段，都是围绕基本图形的形状、色彩、意义、体积、质地进行展开的，并辅以对比、韵律、均衡、统一、和谐等形式美的法则。针对不同的屏显比例、主题、环境、叙事背景与情感，设计者可以通过不同的视觉符号和元素形状，为受众提供丰富多元的感官体验。

2) 色彩语言在运动图形中的表达

色彩是非常活跃、直接的视觉因素，很多时候人们对事物的第一印象、第一感觉都来自对色彩的共情。因此，色彩在运动图形中的应用更要遵循观众心理、再现客观事实、准确传递内涵、升华设计主题，并与画面其他元素和谐统一。同时，优秀的运动图形设计会在统一中寻求变化，创作出抑扬顿挫的视觉效果，甚至呈现迷幻的色彩和有机的网格运动，从而颠覆传统艺术模式。

3) 构图语言在运动图形设计中的表达

运动图形设计的构图方式不仅关系到运动过程中每一帧静态画面的编排，还影响着整部作品的风格基调。因此，其对视域美感的重要性不言而喻。关于运动图形的构图类型主要有以下三种:

(1) 二维动画式的单点透视构图。它是二维动画构图的主要方式，以一条中心线为基准，将整幅画面分割为两部分，同时融入必要的转场，即动画转化辅助场景，以保证剧情的持续开展，更能感染观众。

(2) 空间透视构图。三维艺术注重构图的空间感和透视感，在构图空间中可以更精准地刻画造型。在三维运动图形设计中，往往根据故事情节的需要搭建场景模型和角色模型，通过空间透视解构重组它们之间的画面排列关系，以展现各个角度的效果。

(3) 图形中心构图。这一构图方式也是在平面设计中运用较多的。首先要厘清画面的主次关系，对所有图形要素进行分类安排，版面布局中需格外体现中心地位，既能凸显主视觉的核心位置，又能顾及全局，让各个要素协调起来，共同烘托画面的整体氛围。

4) 信息语言在运动图形设计中的表达

信息层级展示规则是新媒体设计中必须关注的细节，它使原本枯燥、繁复、混乱的信息变得生动、简化和明晰。通过分析信息的优先级，建立有效的信息层级，能让受众在有限的时间内快速并按次序获取适配自身需求的要点信息。动态的信息层级通过利用大小、明暗、色彩、虚实、前后等对比手法来突出信息的主次地位，大大增加了趣味性。但需要注意的是，使用动态元素要有节制，不仅在数量上要适中，在动画频率上也要严格控制，以免令人眼花缭乱，甚至使受众产生焦躁情绪。

5) 动态语言在运动图形设计中的表达

运动图形的运动方式主要由视觉元素的运动和摄像机的运动两部分组成，在运动过程中可通过改变主体图像形状，沿时间轴有节奏地不断变化，或者通过调整摄像机的机位、焦点和视角，形成有风格的运动感受，给观众一种张力感。当然，也可以将这两种方式组合运用，使运动图形呈现自由随意的视觉效果。

2. 使用动画提高交互作品的可视性

1) 引起注意

动画可以吸引用户的注意力，让其更加关注作品信息的内容。在标题或重要的内容中加入动画，不仅可以快速引起用户的注意，还可以让用户更好地了解作品的主题和内容。

2) 提高用户体验

动画可以提高用户的体验感，让他们更加愉悦地浏览作品。在信息的切换、导航和交互过程中加入动画，可以让用户更加顺畅地浏览作品，减少用户的疲劳感。

3) 增加信息的交互性

动画可以增加信息的交互性，让用户更多参与到内容中，享受更多的信息扩展。在作品中加入互动动画，可以让用户更加有兴趣浏览作品，提高用户的参与度。

4) 优化页面的排版

动画可以优化页面的排版，让版式更加美观和整洁。在页面中加入动画，可以让排版更加灵活，让版面更加美观、整洁和易读。

综上所述，动画是提高信息可视性的重要因素之一。在版面中合理地运用动画，可以提高信息的可视性和用户体验，增加兴趣感和注意力，从而更好地吸引和留住观众。

4.1.2 数据视觉艺术的动画效果

1. 了解数据视觉化动画

数据视觉艺术中的动画，主要是将抽象的数据以可视化的形式转化为动态变化的过程。当用户与界面产生交互时，表现信息的图例会以动态方式呈现，这个过程中的动画是依据时间维度的变化对应数据的变化。动画的呈现形式，是由连续的静态图形或影像基于时间轴不断发生变化。从动画表现主体的角度来讲，可将其分为如下两大类。

1) 表现物体的运动过程

表现物体的运动过程的动画，常以动画短片形式呈现。在常见的动画作品中，设计者往往以现实世界物体为原型加以夸张的表现手法，着重表现事物的运动过程，通过计算机动画的方式表现人物、动物、物品等的动作。

2) 表现抽象数据的变化

表现抽象数据变化的动画，是由科学可视化发展而来的，这其中的抽象数据既包含数值数据(如报表、财务数据、股票数据等)，也包含非数值数据(如地理信息、文本信息等)。这一类可视化表现都是基于现实模型数据变化而来的，能够呈现信息随着时间推移的步骤和转化过程，将抽象数据视觉化有利于用户更好更快地获取最新资讯。图4-1呈现的是2022年56个国家的平均月收入与人口寿命，每个圆圈都代表一个国家，黄颜色代表月收入，蓝色长方形代表人口规模。

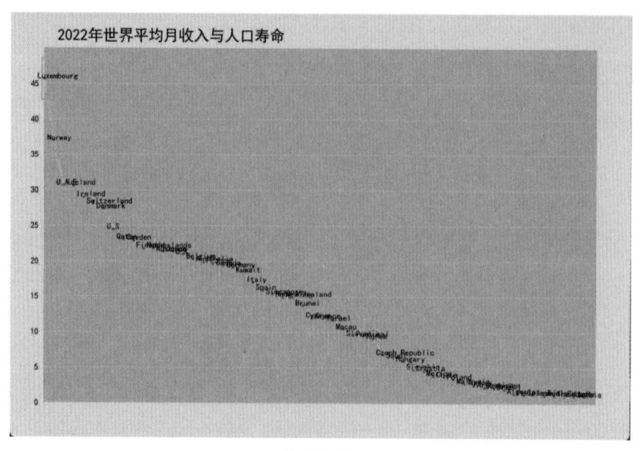

图4-1

表现抽象数据变化的动画，能够将数据随时间的变化进行动态地呈现，帮助用户分析信息中隐藏的数据关系并高效地加以反馈，其动态性和时间序列性会对信息受众产生极强的吸引力。这一类型的动画被称为信息动画(information animation)，是信息可视化的一个新维度，通过动作和交互的形式，增强了可视化信息的直观性、准确性和高效性。

2. 数据视觉化动画的特点

在大数据时代，信息量迅猛增长，人们逐渐陷入信息过载和信息焦虑的困境中。如何在海量信息中迅速而准确地获取重要信息变得尤为困难。信息组成的主要元素是数据，而数据往往都是以散乱无规律的形式呈现。因此，厘清复杂的数据关系便成为信息时代的一大困惑。

数据视觉化在所有数据报表中都扮演着非常重要的角色，它的形式比较多，以往是以静态图表为主，而近两年采用大数据视觉化的动画越来越多。数据视觉化动画具有以下两大显著特点：

1) 数据视觉化动画涵盖的内容更多

数据视觉化动画的效果往往将多个传统的效果图关联在一起，使人们在分析数据时能够更好地把握重点，高效地进行多组数据的分析。

2) 数据视觉化动画便于分析

数据视觉化动画可以表现出指定时间内的数据变化，还可以将数据变化与其他因素联系起来分析，非常容易捕捉到数据的浮动变化，大大减少了数据分析的工作量，尤其是让分析更有重点，避免了不必要的麻烦。

除了上述两大特点，数据视觉化动画还可以使大数据视觉化效果更加美观，也更方便管理层人员理解，因此十分受欢迎。

为确保可视化动画的有效性，应该遵循一致性和易理解性两大原则。一致性意味着呈现的信息符号必须与底层数据密切关联；易理解性则表示可视化必须易于被受众理解。因此，所有的原则都应该在这两条通用性指导原则的范畴之内，坚持正确的原则将确保可视化动画向着最优化方向发展。

3. 动画视觉设计的内容

在传统的动画视觉设计中，一般包括造型设计、色彩设计、文字叙述、动作设计、转场设计、动画制作等。可视化动画的设计首先会参考传统动画的设计方式，又必须结合其自身的特点，不仅要注重图像识别，更要厘清设计元素之间的信息关系，毕竟“信息传递”才是它的主要目标，可视化表达的准确性与信息之间的匹配度将是重中之重，这样才能让受众高效地获取信息。因此，在参考传统动画设计方式并综合信息可视化的目标任务后，归纳出数据视觉化动画的设计框架如下：

1) 图形元素设计

图形元素是可视化表达的重要载体媒介，是信息可视化基本、实质性的元素。图形元素的形态变化将会引导受众感知动画的呈现过程。对图形元素的设计涵盖两方面：一是元素自身外形的设计，依据信息展示特点，设计出在视觉感官上有利于高效引导受众理解数据信息的图形元素；二是图形元素动态形状的设计，有目的、有意义的形状变化将会使可视化数据更直观、有效地呈现。例如，用形状的放大和缩小来表示数据的增加或减少这一过程，这一形状上的变化便于受众高效理解所传递的信息内容。

2) 动作设计

动画的动作设计包括方向、速度、运动路径的设计与呈现。在可视化动画的呈现过程中，受众主要依据元素形状、形态变化、与周围元素的对比关系等来判断数据所传递的核心信息，通常以元素的位置、大小或速度的变化为判断的先行条件。这些特征都将映射于信息可视化中，直观展现元素在时间轴上的维度变化。

3) 节奏设计

对于动画设计者而言，节奏的设计近似于传统动画中的分镜头设计，主要依据动画内容确定动画表现的开始时间、展示过程及结束时间。

4.2 Processing动画设计

如今，计算机动画技术已经发展得相当成熟了，各种应用软件也各具特色，如Flash、After Effects和3ds Max等，这些软件借鉴了传统动画、电影和视频的概念，设计师基于时间轴指定关键帧，即动画序列的起始点和结束点，然后由软件自动生成关键帧之间的帧。动画软件可以按其核心功能进行划分，例如，Flash用于基于2D的Web动画和网页设计；After Effects用于影视和视频的运动设计、合成和成像效果；3ds Max用于3D建模和动画。此外，还有针对电影和视频的非线性数字编辑工具，如苹果的Final Cut Pro就是这样一个工具。这些工具通常也是基于时间轴，用于编辑和输出已完成的动画、电影和视频。

与这些基于时间的强大应用程序相比，Processing编程语言更加简洁，它没有时间轴、关键帧或纷繁复杂的对话框。从理论上来说，我们可以在Processing环境中构建所有结构，并据此开发出属于自己的动画应用程序。

4.2.1 简单移动

Processing通过setup()和draw()两个函数制作动画，这个简单的结构足以处理逐帧动画。当Processing启动时，setup()函数将运行一次，在这里可以编写代码来设置场景，并在程序启动时对画布进行所有必要的设置；第二个函数draw()是帧动画发生的根源，draw()函数内部的代码每秒被调用多次，并运行直到程序停止。

通常draw()函数从擦除背景开始，否则，只会画在前一帧上。

下面我们来制作一个移动的物体或场景，展示如何轻松地设置视觉元素的动画。在动画中，一个小矩形逐像素移动到画布的右侧，直到它消失。输入代码如下：

```
1  void setup(){
2    size(600, 400);
3  }
4  void draw(){
5    background(100);
6    //绘制横向移动的矩形
7    rect(frameCount, 150, 30, 30);
8  }
```

运行代码(sketch_4_01)，查看方块移动的效果，如图4-2所示。

图4-2

本例中使用一个来自Processing的变量frameCount，简单地计算自程序开始以来绘制了多少帧，并使用这个变量来定位矩形(作为x坐标的值)，每帧1像素地向右移动，就看到了一个平滑移动的矩形。

简而言之，动画就是一帧一帧地绘制画面，并且在帧与帧之间画面有所改变，从而形成运动的错觉。几十年来，传统的动画作品都是逐帧绘制的，其实也是基于这个原理，现在可以使用Processing在数字画布上完成这项工作。

接下来，让矩形在移动的同时旋转。输入代码如下：

```
1  void setup(){
2    size(600, 400);
3    rectMode(CENTER);
4  }
```

```
5  void draw(){
6    background(100);
7    // 依据帧数平移画布
8    translate(frameCount, 150);
9    // 矩形旋转
10   rotate(radians(frameCount*(360/(2*PI*10))));
11   rect(0, 0, 30, 30);
12 }
```

运行代码(sketch_4_02)，查看方块移动并旋转的效果，如图4-3所示。

图4-3

在本示例中，矩形的运动是与平移和旋转两个画布操作结合起来的。同样，使用帧计数作为帧之间更改的元素，一次用于移动，一次用于旋转。

4.2.2　运动节奏

运动可以采取不同的形式，它可以是线性的，也可以是周期性、随机的，还可以是完全不同和更复杂的。

下面我来制作一个矩形沿着一条水平线在画布中进行线性运动的动画。将视觉元素保持在画布边界内的两个示例：

第一个是对前一个移动矩形的示例做简单的修改。代码如下：

```
1 void draw(){
2   background(100);
3   translate(width/2, height/2);
4   rotate(radians(frameCount*(360/(2*PI*10))));
5   rect(100, 0, 30, 30);
6 }
```

运行代码(sketch_4_03)，查看效果，如图4-4所示。

图4-4

很明显的变化是平移画布中心，并以100个像素的固定距离绘制矩形，然后矩形围绕画布中心进行旋转，不过它现在的路径是一个圆，而不是一条直线。

下一个示例是使用正弦sin()函数和不断增加的帧计数来创建周期运动。其中，帧计数是不断增加的，正弦函数将矩形变成一个在-1和1之间移动的值，使它在画布上产生一个小摆动。将这个摆动运动乘以画布宽度的一半，并将整个画布平移相同的量，使这个摆动运动更明显。代码如下：

```
1 void draw(){
2   background(100);
3   translate(width/2, height/2);
4   rect(sin(frameCount/20.0)*width/2, 0, 30, 30);
5 }
```

运行代码(sketch_4_04)，查看效果，如图4-5所示。

图4-5

下面我们来对比一下线性运动和周期运动。在画布中，下面的矩形直接遵循帧计数，上面的矩形执行一个弹跳运动。我们像之前一样使用了sin函数进行输出，但随后对结果应用了abs函数，从而将任何负值转换为其对应的正值(-1变成1)。代码如下：

```
1 void draw(){
2   background(100);
3   translate(0, height/2);
4   //线性移动矩形
5   rect(frameCount, 20, 30, 30);
6   //弹跳移动矩形
7   rect(frameCount,-1*abs(sin(frameCount/20.0))*60, 30, 30);
8 }
```

运行代码(sketch_4_05)，查看效果，如图4-6所示。

图4-6

对于弹跳矩形，尝试更改值20.0和60，看看如何将不同类型的运动应用到同一对象。

继续为动画增加一些趣味性，让弹跳矩形的幅度大一些，然后改变两个矩形的填充颜色：当它们发生碰撞时颜色是最深的，然后逐渐变得浅一些。代码如下：

```
1  void draw(){
2    background(100);
3    translate(0, height/2);
4    //根据帧数改变颜色
5    fill(frameCount%(20*PI)*10);
6    //弹跳的矩形
7    rect(frameCount,-1*abs(sin(frameCount/20.0))*120, 30, 30);
8    //矩形的回弹运动
9    rect(frameCount, 20, 30, 30);
10   translate(25, 15);
11   rotate(radians(90-(frameCount%(20*PI))));
12 }
```

运行代码(sketch_4_06)，查看效果，如图4-7所示。

图4-7

现在看到的矩形的动画，从某种意义上说，只是在不同的位置一遍又一遍地重新绘制矩形，因为在draw()函数的顶部调用了background(100)，在每一帧之间用灰色填充屏幕，所以就看不到之前绘制的所有矩形，这种在帧之间重新绘制的背景会给人一种一个矩形在屏幕上移动的错觉。尝试注释掉background(100)，并重新运行它，效果如图4-8所示。

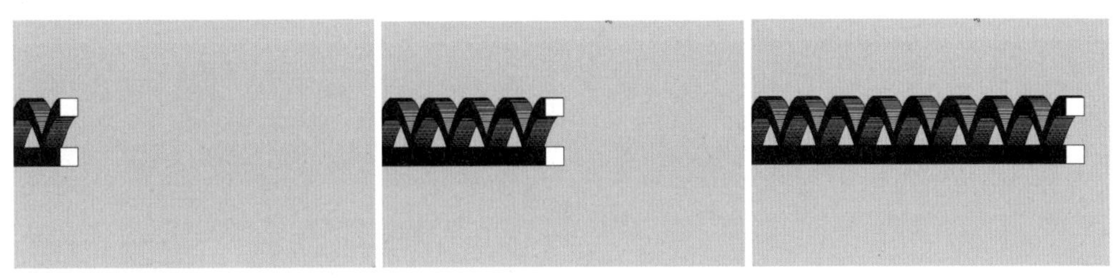

图4-8

4.2.3 简单的碰撞检测

前面的示例中使用了正弦函数使矩形在显示窗口中来回摆动，不会停止运动，但也不会离开画布。我们还可以通过添加简单的边界碰撞检测，来控制矩形在画布中的运动范围。输入代码如下：

```
1  float speedX, speedY;
2  float x, y, w, h;
```

```
3  void setup(){
4    size(600, 400);
5    x=width/2;
6    y=height/2;
7    w=70;
8    h=w;
9    speedX=2;
10   speedY=1;
11 }
12 void draw(){
13   background(100);
14   rect(x, y, w, h);
15   x+=speedX;
16   y+=speedY;
17   //检测与窗口边界的碰撞
18   if(x>width-w){
19     x=width-w;
20     speedX*=-1;
21   } else if(x<0){
22     x=0;
23     speedX*=-1;
24   } else if(y>height-h){
25     y=height-h;
26     speedY*=-1;
27   } else if(y<0){
28     y=0;
29     speedY*=-1;
30   }
31 }
```

运行代码(sketch_4_07)，可以看到画布中一个矩形从显示窗口的4个边界上反弹，如图4-9所示。

图4-9

代码中的4个if语句，每一个都控制对其中一个显示窗口边界(右、左、下和上)的检测。在检测到碰撞时，将矩形整齐地放回显示窗口边缘，要实现这个效果，只要简单地将速度变量乘以-1即可。

在真实的世界中，碰撞并不像上面示例展现的那样简单，首先是非匀速的，碰撞那一刻速度是最快的，因为存在一个加速度。我们可以模拟重力加速度的物理原理，实现单一矩形的弹跳效果。输入代码如下：

```
1  float speedX, speedY;
2  float x, y, w, h;
3  float gravity;                           // 重力加速度变量
4  void setup(){
5    size(600, 400);
6    x=width/2;
7    w=20;
8    h=w;
9    fill(0);
10   speedX=4;
11   gravity=0.5;                           // 设置重力加速度
12 }
13 void draw(){
14   fill(235, 60);                         // 淡化背景，可以产生运动拖尾
15   rect(0, 0, width, height);
16   fill(0);
17   rect(x, y, w, h);
18   x+=speedX;
19   speedY+=gravity;                       // 应用重力加速度
20   y+=speedY;
21   // 检测与边界的碰撞
22   if(x>width-w){
23     x=width-w;
24     speedX*=-1;
25   } else if(x<0){
26     x=0;
27     speedX*=-1;
28   } else if(y>height-h){
29     y=height-h;
30     speedY*=-1;
31   } else if(y<0){
32     y=0;
33     speedY*=-1;
34   }
35 }
```

运行代码(sketch_4_08)，查看模拟真实的弹跳效果，如图4-10所示。

图4-10

下面分析本例的弹跳运动，在y轴上如何实现加速运动呢？就是将y递增speedY之前，将speedY递增了gravity。当x继续以xSpeed的速度递增时(提供一个恒定的变化速率)，却为y的运

动添加了一个额外的重力变量。正是因为这个额外的分配产生了加速运动，所以y的变化速率不再是恒定的，很像平时将橡皮盒子扔到地面上，盒子弹跳几次就慢慢落在地面上不动了。为了达到效果，还需要一个阻尼变量，并在矩形落地时用ySpeed乘以它。阻尼变量最终会停止矩形沿*y*轴的运动，但也需要停止矩形沿*x*轴的运动，如果不停止，矩形将继续沿着显示窗口的底部来回滑动。为了解决这个问题，还要创建一个摩擦变量，与使用阻尼变量相同的方法来减缓矩形的横向运动。每次矩形与显示窗口的底部发生碰撞时，xSpeed就会乘以摩擦变量(也是一个分数值)。代码如下：

```
1  float speedX, speedY;
2  float x, y, w, h;
3  float gravity;                                    // 重力加速度变量
4  float damping, friction;                          // 阻尼、摩擦变量
5  void setup(){
6    size(600, 400);
7    x=width/2;
8    w=20;
9    h=w;
10   fill(0);
11   speedX=4;
12   // 设置动力学
13   gravity=.5;
14   damping=.8;
15   friction=.9;
16 }
17 void draw(){
18   fill(235, 60);
19   rect(0, 0, width, height);
20   fill(0);
21   rect(x, y, w, h);
22   x+=speedX;
23   speedY+=gravity;
24   y+=speedY;
25   // 碰撞检测
26   if(x>width-w){
27     x=width-w;
28     speedX*=-1;
29   } else if(x<0){
30     x=0;
31     speedX*=-1;
32   } else if(y>height-h){
33     y=height-h;
34     speedY*=-1;
35     speedY*=damping;
36     speedX*=friction;
37   } else if(y<0){
38     y=0;
```

```
39      speedY*=-1;
40    }
41  }
```

运行代码(sketch_4_09)，查看效果，如图4-11所示。

图4-11

读者不妨对代码进行修改，尝试不同的x速度、重力、阻尼和摩擦力的值，模拟不同的重力，以及不同材质物体之间的碰撞运动。

4.2.4 噪波动画

前面讲述的帧循环动画是Processing的内置绘制功能，能够创建随时间变化的图像。下面将二维噪声网格转换为可以移动的物体，模拟云的效果。代码如下：

```
1  float xstart, xnoise, ystart, ynoise;
2  void setup(){
3    size(900, 600);
4    smooth();
5    frameRate(30);
6    xstart=random(10);
7    ystart=random(10);
8  }
9  void draw(){
10   background(0);
11   xstart+=0.01;
12   ystart+=0.01;
13   xnoise=xstart;
14   ynoise=ystart;
15   for(int y=0; y<=height; y+=10){
16     ynoise+=0.3;
17     xnoise=xstart;
18     for(int x=0; x<=width; x+=5){
19       xnoise+=0.1;
20       drawPoint(x, y, noise(xnoise, ynoise));
21     }
22   }
23 }
24 void drawPoint(float x, float y, float noiseFactor){
25   pushMatrix();
26   translate(x, y);
```

```
27    rotate(noiseFactor*radians(540));
28    noStroke();
29    float edgeSize=noiseFactor*50;
30    float gray=150+(noiseFactor*120);
31    float alph=100+(noiseFactor*120);
32    fill(gray, alph);
33    ellipse(0, 0, edgeSize, edgeSize/2);
34    popMatrix();
35  }
```

运行代码(sketch_4_10)，查看模拟云流动的效果，如图4-12所示。

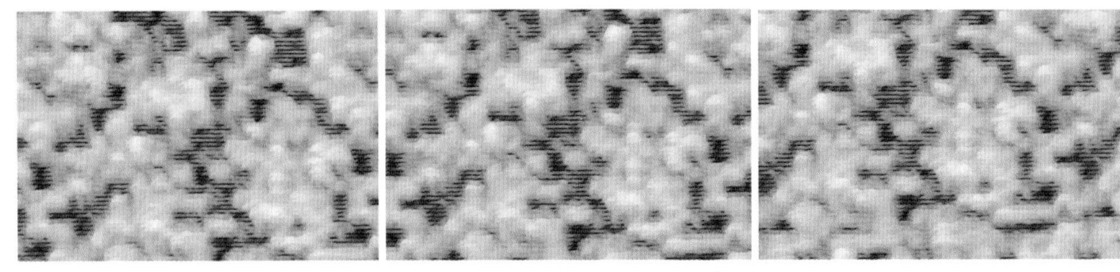

图4-12

绘制点函数不变，在y循环中遍历网格的x也不变，但对于每一帧，都会增加x和y噪声种子的起点。当运行这个代码时，会看到云层在屏幕上漂移，其实画面中并没有真正移动的部分，只是通过在噪波平面上滚动而产生的错觉。

接下来学习Processing如何在3D中绘制噪波。首先，从3D角度来看2D噪声，代码如下:

```
1   import processing.opengl.*;
2   float xstart, xnoise, ystart, ynoise;
3   void setup(){
4     size(900, 600, OPENGL);
5     sphereDetail(8);
6     noStroke();
7     xstart=random(10);
8     ystart=random(10);
9   }
10  void draw(){
11    background(0);
12    xstart+=0.01;
13    ystart+=0.01;
14    xnoise=xstart;
15    ynoise=ystart;
16    for(int y=0; y<=height; y+=5){
17      ynoise+=0.1;
18      xnoise=xstart;
19      for(int x=0; x<=width; x+=5){
20        xnoise+=0.1;
21        drawPoint(x, y, noise(xnoise, ynoise));
22      }
23    }
```

```
24 }
25 void drawPoint(float x, float y, float noiseFactor){
26   pushMatrix();
27   translate(x, 450-y,-y);
28   float sphereSize=noiseFactor*35;
29   float grey=150+(noiseFactor*120);
30   float alph=150+(noiseFactor*120);
31   fill(grey, alph);
32   sphere(sphereSize);
33   popMatrix();
34 }
```

运行代码(sketch_4_11)，查看效果，如图4-13所示。

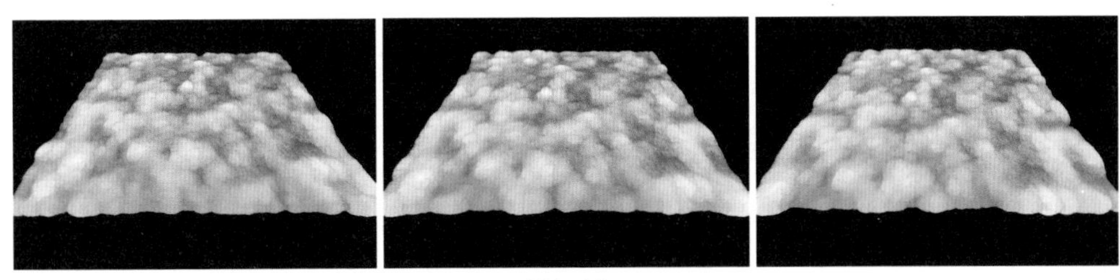

图4-13

本例中使用新的渲染器OPENGL，这是三维渲染器的一种。平移画布的坐标不再是二维的，而是三维的，应用了z深度，在每个三维点上创建一个具有半径、填充颜色和alpha相对于噪波值的球体，得到一个分布于倾斜正方形上的分层云团效果。

透视图虽然提供了三维效果，但目前所使用的噪波序列本质上仍然是基于二维的。传统的噪波函数最多只能接受三个参数，这无法满足三维空间中的噪波需求。为了探索三维噪波的效果，我们需要对噪波函数进行扩展，使其能够接受三维空间坐标参数，首先我们要对循环进行一些更改，遍历一个立方体中的所有点，所以要把4个参数传递给drawPoint()函数，即x、y、z和该点的三维噪声值。代码如下：

```
1  float xstart, ystart, zstart;
2  float xnoise, ynoise, znoise;
3  int sideLength=300;
4  int spacing=5;
5  void setup(){
6    size(900, 600, P3D);
7    background(0);
8    noStroke();
9    xstart=random(10);
10   ystart=random(10);
11   zstart=random(10);
12 }
13 void draw(){
14   background(0);
15   xstart+=0.01;
```

```
16    ystart+=0.01;
17    zstart+=0.01;
18    xnoise=xstart;
19    ynoise=ystart;
20    znoise=zstart;
21    translate(300, 150,-150);
22    rotateZ(frameCount*0.1);
23    for(int z=0; z<=sideLength; z+=spacing){
24      znoise+=0.1;
25      ynoise=ystart;
26      for(int y=0; y<=sideLength; y+=spacing){
27        ynoise+=0.1;
28        xnoise=xstart;
29        for(int x=0; x<=sideLength; x+=spacing){
30          xnoise+=0.1;
31          drawPoint(x, y, z, noise(xnoise, ynoise, znoise));
32        }
33      }
34    }
35  }
36  void drawPoint(float x, float y, float z, float noiseFactor){
37    pushMatrix();
38    translate(x, y, z);
39    float gray=noiseFactor*255;
40    fill(gray, 10);
41    box(spacing, spacing, spacing);
42    popMatrix();
43  }
```

运行代码(sketch_4_12)，查看效果，如图4-14所示。

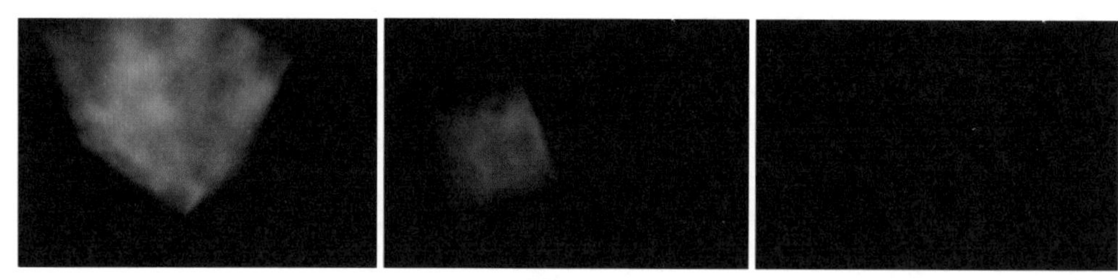

图4-14

构建的立方体是由几乎透明的盒子组成的，其颜色因三维噪声因子而变化，基本上是在一个框中创建了云，或者有些像一间烟雾弥漫的房间。

4.3 粒子效果

粒子系统是一个数组的粒子响应环境，可以模拟渲染出火焰、烟雾、灰尘等现象。先来看一个Processing自带的范例程序。选择“文件”|“范例程序”命令，打开自带范例程序Demo、Graphics、Particles，如图4-15所示。

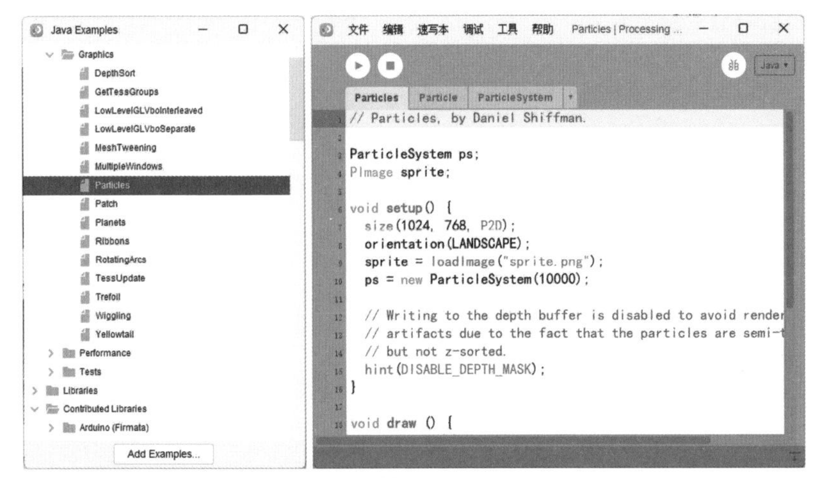

图4-15

单击“播放”按钮，运行代码，查看粒子的动态效果，如图4-16所示。

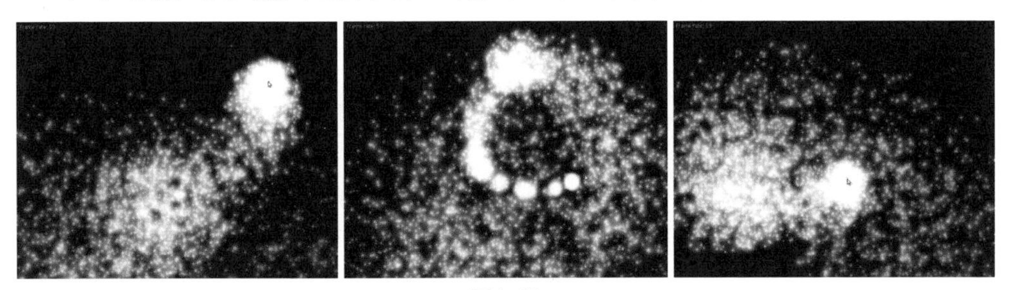
图4-16

接下来，使用数组创建众多具有碰撞检测和超时特性的小方形，然后添加一个background(100)的调用，这样就可以看到离散的方形在周围跳跃。代码如下：

```
1  int num=200;                                   // 设定图形总数量
2  // 创建速度、位置、尺寸和颜色的数组
3  float[]speedX=new float[num];
4  float[]speedY=new float[num];
5  float[]x=new float[num];
6  float[]y=new float[num];
7  float[]w=new float[num];
8  color[]colors=new color[num];
9  int timeLimit=15;                              // 时间限制
10 void setup(){
11   size(600, 400);
12   frameRate(30);
13   noStroke();
14   // 设置随机位置、尺寸、颜色和速度
15   for(int i=0; i<num; i++){
16     x[i]=width/2;
17     y[i]=height/2;
18     w[i]=random(2, 12);
```

```
19      colors[i]=color(random(255), random(255), random(255));
20      speedX[i]=random(-5, 5);
21      speedY[i]=random(-2, 2);
22    }
23  }
24  void draw(){
25    background(0);
26    for(int i=0; i<num; i++){
27      fill(colors[i]);
28      rect(x[i], y[i], w[i], w[i]);
29      x[i]+=speedX[i];
30      y[i]+=speedY[i];
31      //碰撞检测
32      if(x[i]>width-w[i]){
33        x[i]=width-w[i];
34        speedX[i]*=-1;
35      } else if(x[i]<0){
36        x[i]=0;
37        speedX[i]*=-1;
38      } else if(y[i]>height-w[i]){
39        y[i]=height-w[i];
40        speedY[i]*=-1;
41      } else if(y[i]<0){
42        y[i]=0;
43        speedY[i]*=-1;
44      }
45    }
46    //停止运行时限
47    if(millis()>=timeLimit*1000){
48      noLoop();
49    }
50  }
```

运行代码(sketch_4_13)，查看效果，如图4-17所示。

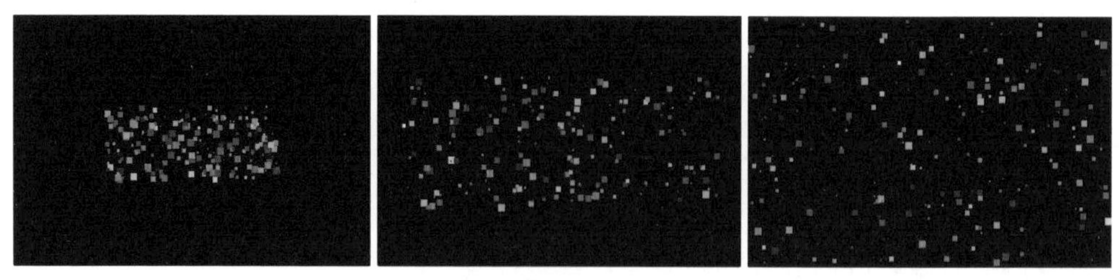

图4-17

在灰色背景中再添加一种淡入效果，为这些运动的矩形创建一些模糊轨迹的错觉。在draw()函数中的开头部分修改和添加代码:

```
1  // background(0);
2  fill(100, 50);
3  rect(0, 0, width, height);
```

运行代码(sketch_4_14)，查看粒子拖尾效果，如图4-18所示。

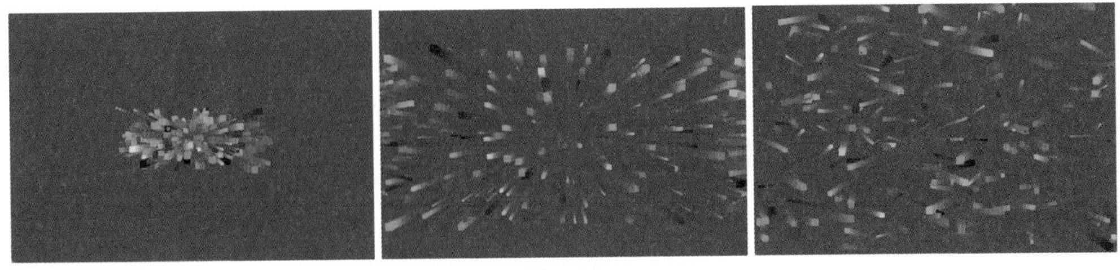

图4-18

要增加粒子运行轨迹的持久性，尝试减小alpha的值即可。

继续丰富粒子的控制参数，除了数组，还添加了三个变量(形状计数、生成率和喷射宽度)来控制粒子的生成方式。在不控制生成率的情况下，所有的方形都将同时产生。为了使产生的效果更有趣，通过使用喷射宽度变量来设置xSpeed[ ]值，然后添加了重力加速度、阻尼和摩擦力。修改代码如下：

```
1  int num=200;                                          // 设定图形总数量
2  float[]w=new float[num];
3  float[]h=new float[num];
4  float[]x=new float[num];
5  float[]y=new float[num];
6  float[]xSpeed=new float[num];
7  float[]ySpeed=new float[num];
8  float[]gravity=new float[num];
9  float[]damping=new float[num];
10 float[]friction=new float[num];
11 float shapeCount;                                     // 控制生成数量
12 float birthRate=0.25;                                 // 控制矩形生成率
13 float sprayWidth=6;                                   // 控制矩形生成时的尺寸
14 void setup(){
15   size(600, 400);
16   noStroke();
17   // 用随机值进行初始化
18   for(int i=0; i<num; i++){
19     x[i]=width/2.0;
20     w[i]=random(2, 17);
21     h[i]=w[i];
22     xSpeed[i]=random(-sprayWidth, sprayWidth);
23     gravity[i]=0 .1;
24     damping[i]=random(0.7, 0.98);
25     friction[i]=random(0.65, 0.95);
26   }
27 }
28 void draw(){
```

```
29    //淡化背景
30    fill(235, 100);
31    rect(0, 0, width, height);
32    fill(0);
33    //生成粒子
34    for(int i=0; i<shapeCount; i++){
35      rect(x[i], y[i], w[i], h[i]);
36      x[i]+=xSpeed[i];
37      ySpeed[i]+=gravity[i];
38      y[i]+=ySpeed[i];
39      //碰撞检测
40      if(y[i]>=height-h[i]){
41        y[i]=height-h[i];
42        //弹跳
43        ySpeed[i]*=-1.0;
44        //降低碰撞时垂直运动的速度
45        ySpeed[i]*=damping[i];
46        //地面碰撞后的摩擦力
47        xSpeed[i]*=friction[i];
48      }
49      if(x[i]>=width-w[i]){
50        x[i]=width-w[i];
51        xSpeed[i]*=-1.0;
52      }
53      if(x[i]<=0){
54        x[i]=0;
55        xSpeed[i]*=-1.0;
56      }
57    }
58    //保持生成率，直到粒子全部生成
59    if(shapeCount<num){
60      shapeCount+=birthRate;
61    }
62  }
```

运行代码(sketch_4_15)，查看效果，如图4-19所示。

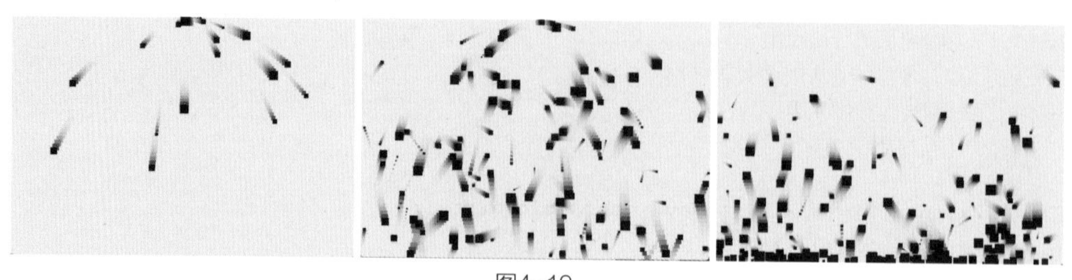

图4-19

建议读者在理解这个示例之后，再尝试模拟一些自然现象，如喷水或爆炸。这些效果可能需要在代码中添加更多的变量，以控制粒子从哪里发射，或者在落地时如何散射，甚至还可以为粒子添加其他的力，如风等。

在Processing中，为了更方便地修改和交互粒子效果，可以通过类和对象来实现粒子系统。这样可以使每个粒子都成为一个独立的对象，具有自己的属性和行为，从而更容易管理和调整。代码如下：

```
1  // 创建类
2  class Particle {
3    float xPos;
4    float yPos;
5    float size;
6    // 创建函数
7    Particle(){
8      xPos=random(0, width);
9      yPos=random(0, height);
10     size=20;
11   }
12   // 绘制粒子图形
13   void draw(){
14     fill(255);
15     ellipse(xPos, yPos, size, size);
16   }
17 }
```

回到主程序中：

```
1  Particle p1;
2  void setup(){
3    size(900, 600);
4    p1=new Particle();
5  }
6  void draw(){
7    background(0);
8    p1.draw();
9  }
```

运行代码(sketch_4_16)，在屏幕上随机位置出现一个粒子，查看粒子效果，如图4-20所示。

图4-20

接下来创建更多的粒子，修改主程序代码如下：

```
1  Particle p1;
2  Particle p2;
3  Particle p3;
4  Particle p4;
5  void setup(){
6    size(900, 600);
7    p1=new Particle();
8    p2=new Particle();
9    p3=new Particle();
10   p4=new Particle();
11 }
```

```
12 void draw(){
13   background(0);
14   p1.draw();
15   p2.draw();
16   p3.draw();
17   p4.draw();
18 }
```

运行代码(sketch_4_17), 查看多个粒子效果, 如图4-21所示。

图4-21

为了提高工作效率，最好的办法是使用数组来创建多个粒子。修改主程序代码如下：

```
1  Particle[] p;
2  void setup(){
3    size(900, 600);
4    p=new Particle[40];
5    for(int i=0; i<40; i++){
6      p[i]=new Particle();
7    }
8  }
9  void draw(){
10   background(0);
11   for(int i=0; i<40; i++){
12     p[i].draw();
13   }
14 }
```

运行代码(sketch_4_18)，查看多个粒子的效果，如图4-22所示。

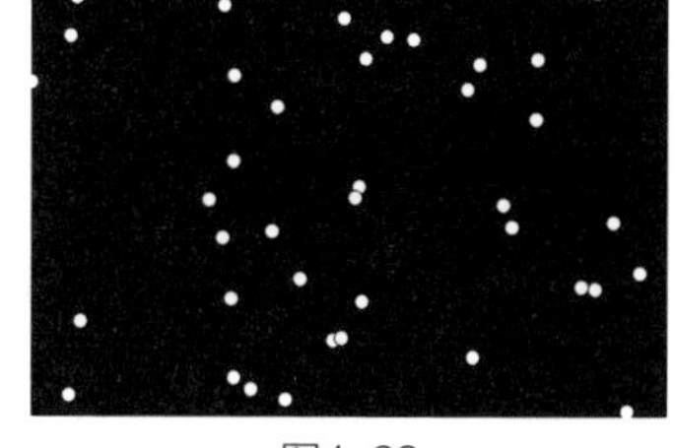
图4-22

目前，所有随机创建的粒子都是静态的。下面要创建粒子的运动效果。在Particle类中添加速度变量，修改代码如下：

```
1  class Particle {
2    float xPos;
3    float yPos;
4    float size;
5    float speedX;                              // 创建速度变量
6    float speedY;
7    Particle()
8    {
9      xPos=random(0, width);
10     yPos=random(0, height);
11     speedX=random(-1, 1);                    // 速度变量赋值
12     speedY=random(-1, 1);
13     size=20;
14   }
15   void draw(){
16     fill(255);
```

```
17      ellipse(xPos, yPos, size, size);
18      xPos+=speedX;                                  // 应用速度变量与位置变换
19      yPos+=speedY;
20      // 条件语句限定极限位置
21      if(xPos>width||xPos<0){
22        speedX=-speedX;
23      }
24      if(yPos>height||yPos<0){
25        speedY=-speedY;
26      }
27    }
28  }
```

运行代码(sketch_4_19)，查看粒子的运动效果，如图4-23所示。

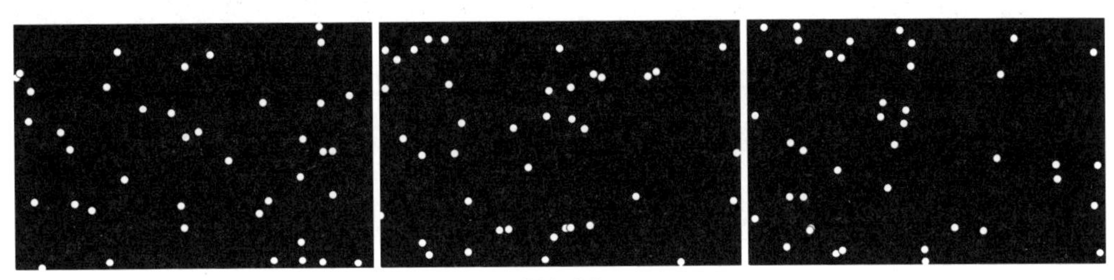

图4-23

接下来改变每个粒子的属性，使其效果更加丰富。如为尺寸和颜色添加随机值：

在Particle()函数部分修改语句如下：

```
1  size=random(10, 20);
```

在draw()函数部分添加代码如下：

```
1  float col=random(0, 255);
2  fill(220, 235-col, col);
```

运行代码(sketch_4_20)，查看彩色的粒子效果，如图4-24所示。

图4-24

在主程序中调整背景函数的顺序，可以创建粒子拖尾的效果。在setup()函数部分修改代码如下：

```
1  background(0);
2  noStroke();
```

修改draw()函数的代码如下：

```
void draw(){
  fill(0, 10);
  rect(0, 0, width, height);
  for(int i=0; i<40; i++){
    p[i].draw();
  }
}
```

运行代码(sketch_4_21)，查看粒子的动态效果，如图4-25所示。

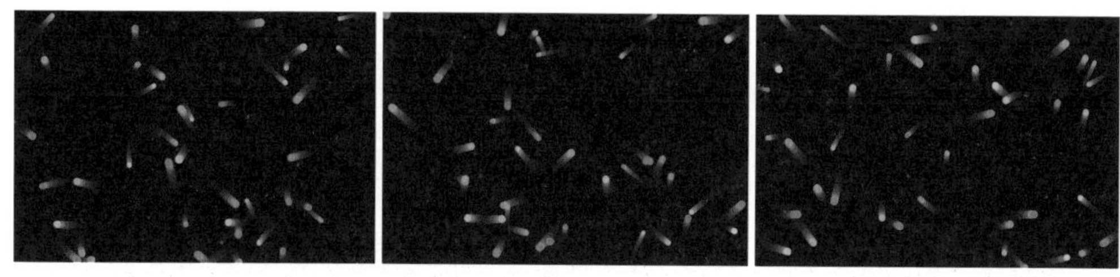

图4-25

接下来尝试为粒子添加鼠标互动。先修改Particle类的代码如下：

在 Particle 类中声明一个颜色变量：

```
float col;
```

在Particle()函数部分初始化颜色变量：

```
col=255;
```

在draw()函数部分修改代码如下：

```
fill(220, 235-col, col);
```

在尾部添加代码如下：

```
//检验粒子和光标的距离
if(dist(xPos, yPos, mouseX, mouseY)<50){
  col=50;
} else {
  col=255;
}
```

运行代码(sketch_4_22)，查看粒子随着光标距离改变颜色的效果，如图4-26所示。

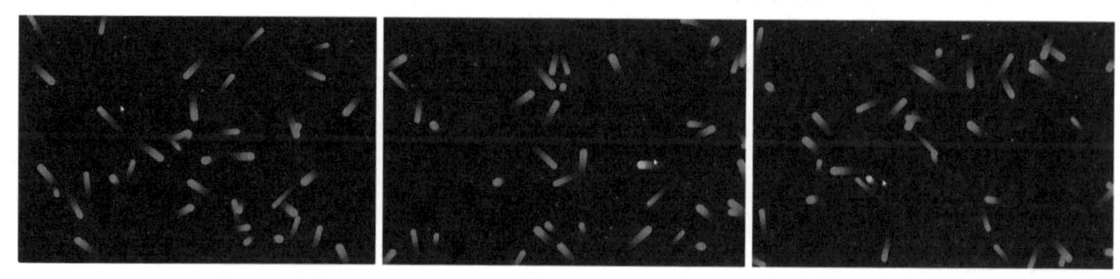

图4-26

继续丰富鼠标互动效果，当单击鼠标时，粒子聚拢过来。在draw()函数的结尾部分添加代码如下：

```
if(mousePressed){
  float xdist=xPos-mouseX;
  float ydist=yPos-mouseY;
  xPos-=xdist*0.05;
  yPos-=ydist*0.05;
}
```

运行代码(sketch_4_23)，查看粒子聚散的动态效果，如图4-27所示。

图4-27

4.4 高级运动

运动的方式是丰富多样的，除了前面学习的时间动画、噪波动画、粒子动画，还存在一些非常典型的动画控制方法和效果，它们各自具有独特的用途和应用场景。

4.4.1 路径动画

路径动画是一种动画技术，它使一个元素能够沿着预先规定的路径进行运动。为了实现这个效果，通常需要先定义路径，然后让元素按照坐标逐步移动。这可以通过了编程语言中的相关函数来实现。

Processing提供的bezierPoint()函数，可以在贝塞尔曲线上进行插值运算，求出曲线上0～1中t时刻点的坐标值。输入代码如下：

```
float t;
void setup(){
  size(800, 600);
  background(225);
  rectMode(CENTER);
}
void draw(){
  noFill();
  bezier(100, 200, 150, 400, 450, 400, 500, 200);    //设置曲线参数
  float x=bezierPoint(100, 150, 450, 500, t);        //曲线上点的x坐标
  float y=bezierPoint(200, 400, 400, 200, t);        //曲线上点的y坐标
  fill(0, 195, 205);
  rect(x, y, 50, 30);
```

```
14    if(t<=1){
15      t+=0.01;
16    }
17  }
```

运行代码(sketch_4_24)，查看矩形沿曲线运动的效果，如图4-28所示。

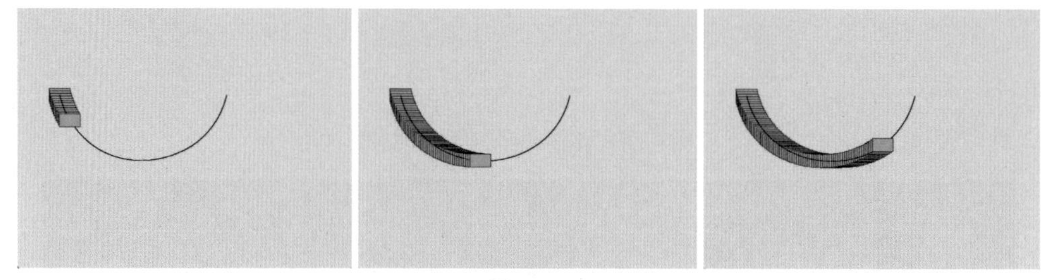

图4-28

矩形沿曲线路径运动，通过bezierTangent()函数可实时计算它在曲线上的切线方向，并旋转其角度，使其能够在跟随路径的同时改变角度。输入代码如下：

```
1   void draw(){
2     noFill();
3     bezier(100, 200, 150, 400, 450, 400, 500, 200);    // 设置曲线参数
4     float x=bezierPoint(100, 150, 450, 500, t);         // 曲线上点的x坐标
5     float y=bezierPoint(200, 400, 400, 200, t);         // 曲线上点的y坐标
6     float tx=bezierTangent(100, 150, 450, 500, t);      // 求出切线方向x分量
7     float ty=bezierTangent(200, 400, 400, 200, t);      // 求出切线方向y分量
8     float radian=atan2(ty, tx);                         // 根据切线方向分量求出角度
9     translate(x, y);                                    // 坐标原点移到曲线上点的位置
10    rotate(radian);                                     // 坐标系旋转
11    fill(255, 0, 0);
12    rect(0, 0, 50, 30);
13    if(t<=1){
14      t+=0.01;
15    }
16  }
```

运行代码(sketch_4_25)，查看矩形沿曲线运动的效果，如图4-29所示。

读者也可以尝试使用curvePoint()函数和curveTangent()函数，创建在多条曲线上的连续路径动画。

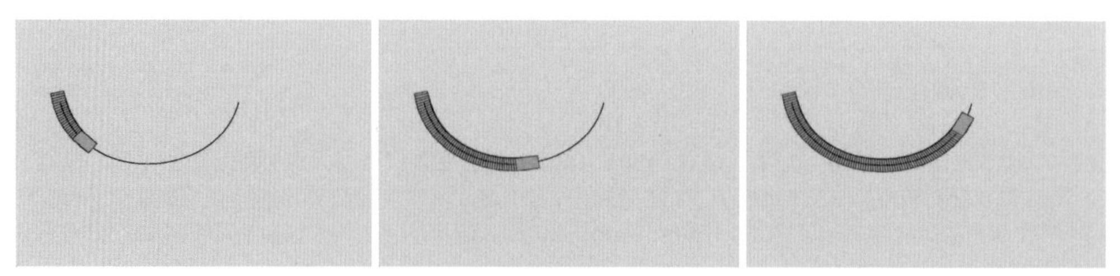

图4-29

4.4.2 运动缓冲

运动缓冲，就是从运动到停止之间有一定的减速时间，而不是很直接地停止，启动时的缓冲也是这个道理，这个技术称为缓动。为了便于大家理解，下面介绍一个“捕食者”在接近猎物时减速的示例。代码如下：

```
1  float x, y;
2  float easing=0.05;                              // 定义一个缓动变量
3  void setup(){
4    size(600, 400);
5    x=width/2;
6    y=height/2;
7    smooth();
8  }
9  void draw(){
10   // 淡化背景
11   fill(125, 210, 200, 40);
12   rect(0, 0, width, height);
13   // 计算鼠标移动的速度
14   float deltaX=(pmouseX-x);
15   float deltaY=(pmouseY-y);
16   // 运动缓冲
17   deltaX*=easing;
18   deltaY*=easing;
19   x+=deltaX;
20   y+=deltaY;
21   ellipse(x, y, 20, 20);
22 }
```

运行代码(sketch_4_26)，查看圆形跟踪鼠标的“捕食性”动画效果，如图4-30所示。

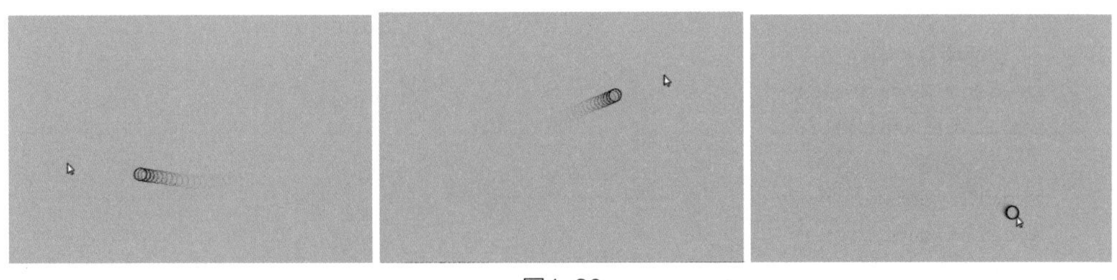

图4-30

本例中的“捕食性”运动看起来流畅、自然，主要原因归于两个缓动的变量：

```
1 // 运动缓冲
2 deltaX*=easing;
3 deltaY*=easing;
```

下面再绘制一个“贪吃”的三角形，这个三角形不仅会跟随鼠标，而且会保持一定的方向。输入代码如下：

```
1  //声明捕食者Predator变量
2  float predCntrX, predCntrY;
3  float predX[]=new float[3];
4  float predY[]=new float[3];
5  float predLen=15;
6  float predAng, predRot;
7  //弹性变量
8  float accelX, accelY;
9  float springing=0.01;
10 float damping=0.95;
11 void setup(){
12   size(600, 400);
13   predCntrX=width/2;
14   predCntrY=height/2;
15   smooth();
16 }
17 void draw(){
18   //淡化背景
19   fill(225, 30);
20   rect(0, 0, width, height);
21   //计算鼠标与贪吃三角形之间的距离
22   float deltaX=(pmouseX-predCntrX);
23   float deltaY=(pmouseY-predCntrY);
24   //创建弹性效果
25   deltaX*=springing;
26   deltaY*=springing;
27   //保持三角形无休止运动
28   if(dist( pmouseX, pmouseY, predCntrX, predCntrY)>5){
29     accelX+=deltaX;
30     accelY+=deltaY;
31   }
32   //加速捕食者中心
33   predCntrX+=accelX;
34   predCntrY+=accelY;
35   //弹性减速
36   accelX*=damping;
37   accelY*=damping;
38   //调整捕食者方位
39   predRot=atan2(accelY, accelX);
40   createTriangle();
41 }
42 void createTriangle(){
43   //用三角形构建捕食者
44   fill(0);
45   beginShape();
46   for(int i=0; i<3; i++){
47     predX[i]=predCntrX+cos(radians(predAng)+predRot)*predLen;
48     predY[i]=predCntrY+sin(radians(predAng)+predRot)*predLen;
```

```
49      vertex(predX[i], predY[i]);
50      predAng+=120;
51    }
52    endShape(CLOSE);
53    stroke(255, 0, 0);
54    strokeWeight(5);
55    point(predCntrX, predCntrY);
56    noStroke();
57  }
```

运行代码(sketch_4_27)，查看矩形沿曲线运动的效果，如图4-31所示。

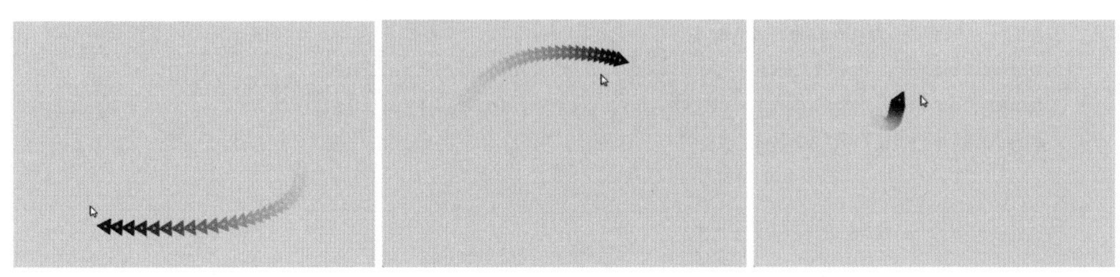

图4-31

为了使三角形在旋转时能够保持其方向性，我们使用了Processing中的反正切函数atan2(y, x)。这个函数通过计算两条边(由deltaY和deltaX表示，分别对应y轴和x轴上的变化量)的比率，来确定它们之间的夹角。deltaY和deltaX提供了一个直角三角形两条直角边的比例，将这些值应用到atan2(deltaY, deltaX)函数中，我们就可以得到所需的角度。

使用这个代码还可以做更多的事情，包括创建一个自主的猎物对象、创造一个简单的坦克游戏等。

为了产生弹性效应，需要同时降低deltaX和deltaY的值，代码如下:

```
1  deltaX*=springing;
2  deltaY*=springing;
```

分别用deltaX和deltaY增加了aclelX和aclelY，代码如下:

```
1  if(dist( pmouseX, pmouseY, predCntrX, predCntrY)>5){
2    accelX+=deltaX;
3    accelY+=deltaY;
4  }
```

衰减accelX和accelY值，代码放在最后两行中:

```
1  accelX*=damping;
2  accelY*=damping;
```

充分理解弹性的特点，并且好好利用这些数值，可以创造更多仿真的“贪吃”动画效果。

4.4.3 弹性与软体效果

在软体动力学中，物体在发生碰撞和相互作用时，其本身会发生变形。

例如，一个装满水的软皮球从楼梯上滚落下来。为了模拟这样的运动效果，可以使用变量centerX和centerY来表示形状的整体协调点，即父节点或控制节点；使用三角函数来计算节点的起始位置(相对于形状的中心点)，并在形状的顶点创建弹簧效果。为了使形状在弹跳后返回到其原始的多边形结构，还需要捕获形状的原始点位置(相对于控制节点)。

下面是可以实现这一节点的代码块：

```
1  //计算节点的起始位置
2  for(int i=0; i<nodes; i++){
3    nodeStartX[i]=centerX+cos(radians(rotAngle))*radius;
4    nodeStartY[i]=centerY+sin(radians(rotAngle))*radius;
5    rotAngle+=360.0/nodes;
6  }
```

用另外两个三角表达式移动节点：

```
1  for(int i=0; i<nodes; i++){
2    nodeX[i]=nodeStartX[i]+sin(radians(angle[i]))*(accelX*2);
3    nodeY[i]=nodeStartY[i]+sin(radians(angle[i]))*(accelY*2);
4    angle[i]+=frequency[i];
5  }
```

这两个代码块非常相似。第一个代码块捕获节点的原始位置，这些位置随着整体形状的移动而不断变化；第二个代码块负责移动单个点。

多边形结构中，有机顶点的曲线变形基于以下代码：

```
1  //调整曲线紧密度
2  organicConstant=1-((abs(accelX)+abs(accelY))*.1);
```

这行语句计算了一个曲线紧密度值，当绘制形状时，它被输入Processing的curveTightness()函数中，使用一系列的curveVertex()调用：

```
1  //绘制多边形
2  curveTightness(organicConstant);
3  fill(175);
4  beginShape();
5  for(int i=0; i<nodes; i++){
6    curveVertex(nodeX[i], nodeY[i]);
7  }
8  for(int i=0; i<nodes-1; i++){
9    curveVertex(nodeX[i], nodeY[i]);
10 }
11 endShape();
```

curveTightness()函数可以控制和处理曲线顶点之间的曲线插值，利用该函数可方便地创建柔软的物体表面。

以下是完整的代码：

```
1  // 中心点变量
2  float centerX=0, centerY=0;
3  float radius=50, rotAngle=-90;
4  float accelX, accelY;
5  float springing=.0085, damping=.98;
6  // 节点变量
7  int nodes=4;
8  float nodeStartX[]=new float[nodes];
9  float nodeStartY[]=new float[nodes];
10 float[]nodeX=new float[nodes];
11 float[]nodeY=new float[nodes];
12 float[]angle=new float[nodes];
13 float[]frequency=new float[nodes];
14 // 软体紧密度
15 float organicConstant=2;
16 void setup(){
17   size(900, 600);
18   centerX=width/2;
19   centerY=height/2;
20   // 初始化节点变量
21   for(int i=0; i<nodes; i++){
22     frequency[i]=3;
23   }
24   noStroke();
25   frameRate(30);
26 }
27 void draw(){
28   // 淡化背景
29   fill(235, 80);
30   rect(0, 0, width, height);
31   drawShape();
32   moveShape();
33 }
34 void drawShape(){
35   // 计算节点起始位置
36   for(int i=0; i<nodes; i++){
37     nodeStartX[i]=centerX+cos(radians(rotAngle))*radius;
38     nodeStartY[i]=centerY+sin(radians(rotAngle))*radius;
39     rotAngle+=360.0/nodes;
40   }
41   // 绘制多边形
42   curveTightness(organicConstant);
43   fill(120);
44   beginShape();
45   for(int i=0; i<nodes; i++){
46     curveVertex(nodeX[i], nodeY[i]);
```

```
47      }
48      for(int i=0; i<nodes-1; i++){
49        curveVertex(nodeX[i], nodeY[i]);
50      }
51      endShape();
52    }
53    void moveShape(){
54      //移动中心点
55      float deltaX=mouseX-centerX;
56      float deltaY=mouseY-centerY;
57      //产生弹性效果
58      deltaX*=springing;
59      deltaY*=springing;
60      accelX+=deltaX;
61      accelY+=deltaY;
62      //移动多边形的中心
63      centerX+=accelX;
64      centerY+=accelY;
65      //缓冲
66      accelX*=damping;
67      accelY*=damping;
68      //改变曲线松紧度
69      organicConstant=1-((abs(accelX)+abs(accelY))*.1);
70      //移动节点
71      for(int i=0; i<nodes; i++){
72        nodeX[i]=nodeStartX[i]+sin(radians(angle[i]))*(accelX*2);
73        nodeY[i]=nodeStartY[i]+sin(radians(angle[i]))*(accelY*2);
74        angle[i]+=frequency[i];
75      }
76    }
```

运行代码(sketch_4_28)，查看软体矩形的运动效果，如图4-32所示。

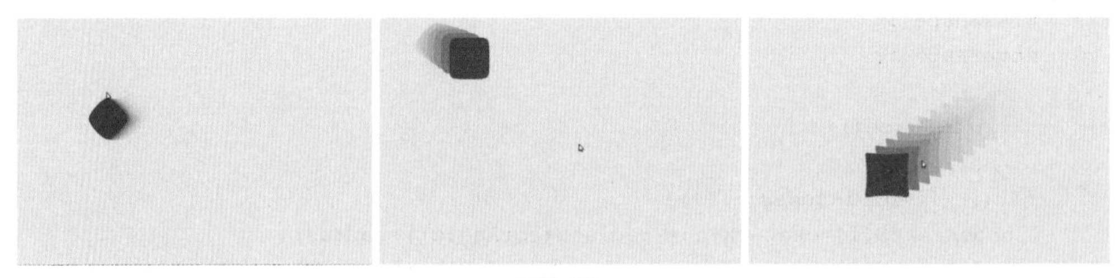

图4-32

读者不妨在此基础上多多尝试，使用一些随机值作为弹簧和变形的近似值，感受一下软体运动的奇妙效果。

4.4.4 交互作为动画的输入

到目前为止，不管创建的是静态或动态的视觉元素，都对输入没有反应，这意味着

Processing的草图将自己运行，我们无法主动控制视觉结果。下面从鼠标移动或鼠标单击等控制数据入手，介绍如何使用鼠标控制视觉元素。输入代码如下：

```
void setup(){
  size(900, 600);
  rectMode(CENTER);
}
void draw(){
  background(160);
  //静止的圆形
  ellipse(50, 75, 50, 50);
  //跟随鼠标移动的圆形
  ellipse(mouseX, mouseY, 50, 50);
}
```

运行代码(sketch_4_29)，查看圆形跟随鼠标运动的效果，如图4-33所示。

图4-33

在这段代码中，在画布上绘制了两个椭圆，其中一个是静态的，它不会移动；另一个则用mouseX和mouseY替换了第一个数值50和75，椭圆被绘制在与鼠标指针相同的位置。换句话说，用mouseX和mouseY简单地替换静态数值可以改变椭圆的行为，它将被放置在mouseX和mouseY指示的任何位置。

我们还可以扩展一下思路，设置让鼠标控制更多的变量，如椭圆的大小、填充的颜色，以及控制图形运动的速度等。输入代码如下：

```
float px;
float spd;
void setup(){
  size(900, 600);
  frameRate(30);
}
void draw(){
  background(235);
  fill(#02BCC4);
  circle(px, height/2, 100);
  px=px+spd;
  if(px>850){
    px=850;
  }
  if(px<50){
```

```
16      px=50;
17    }
18    if(mousePressed){
19      spd=mouseX-pmouseX;
20    }
21  }
```

运行代码(sketch_4_30)，按住鼠标左键拖动，可移动圆形的位置，查看效果，如图4-34所示。

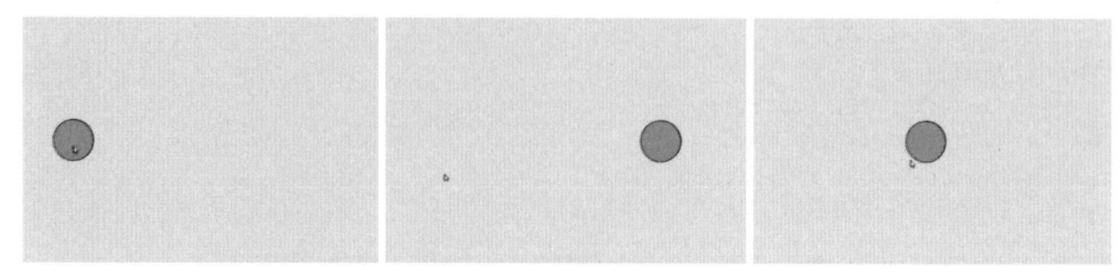

图4-34

如果添加了淡化背景，就更容易看到运动的效果。运行代码(sketch_4_31)，如图4-35所示。

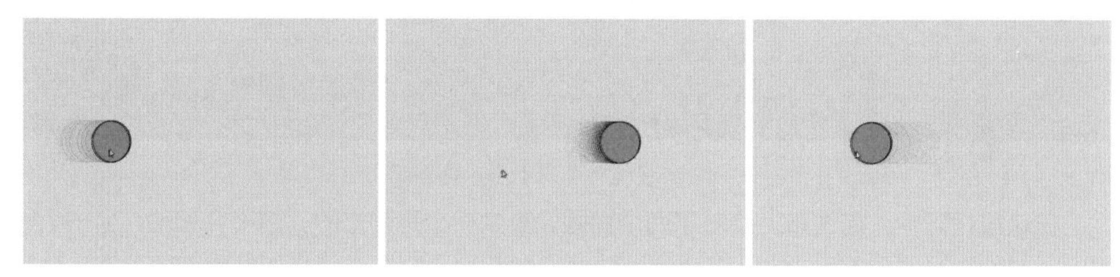

图4-35

接下来，我们将深入探讨交互的基础知识，并将其与前面所讨论的编码视觉元素相结合，以此来阐述将交互性和视觉元素融合在一起的独特之处。

在Processing编程语言中，mousePressed是一个非常实用的变量，其取值简洁明了，仅包含两个状态：true(表示鼠标左键被按下)和false(表示鼠标左键未被按下)。在接下来的示例中，我们将展示一种简单的交互方式：用户只需按下鼠标左键，并保持按住状态，随后将鼠标移动到画布上的目标位置，这一行为通常被称为“拖动鼠标”。通过这种方式，用户可以在画布上绘制出一条交互式的线条。

```
1   void setup(){
2     size(900, 600);
3   }
4   void draw(){
5     background(235);
6     stroke(0);
7     strokeWeight(2);
8     //鼠标按压条件
9     if(mousePressed){
10      //绘制一条交互的线
```

```
11      line(mouseX, 150, 150, mouseY);
12    }
13  }
```

运行代码(sketch_4_32)，按住鼠标左键并拖动鼠标绘制一条简单的线，查看效果，如图4-36所示。

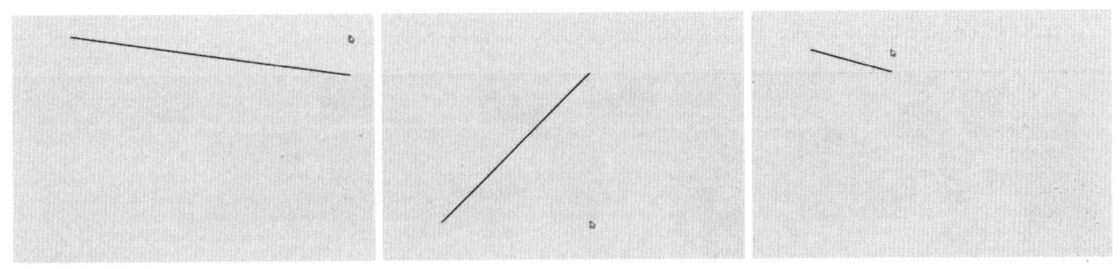

图4-36

在Processing中，任何按键都可以扮演与鼠标按钮相同的角色，可尝试修改代码，用按键替换鼠标按键。

4.5 视频应用

视频的本质是快速连续显示的一系列静止图像，其频率通常由每秒显示多少帧来定义，称为帧率(FPS)。帧率越高，视频的质量越高。

4.5.1 基本播放和捕获

Processing对视频的处理分为两种：一种是处理视频文件；另一种是处理摄像头输入的实时视频。

将视频文件放置在data文件夹中，编写代码时要先导入视频库，选择“速写本”|“引用库文件”| video命令，自动生成一行代码：

```
1  import processing.video.*;
```

运用movie定义视频类变量，调取视频文件至变量，最后使用image()函数显示视频画面。输入代码如下：

```
1  import processing.video.*;                       // 加载视频库
2  Movie mymovie;                                   // 声明变量
3  void setup(){
4    size(640, 360);
5    mymovie=new Movie(this,"public.mp4");          // 初始化Movie变量
6    mymovie.loop();                                // 视频循环播放
7  }
```

```
void movieEvent(Movie m){
  m.read();
}
void draw(){
  image(mymovie, 0, 0, width, height);          // 显示视频画面
}
```

运行代码(sketch_4_33)，查看视频播放效果，如图4-37所示。

图4-37

尽管Processing不仅仅用于播放和控制视频文件，但其视频库中确实包含了许多高级特色功能。例如，我们可以使用鼠标来控制视频播放的时间。当鼠标在窗口中水平移动时，可以显示视频的不同帧画面。此外，jump()函数还能让视频跳转到指定的时间点。

```
void draw(){
  image(mymovie, 0, 0, width, height);          // 显示视频画面
  if(mouseX>width/2){
   mymovie.jump(5);                             // 视频跳到第5帧
  }
}
```

运行代码(sketch_4_34)，查看效果，如图4-38所示。

图4-38

如果感觉视频的表现性能不佳，播放不连贯，建议使用P2D或P3D渲染器。

通过水平拖动鼠标还可以控制视频播放帧，输入代码如下：

```
import processing.video.*;                      // 加载视频库
Movie mymovie;                                  // 声明变量
void setup(){
  size(640, 360, P2D);
  mymovie=new Movie(this,"film01.mp4");         // 初始化Movie变量
```

```
6   mymovie.loop();                              // 视频循环播放
7 }
8 void draw(){
9   if(mymovie.available()){
10    mymovie.read();
11    float ratio=mouseX/(float)width;
12    mymovie.jump(ratio*mymovie.duration());    // 视频跳转
13  }
14  image(mymovie, 0, 0, width, height);         // 显示视频画面
15 }
```

运行代码(sketch_4_35)，查看效果，如图4-39所示。

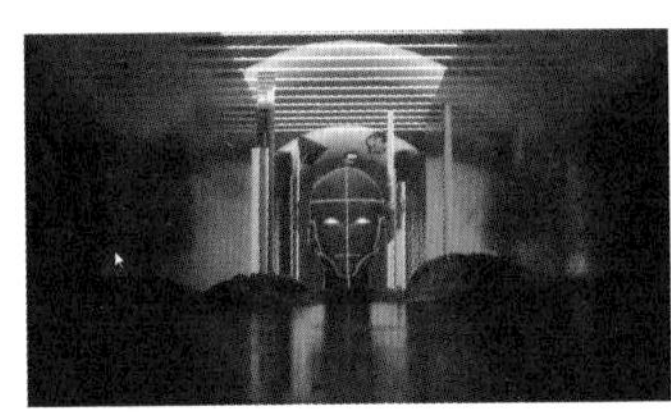
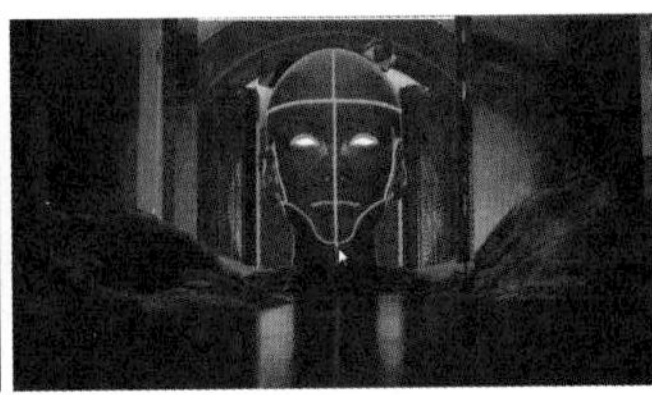
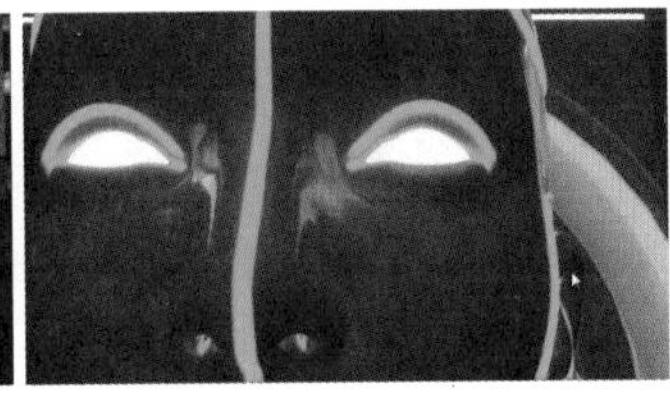

图4-39

在Processing中处理摄像头输入的视频必须具备两个条件：一是在硬件方面，必须准备一个摄像头；二是软件的准备，Windows系统中需要安装QuickTime播放器，并在安装时选择QuickTime for Java功能。

编写代码的步骤和播放视频文件很相似。首先要导入视频库，或者直接输入import processing.video.* ;语句。然后声明捕获变量，格式为“Capture 视频名称”，之后初始化视频捕获变量，即将捕获的视频指定给变量。

下面这个简短的程序，展示了一个实时视频流从网络摄像头到草图窗口的过程。输入代码如下：

```
1  import processing.video.*;                   // 导入视频库
2  Capture myvideo;                             // 捕捉对象
3  void setup(){
4    size(640, 480);
5    myvideo=new Capture(this, width, height);
6    // 初始化相机并启动捕捉
7    myvideo.start();
8  }
9  void draw(){
10   if(myvideo.available()){
11     myvideo.read();                          // 读取当前影像
12     image(myvideo, 0, 0);                    // 显示捕捉的影像
13   }
14 }
```

运行代码(sketch_4_36)，查看视频捕捉的效果，如图4-40所示。

图4-40

首先导入Processing的视频库，并声明一个捕获类型的全局变量myvideo。调用构造函数，在setup()中创建一个捕获对象。接下来调用start()函数，开始捕获帧。

在draw()循环中，我们需要不断检查视频流中是否有新图像可用。为了做到这一点，首先调用myvideo.available()函数来确认新图像是否已经准备好，因为视频流的速度和带宽具有不可预测性。一旦确认有新图像可用，就调用read()函数来获取这个图像。获取图像后，可以使用image()函数将其内容显示在草图窗口中。

视频流被分解成一系列静态图像并交付到草图窗口中，对于draw()循环中的每一次迭代，我们都可以使用熟悉的方法来处理这些图像。值得注意的是，Capture对象是PImage的子类，这意味着它继承了一个像素缓冲区及所有内置的图像处理方法，例如tint()、mask()、blend()和filter()等。因此，我们之前学过的每一种图像处理技术都可以应用于Capture对象。

4.5.2 像素化处理

既然可以将基本的图像处理技术应用于视频，对像素进行逐个读取甚至替换。那么，将这一概念进一步拓展，就可以读取视频的像素，将特效应用于在屏幕上绘制的图形。

1. 像素块效果

下面展示一个示例，在640×480像素大小的窗口中，模拟视频中的像素块效果，绘制宽4像素、高4像素的矩形。修改程序代码如下：

```
1  import processing.video.*;
2  Capture mycam;
3  int videoscale=2;
4  int cols, rows;
5  void setup(){
6    size(640, 480);
7    background(0);
8    cols=width/videoscale;
9    rows=height/videoscale;
10   mycam=new Capture(this, 320, 240);
11   mycam.start();
12 }
13 void captureEvent(Capture mycam){
14   mycam.read();
15 }
16 void draw(){
17   mycam.loadPixels();                              // 调用像素
18   for(int i=0; i<cols; i++){
19     for(int j=0; j<rows; j++){
20       int x=i*videoscale;
21       int y=j*videoscale;
```

```
22        color c=mycam.pixels[i+j*mycam.width];    //提取颜色值
23        fill(c);
24        rect(x, y, videoscale, videoscale);
25      }
26    }
27  }
```

图4-41

运行代码(sketch_4_37)，查看效果，如图4-41所示。

可以尝试减少方块数量，这样能够更加清晰地查看颜色的分布情况。修改代码如下：

```
1  void draw(){
2    mycam.loadPixels();
   //调用像素
3    for(int i=0; i<cols; i+=8){
4      for(int j=0; j<rows; j+=8){
5        int x=i*videoscale;
6        int y=j*videoscale;
7        color c=mycam.pixels[i+j*mycam.width];    //提取颜色值
8        fill(c);
9        rect(x, y, videoscale*6, videoscale*6);
10     }
11   }
12 }
```

运行代码(sketch_4_38)，查看效果，如图4-42所示。

图4-42

2. 像素块的更换

在下面的示例中，窗口的大小设置为1280×720像素，以这个分辨率捕捉视频，然后进行降采样操作。对于以较低的分辨率捕捉到的视频，通过为每个像素绘制20×20个方格来放大它。代码如下：

```
1  import processing.video.*;
2  Capture myvideo;
3  int s=40;
4  void setup(){
5    size(1280, 720);
6    myvideo=new Capture(this, width, height);
```

```
7     myvideo.start();
8   }
9   void draw(){
10    if(myvideo.available()){
11      myvideo.read();
12      myvideo.loadPixels();
13      for(int y=0; y<height; y+=s){
14        for(int x=0; x<width; x+=s){
15          color c=myvideo.pixels[y*myvideo.width+x];
16          fill(c);
17          rect(x, y, s, s);
18        }
19      }
20    }
21  }
```

运行程序(sketch_4_39)，查看影像块状化的效果，如图4-43所示。

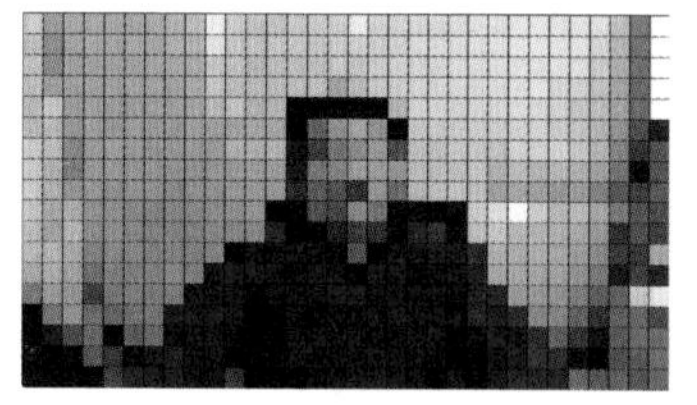

图4-43

除了矩形，还可以使用任何图形来替换像素块，也可以用文本替换像素块。代码如下：

```
1   import processing.video.*;
2   Capture mycam;
3   PFont myfont;
4   int videoscale=2;
5   int cols, rows;
6   String letterOrder="I&LOVE#PROCESSING@nT#JCwfy325Fp6mqSghVd4EgXPGZbYkOA&8U$@
    KHDBWNMR0Q";
7   char[] letters;
8   void setup(){
9     size(1280, 720, P2D);
10    frameRate(30);
11    cols=width/videoscale;
12    rows=height/videoscale;
13    mycam=new Capture(this, 640, 480);
14    mycam.start();
15    rectMode(CENTER);
16    myfont=createFont("BROADW.TTF", 18);
17    smooth();
18    letters=new char[256];
19    for(int i=0; i<256; i++){
20      int index=int(map(i, 0, 256, 0, letterOrder.length()));
21      letters[i]=letterOrder.charAt(index);
22    }
23  }
24  void captureEvent(Capture mycam){
25    mycam.read();
26  }
```

```
27 void draw(){
28   background(200);
29   image(mycam, 0, 0, width, height);
30   mycam.loadPixels();                                 //调用像素
31   int charcount=0;
32   textFont(myfont);
33   for(int i=0; i<cols; i+=16){
34     for(int j=0; j<rows; j+=16){
35       int x=i*videoscale;
36       int y=j*videoscale;
37       color c=mycam.pixels[i+j*mycam.width];          //提取颜色值
38       float b=brightness(c);
39       float fontsize=b/4;
40       float r=red(c);
41       float g=green(c);
42       float bl=blue(c);
43       fill(20, 120);
44       textSize(fontsize);
45       text(letters[charcount], x+2, y+2);
46       fill(r+30, g+30, bl-20);
47       text(letters[charcount], x, y);
48       charcount=(charcount+1)%35;
49       println(b);
50     }
51   }
52   mycam.updatePixels();                               //更新像素(如果不显示影像可以不用)
53 }
```

运行代码(sketch_4_40)，查看效果，如图4-44所示。

图4-44

还有一种替换的方式，即根据捕捉影像的亮度确定立方体的大小及远近距离，产生三维的像素效果，如图4-45所示。

图4-45

4.6 本章小结

动态视觉元素在数据视觉艺术设计中有其独特的视觉表现，遵循可视化动画设计的框架，合理运用动态视觉语言，可以达到强化主题和观众良好体验的目的。本章从基本的动画编程开始，到介绍创建粒子效果的方法，并且对高级的路径动画、缓冲、弹性柔体运动都做了详细的讲解。视频作为常规的动态视觉内容在可视化设计中也经常被使用，通过对实时捕捉的影像进行像素化处理，能够增强展示现场环境的实时驱动视觉呈现效果。

第5章 数据的视觉表达

在飞速发展的信息时代，每天都会生成数万亿字节的数据。人们面临的一大挑战就是如何管理、存储和处理如此庞大的数据量。虽然可以使用Processing等编程语言来编写程序以获取和处理这些数据，但这一过程还需要统计学和机器学习方法的支持。然而，对于绝大多数人来说，更重要的是能够观察到数据中的模式或将其可视化，以便理解信息处理的结果。接下来，我们将开始讲解如何使用Processing来处理大量的数据，并创建简单却富有表现力的数据可视化效果。

5.1 数组

在前面的章节中，我们已经学习了如何在Processing中创建变量，可用于存储简单的值(或基本类型)，例如：

```
1  int x=0;
2  float delta=0.483;
```

在这些定义中，每个变量都与单个值(由类型int或float定义)相关联，还有一些将多个值与单个变量名相关联的实例，例如：

```
1  color myGreen=color(85, 107, 47);
2  string myTitle="hello, this world!";
3  PImage photo01=loadImage("my_photo1020.jpg");
```

color、string和PImage都将多个值与所定义的变量相关联，而且这些值的含义是由类型定义本身决定的。因此，任何具有颜色类型的变量都有三个与之相关的RGB值，字符串类型的变量可以是字符串字符，PImage类型的变量与图像的所有像素值关联。

5.1.1 定义数组

在编程语言中，区分了一些基本类型(如int、float等)，这些类型将单个值与其变量相关联。此外，还有复合或复杂类型(如color、string、PImage等)，这些类型可能会将多个值被组织在单个变量中。数据或值也可以被组织到数组中，这些容器结构允许我们使用一个变量名来共同存储相同类型的多个值。参考表5-1中的一组数据：

表5-1　某专业学生数据

classes	number	boys	girls	teachers	conservators
4	112	54	58	12	4

这些数字代表了某专业学生的班级、人数、男女比例，以及教师和服务人员的数量。创建一个变量来存储每个值：

```
1 int classes=4;
2 int number=112;
3 int boys=54;
4 int girls=58;
5 int teachers=12;
6 int conservators=4;
```

将这些形成数据集的相关值分组到一个称为“数组”的单一容器中更方便，因为数组能够聚合结构化的数据集。通过单个命名的变量即可使用这些数据集，并且可以通过在数组中索引来访问每个单独的值。这种方法提供了一种更为直观的可视化表示方式。在Processing中，可以定义如下数组，显示的数组名称和索引值如图5-1所示。

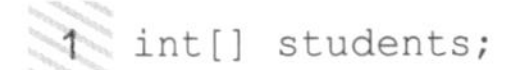

```
1 int[] students;
```

	0	1	2	3	4	5	index
students	4	112	54	58	12	4	

图5-1

请注意，在数组中的第一个元素被作为第0个元素进行索引。

定义一个students变量为一个数组，其中的值为整数。请注意，要指定数组的大小，必须发出以下命令：

```
1 students=new int[6];
```

此命令是请求创建一个能够存储6个整数值的新数组。

也可以将前两个命令结合在一起：

```
1 int[] students=new int[6];
```

在定义并创建了数组之后，可以在其中存储值：

```
1 students[0]=4;
2 students[1]=112;
3 students[2]=54;
4 students[3]=58;
5 students[4]=12;
6 students[5]=4;
```

还有一种更好的方法，可以在单个命令中定义、创建和初始化数组中的数据：

```
1 int[] students={4, 112, 54, 58, 12, 4};
```

也就是说，正在定义一个整数类型的数组，它被称为students，其中有6个指定的整数值。数组初始化的格式与初始化简单变量的格式没有什么不同，唯一的区别是必须将数组的所有聚合值放在花括号中来指定它们。

可以通过使用以下语法，指定其索引来访问数组中的单个元素：

```
1 arrayName[index]
```

为了从前面显示的数组中访问字符串值“boys”，在此写道：

```
1 students[2]
```

请记住，存储在数组中的各个值或项目从0(第一个元素)开始到N-1(最后一个元素)。因此，大小为6的数组的索引范围为0～5。Processing还为数组变量定义了一个长度属性，可用于查找数组的大小。表达式如下：

```
1 students.length
```

因为数据源包含6个元素，所以表示其数量的值为6。在设计操作数组的函数时，数组的“长度”属性(即元素数量)非常有用，后续会经常用到。

下面开始在Processing中编写第一个数据显示的示例，输入代码如下：

```
1  int[] students={4, 112, 54, 58, 12, 4};
2  String[] titles={"班级","人数","男生","女生","教师","管理员"};
3  int h1, h2, h3, h4, h5, h6;                         //条形图高度变量
4  PFont myfont;
5  void setup(){
6    size(900, 600);
7    //条形图高度获取数组中的值
8    h1=students[0];
9    h2=students[1];
10   h3=students[2];
11   h4=students[3];
12   h5=students[4];
13   h6=students[5];
14   myfont=createFont("simhei.ttf", 18);
15 }
16 void draw(){
17   background(220);
18   fill(#4CA7A2);
19   stroke(220);
20   strokeWeight(2);
21   rect(100, 60, 680, 480);
22   for(int i=0; i<6; i++){
23     rect(150+i*100, 150, 60, 340);
24   }
```

```
25    // 绘制6个不同高度的矩形
26    fill(#FF8408);
27    noStroke();
28    rect(150, 150, 60, h1);
29    rect(250, 150, 60, h2);
30    rect(350, 150, 60, h3);
31    rect(450, 150, 60, h4);
32    rect(550, 150, 60, h5);
33    rect(650, 150, 60, h6);
34    // 显示对应条形图的名称
35    fill(255);
36    textFont(myfont, 22);
37    text(titles[0], 143, 130);
38    text(titles[1], 246, 130);
39    text(titles[2], 357, 130);
40    text(titles[3], 458, 130);
41    text(titles[4], 535, 130);
42    text(titles[5], 635, 130);
43  }
```

运行代码(sketch_5_01)，查看效果，如图5-2所示。

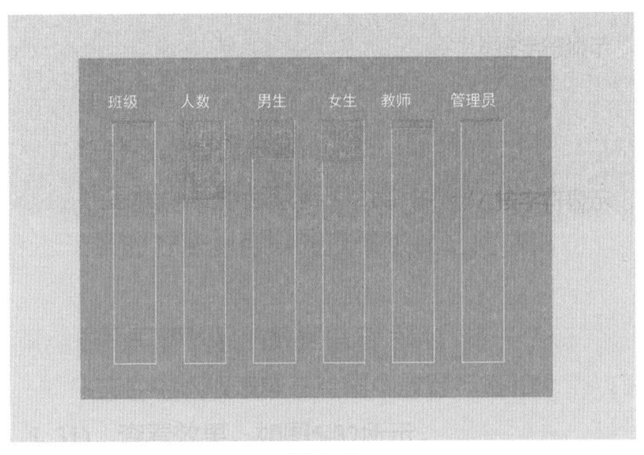

图5-2

以下总结了Processing中可以定义、创建和/或初始化数组的所有方法：

```
1  TypeName[] arrayName;                        // 声明要创建的数组变量TypeName
2  arrayName=new TypeName[N];                   // 创建一个大小为N的数组
3  TypeName[] arrayName=new TypeName[N];        // 声明并创建一个大小为N的数组
4  TypeName[] arrayName={v0, v1,..., vN};       // 声明、创建和初始化大小为N+1的数组
```

5.1.2 数组调色板

为了更好地理解数组的概念和应用，本节采用一个直观的示例：通过构建一个包含多个颜色值的数组来模拟一个调色板。然后从调色板数组中选取颜色，并利用这些颜色创建渐变效果。

首先确定几个颜色值：#0160B6、#FFDD5E、#005FFF、#FF3C1B、#00FFDF、#FFD500和#FF0009，代表蓝色、黄色、浅蓝、红色、浅青绿、浅橙、红色。输入代码如下：

```
1 //定义一个调色板数组
2 color[] palette={#0160B6, #FFDD5E, #005FFF, #FF3C1B, #00FFDF, #FFD500, #FF0009};
3 //创建一个整数变量
4 int num;
```

进行初始化，代码如下：

```
1 void setup(){
2   num=palette.length;                    //定义数组的长度
3   size(900, 600);
4   noFill();
5 }
```

编写绘制部分的代码如下：

```
1 void draw(){
2   for(int i=0; i<width; i++){
3     color c1=lerpColor(palette[1], palette[6], 0.3);    //用插值获得颜色值
4     color c2=lerpColor(palette[0], palette[4], 0.3);    //用插值获得颜色值
5     stroke(c1);
6     line(i, 400, i, height);
7     stroke(c2);
8     line(i, 200, i, 400);
9   }
10 }
```

运行代码(sketch_5_02)，查看效果，如图5-3所示。

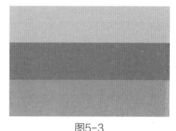
图5-3

函数lerpColor(from,to,amt);以特定增量计算两种颜色之间的颜色插值。amt参数是两个值之间的插值量，其中0.0等于第一个点，0.1非常接近第一个点，0.5介于中间，等等。低于0的数值将被视为0；高于1的数值将上限为1。

修改绘制部分的代码如下：

```
1 void draw(){
2   int a=int(random(num));                              //获取随机数
3   int b=int(random(num));
4   for(int i=0; i<width; i++){
5     color c1=lerpColor(palette[a], palette[6], 0.3);    //从调色板中随机取色
6     color c2=lerpColor(palette[2], palette[b], 0.3);
7     stroke(c1);
8     line(i, 400, i, height);
9     stroke(c2);
10    line(i, 200, i, 400);
11  }
12 }
```

运行代码(sketch_5_03)，查看颜色随机变化的效果，如图5-4所示。

图5-4

增加从上到下的色条数量，与调色板中的颜色值一致。继续修改绘制部分的代码如下：

```
1  void draw(){
2    for(int a=0; a<num; a++){
3      for(int b=0; b<num; b++){
4        for(int i=0; i<width; i++){
5          color c1=lerpColor(palette[a], palette[b], 0.3);
6          stroke(c1);
7          float y=a*height/num;
8          line(i, y, i, height);
9        }
10     }
11   }
12 }
```

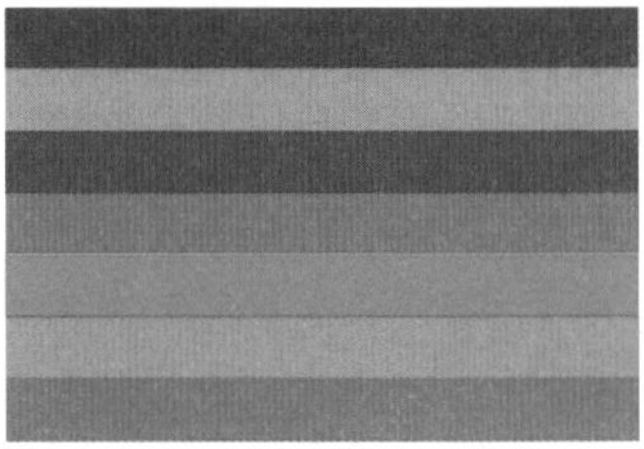

运行代码(sketch_5_04)，查看多彩条的效果，如图5-5所示。

图5-5

存储在数组中的数据，大多数的操作依赖循环系统来访问数组的每个元素。例如，如果想在一个1 000个元素数组的每个位置中存储数字54，代码如下：

```
1  int[] n=new int[1000];
2  for(int i=0; i<n.length; i++){
3    n[i]=54;
4  }
```

for循环支持一种简单的机制来快速指定一组重复的步骤。循环控制变量i也可以作为数组中的一个索引。分配给i的初始值是0(数组的第一个元素的索引)，并且在每次使用i++进行迭代后都会增加1。循环的终止条件是i<n.length，也就是说，一旦i的值等于n.length，循环就会终止。

5.2 最小、最大和排序

快速找出存储在数组中的最小值和最大值是一项非常普遍的任务，同样常见的操作还包括按升序/降序对数组中的所有元素进行排序或重新排列。Processing提供了一些具体实用的函数来执行这些任务。

在这里用以下示例进行解释：

```
1  float smallest=min(students);
2  float largest=max(students);
```

变量最小接收值4，最大接收值112。min()和max()函数只适用于int和float值的数组。任何int、float或string值的数组都可以使用sort()函数按升序排序：

添加如下语句：

```
println(sort(students));
println(sort(titles));
```

在控制台中将会显示排列结果，如图5-6所示。

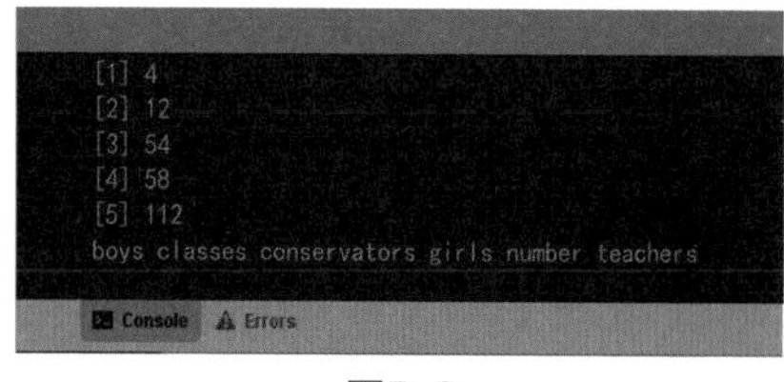

图5-6

Processing还提供了其他数组操作：

- 反转数组中元素的顺序 reverse()
- 扩展数组的大小 append()，expand()
- 缩短 shorten()
- 连接或分割数组 concat()，subset()，splice()
- 复制数组的内容 arrayCopy()

请查看Processing参考资料中的相关细节。

下面使用数组来存储锚点坐标，绘制一个可交互的曲线。输入代码如下：

```
float [] px;                               // 锚点x坐标
float [] py;                               // 锚点y坐标
int num=5;                                 // 锚点数量
int isOnAnchor;                            // 选择锚点状态
float radius=8;
void setup(){
  size(800, 600);
  background(255);
  // 创建锚点数组并初始化
  px=new float[num];
  py=new float[num];
  for(int i=0; i<num; i++){
    px[i]=random(100, width-100);
    py[i]=random(100, height-100);
  }
}
void draw(){
  background(#B1E7F0);
  noFill();
  strokeWeight(4);
  stroke(0);
  // 绘制曲线
  beginShape();
  curveVertex(px[0], py[0]);               // 重复起始点
  for(int i=0; i<N; i++){                  // 指定全部锚点
    curveVertex(px[i], py[i]);
```

```
27    }
28    curveVertex(px[num-1], py[num-1]);            // 重复最后一个点
29    endShape();
30    // 绘制锚点标记以方便控制
31    strokeWeight(1);
32    fill(255, 127, 0);
33    for(int i=0; i<num; i++){
34      ellipse(px[i], py[i], radius*2, radius*2);
35    }
36    // 检测光标是否在控制锚点上
37    for(int i=0; i<num; i++){
38      if(dist(mouseX, mouseY, px[i], py[i])<radius)
39      isOnAnchor=i;
40    }
41    // 确定鼠标释放时不激活
42    if(!mousePressed){
43      isOnAnchor=-1;
44    }
45  }
46  void mouseDragged(){
47    // 鼠标移动控制锚点
48    if(isOnAnchor>=0 && isOnAnchor<num){
49      px[isOnAnchor]=mouseX;
50      py[isOnAnchor]=mouseY;
51    }
52  }
```

运行代码(sketch_5_05)，效果如图5-7所示。

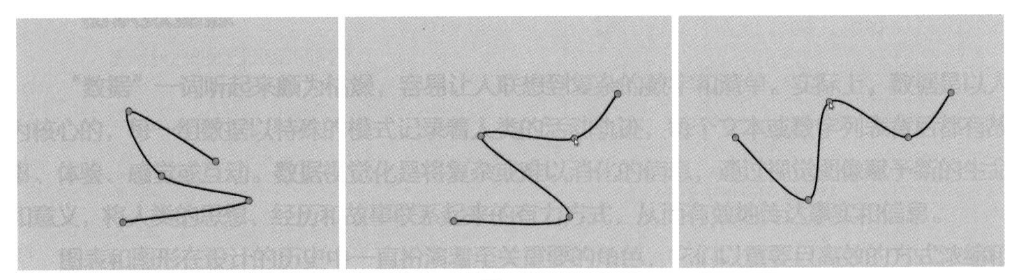

图5-7

前面程序中所做的另一个更改，是将isOnAnchor定义为一个int变量，以保存所选锚点的索引(否则将设置为-1)。此索引用于鼠标拖放，以将选定的锚点重置到鼠标位置。

5.3 数组作为参数

通过使用函数进行参数化是计算中一个强大的概念，它极大地提高了代码的灵活性和可重用性。接下来，我们将学习如何将数组作为参数传递给函数，以便在函数内部对数组进行各种操作和处理。

先定义一个绘制条形图的函数，称为barGraph()，它将在柱状图中绘制数据。输入代码如下：

```
1  void barGraph(){
2    //设置相对于屏幕的尺寸
3    float x=width*0.1;
4    float y=height*0.9;
5    float delta=width*0.8/students.length;
6    float w=delta*0.8;
7    for(int i=0; i<students.length; i++){
8      //计算柱状图与画布的相对高度
9      float h=map(students[i], 0, 200, 0, height*0.9);
10     fill(#FF8408);
11     noStroke();
12     rect(x, y-h, w, h);
13     x=x+delta;
14   }
15 }
```

将前面的学生数据与柱状图结合起来，输入代码如下：

```
1  int[] students={4, 112, 54, 58, 12, 4};
2  String [] titles={"班级","人数","男生","女生","教师","管理员"};
3  float h;
4  PFont myfont;
5  void setup(){
6    size(900, 600);
7    myfont=createFont("simhei.ttf", 16);
8  }
9  void draw(){
10   background(220);
11   for(int i=0; i<titles.length; i++){
12     textFont(myfont, 22);
13     text(titles[i], 100+120*i, 570);
14   }
15   barGraph();                                  //执行绘制条形图函数
16 }
```

运行代码(sketch_5_06)，查看学生柱状图效果，如图5-8所示。

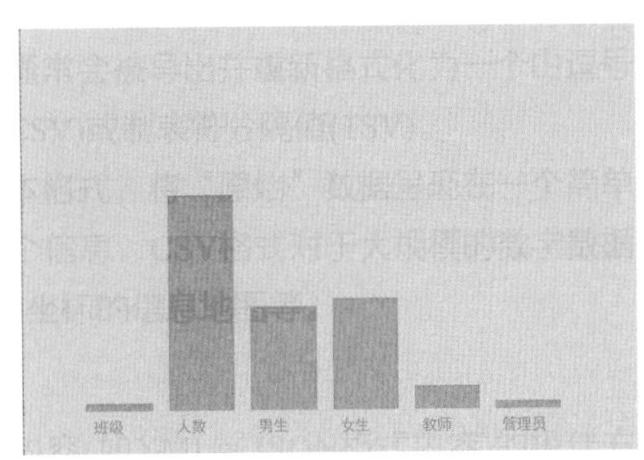

图5-8

虽然这个草图执行的结果与以前的版本一样，但它使用barGraph()函数来绘制柱状图，而且应用学生数组中的数据，这样就可以进行推广。参数化barGraph()函数，使它可以为任何给定的数据集绘制一个条形图(只要它是一个int值的数组)，修改代码如下：

```
void draw(){
  background(220);
  for(int i=0; i<titles.length; i++){
    textFont(myfont, 22);
    text(titles[i], 100+120*i, 570);
  }
  barGraph(students);
}
void barGraph(int[]data){
  //设置相对于屏幕的尺寸
  float x=width*0.1;
  float y=height*0.9;
  float delta=width*0.8/students.length;          //每个条形之间的间隔
  float w=delta*0.8;
  for(int i : data){
    //计算条形图与画布的相对高度
    float h=map(i, 0, 200, 0, height*0.9);
    fill(#FF8408);
    noStroke();
    rect(x, y-h, w, h);
    x=x+delta;
  }
}
```

运行代码(sketch_5_07)，得到的结果是一样的，如图5-9所示。

通过创建一个名称为data的参数，barGraph()函数被推广为接受任何要绘制成柱形图的整数值数组。

将数组作为参数传递给函数的方式与传递简单变量的方式相似，但函数能够处理的数据量却大大增加了。barGraph()函数就是一个很好的例子，它与所提供的实际数据数组的大小无关，因此可以用来绘制任何大小的数组的柱状图。这种灵活性正是数组拥有长度属性所带来的直接好处之一。修改数组的大小，代码如下：

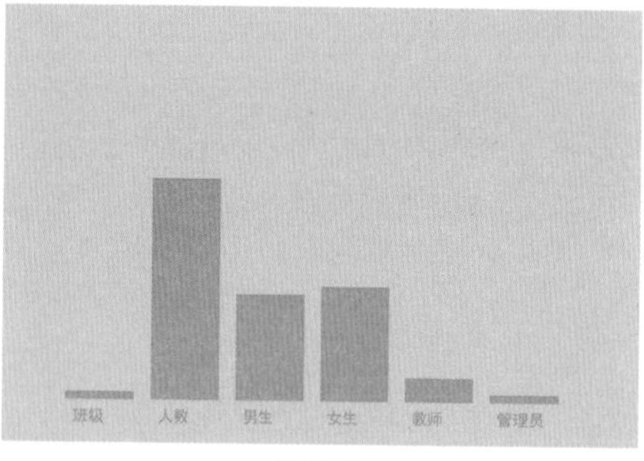

图5-9

```
int[] students={6, 181, 85, 96, 23, 7, 3, 4};
```

运行代码(sketch_5_08)，查看柱状图效果，如图5-10所示。

此外，如果想以饼图的形式来可视化数据，可以仿照前面定义柱状图函数的方式，来定义一个名称为pieChart()的函数。代码如下：

```
void pieChart(int[]data){
  //设置相对于屏幕的尺寸
  for(int i:data){
```

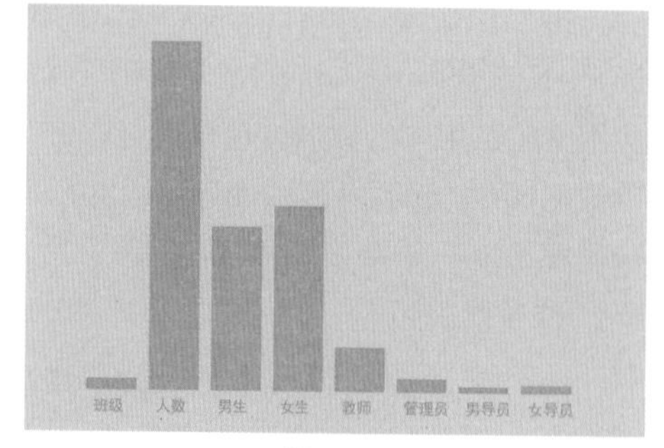

图5-10

```
4    // 计算柱状图与画布的相对高度
5      float h=map(i, 0, 200, 100, height*0.9);
6      float w=map(i, 0, 200, 2, 6);
7      fill(h*0.6, 100, 100, 80);
8      stroke(h*0.6, 100, 100);
9      strokeWeight(w);
10     arc(width/2, height/2, h, h, 0, h/100);
11     translate(width/2, height/2);
12     line(0, 0, 250, 0);
13     line(0, 0, 0.5*h*cos(h/100), 0.5*h*sin(h/100));
14     resetMatrix();
15     println(h*0.6);
16   }
17 }
```

运行代码(sketch_5_09)，查看饼图效果，如图5-11所示。

图5-11

5.4 简单数据建模

在设计数据可视化的多数情况下，由于数据量通常很大，因此无法直接通过数组进行初始化。在这种情况下，数据通常被存储在一个数据文件中。Processing提供了多种从数据源访问数据的方法，本节我们将学习如何从文件中读取数据，以进行可视化处理。

创建数据视觉化的第一步是访问数据，这不仅要确保数据来源是可靠的(并确保引用它)，还需要数据以程序可读的形式存在。如今，数据来源非常丰富，只需通过简单的网络搜索即可访问。一旦获得了访问权限和使用权限，就必须确定程序如何访问数据：是先将获取的数据存储在本地电脑上，还是直接在线访问。

在接下来的内容中，假设数据可以文件的形式访问。例如，下载并使用某品牌手机的型号和价格表。

首先，创建一个新的Processing草图，并输入代码如下：

```
1  float[] price;
2  float X1, Y1, X2, Y2;
3  void setup(){
4    size(600, 400);
5    X1=50;
6    Y1=50;
7    X2=width-50;
8    Y2=height-Y1;
9    smooth();
10 }
11 void draw(){
12   background(0);
13   // 明确绘图边界
```

```
14    rectMode(CORNERS);
15    noStroke();
16    fill(175, 235, 255);
17    rect(X1, Y1, X2, Y2);
18  }
```

运行代码(sketch_5_10)，可看到一个带有浅灰蓝矩形的黑色背景，这就是将要绘制图形的区域，如图5-12所示。

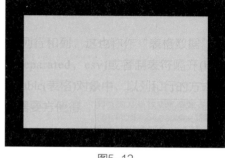

图5-12

接下来将数据文件(一个很多分行的文本文件)放入草图的data文件夹中。先定义一个被称为price(价格)的数组，然后用它来存储不同型号手机的价格。输入代码如下：

```
1   float[] price;
2   float X1, Y1, X2, Y2;
3   float minPrice, maxPrice;
4   void setup(){
5     size(600, 400);
6     X1=50;
7     Y1=50;
8     X2=width-50;
9     Y2=height-Y1;
10    smooth();
11    //读取数据文件
12    String[] lines=loadStrings("HUAWEI_Price.txt");
13    //数据文件的行数
14    price=new float[lines.length];
15    //解析所需数据
16    for(int i=0; i<lines.length; i++){
17      //首先用逗号分隔每一行
18      String[] pieces=split(lines[i],",");
19      //获取第1列数据
20      price[i]=float(pieces[1]);
21    }
22    println("Data Loaded:"+price.length+"entries.");
23    minPrice=min(price);
24    maxPrice=max(price);
25    println("Min:"+minPrice);
26    println("Max:"+maxPrice);
27  }
```

运行代码(sketch_5_11)，查看打印效果，如图5-13所示。

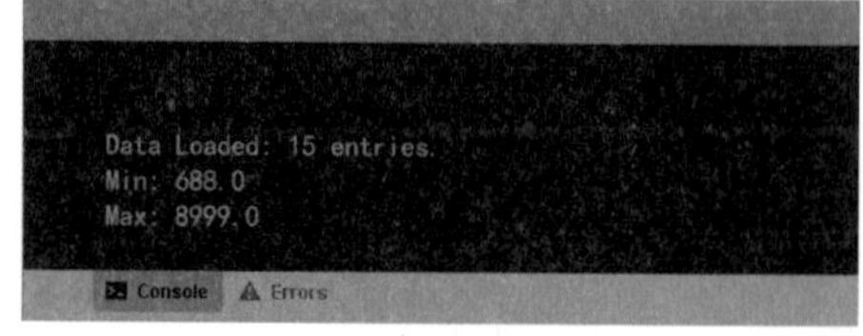

图5-13

在setup()函数中，对数据进行输入和解析，将提取的手机价格存储在数组中。之后，经过计算并打印出最低和最高的价格。

下面讲解使用loadStrings()函数，将整个文本文件作为字符串数组输入的方法。文件中的每一行都作为一个单独的字符串存储在数组行中，在for循环中对每个字符串进行解析。首先，使用split()函数将每行字符串分成多个部分，从而为行中的每个数据项生成一个字符串数组。接下来，提取所需的数据项，即手机价格(price[1])，并将其转换为一个浮点值，存储在价格数组中。

现在我们已经有了所需的数据，并且数据已存储在价格数组中，接下来就可以进行可视化设计了。先创建一个绘制图形的函数，代码如下：

```
void drawGraph(float[] data, float yMin, float yMax){
  stroke(255, 160, 20);
  beginShape();
  for(int i=0; i<data.length; i++){
    float x=map(i, 0, data.length-1, X1, X2);
    float y=map(data[i], yMin, yMax, Y2, Y1);
    vertex(x, y);
  }
  endShape();
}
```

在绘制部分添加一行代码：

```
  drawGraph(price, minPrice, maxPrice);
}
```

运行代码(sketch_5_12)，查看手机价格线效果，如图5-14所示。

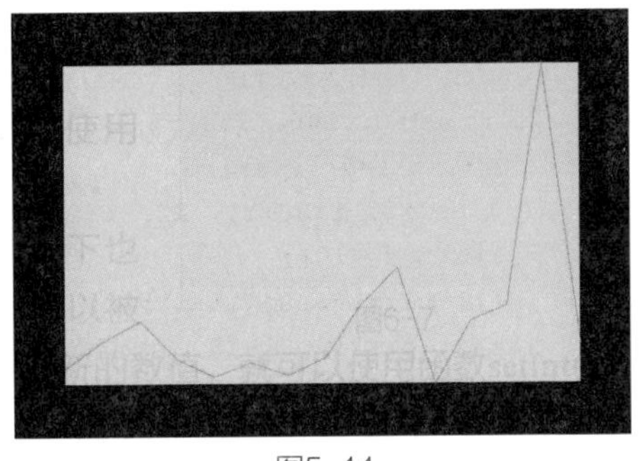

图5-14

给定数据数组中的最小值和最大值，以及绘图区域(X1, Y1)和(X2, Y2)的边界，可以绘制出手机报价图。drawGraph()函数完成了所有的工作，其中使用map()函数是为了将每个数据值映射到绘图区域内适当的x和y坐标。

现在我们可以尝试探索草图的各种设计变化了。例如，改变草图本身的大小，修改安全框的比例，将图形的描边颜色更改为其他颜色，或者将vertex()命令更改为curveVertex()命令，以绘制平滑的曲线，还可以考虑将这个图变成一个区域图，等等。

接下来要进一步完善草图，先添加图例，并标记坐标轴。修改代码如下：

```
PFont myFont;                    // 声明一个字体变量
```

在设置部分添加如下代码：

```
myFont=createFont("Deng.ttf", 20);
textFont(myFont);
```

在绘制部分添加如下代码：

```
// 图例文字
```

```
fill(255);
textAlign(LEFT);
text("华为手机各型号、价格与关注度", X1, Y1-10);
textAlign(RIGHT, BOTTOM);
text("京东商城", width-10, height-10);
```

运行代码(sketch_5_13)，查看效果，如图5-15所示。

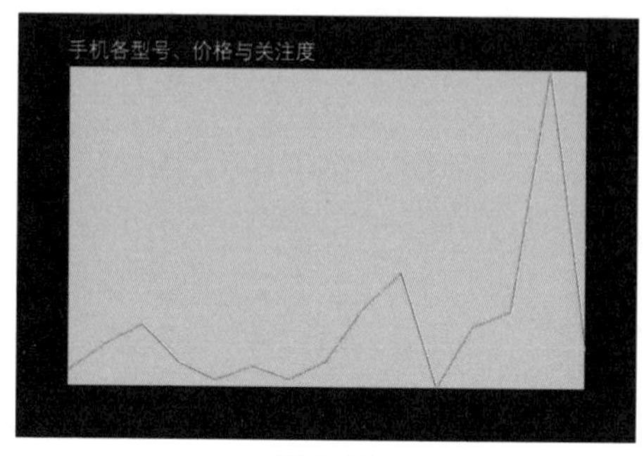

图5-15

继续添加参考轴，创建绘制x、y轴向的参考线函数，代码如下：

```
void drawXLabels(){
  fill(255);
  textSize(10);
  textAlign(RIGHT);
  stroke(255);
  for(int i=0; i<price.length; i++){
    float y=map(i, minPrice, maxPrice, Y2, Y1);
    text(floor(i), X1+i*35, y-10);
    line(X1+i*35+4, y-12, X1+i*35, y-12);
  }
}
void drawYLabels(){
  fill(255);
  textAlign(RIGHT);
  stroke(50, 100, 150);
  for(int i=0; i<price.length+1; i++){
    line(X1, i*20+Y1, X2, i*20+Y1);
    textSize(10);
    int prrrr=600*(15-i);
    text(prrrr, X1-15, i*20+Y1);
  }
}
```

在绘制部分添加如下代码：

```
//参考轴线
drawXLabels();
drawYLabels();
```

运行代码(sketch_5_14)，查看数据图表效果，如图5-16所示。

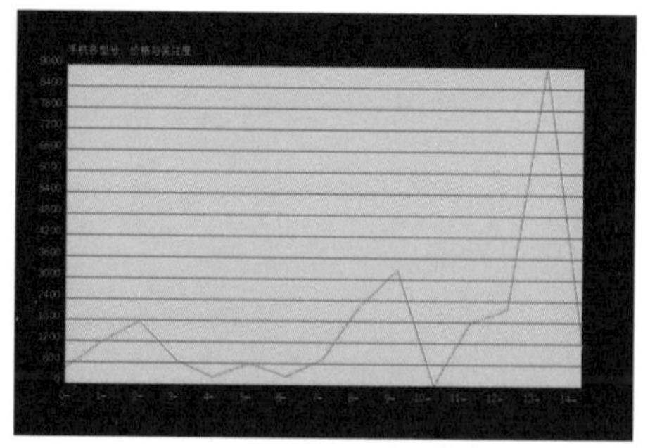

图5-16

为了更直观地分析手机价格与评论数量之间的关系，我们可以将关注度信息也融入可视化设计中。在这个过程中，我们可以不使用表格作为参考，而是基于现有的草图进行修改和完善。

定义关注度及最大最小关注度的变量，代码如下：

```
1  int[]atten;
2  int minAtten, maxAtten;
```

在设置部分添加如下代码：

```
1  price=new float[lines.length];
2  atten=new int[lines.length];
3  for(int i=0; i<lines.length; i++){
4    String[] pieces=split(lines[i],",");
5    price[i]=float(pieces[1]);
6    atten[i]=int(pieces[2]);
7  }
8  minAtten=min(atten);
9  maxAtten=max(atten);
```

在绘制部分添加如下代码：

```
1  drawGraph(price, atten, minPrice, maxPrice);
```

修改绘制图形函数的代码如下：

```
1  void drawGraph(float[] data, int[] data2, float yMin, float yMax){
2    beginShape();
3    for(int i=0; i<data.length; i++){
4      float x=map(i, 0, data.length-1, X1, X2);
5      float y=map(data[i], yMin, yMax, Y2, Y1);
6      //用圆形大小代表关注度
7      float radiu=map(data2[i], minAtten, maxAtten, 20, 100);
8      stroke(0);
9      vertex(x, y);
10     circle(x, y, 10);
11     stroke(200, 50, 50);
12     noFill();
13     circle(x, y, radiu);
14   }
15   endShape();
16 }
```

运行代码(sketch_5_15)，查看效果，如图5-17所示。

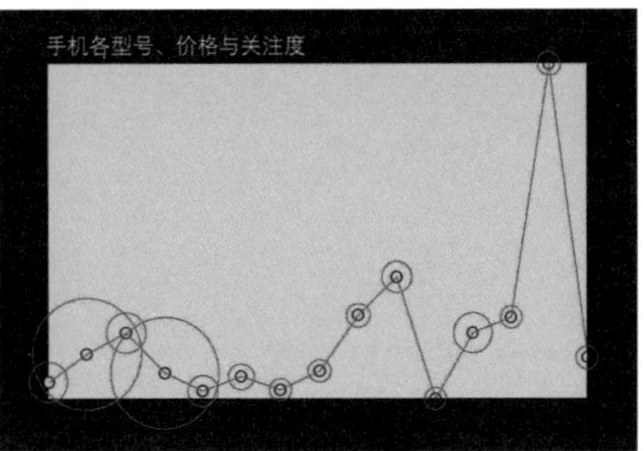

图5-17

下面我们再来看一下平均值的用法。以一份数据报告为例，其中显示了秦皇岛2023年8月、9月的天气情况数据，如图5-18所示。

```
21    ,雷阵雨    ,20    ,28    ,优
22    ,晴    ,20    ,30    ,优
23    ,多云    ,21    ,30    ,优
24    ,阴    ,20    ,30    ,优
25    ,多云    ,21    ,30    ,优
26    ,雷阵雨    ,21    ,30    ,优
27    ,多云    ,20    ,26    ,优
28    ,多云    ,19    ,29    ,优
29    ,阵雨    ,19    ,29    ,优
30    ,多云    ,18    ,28    ,优
31    ,多云    ,19    ,30    ,优
01    ,阵雨    ,19    ,29    ,优
02    ,多云    ,18    ,30    ,优
03    ,多云    ,18    ,29    ,优
04    ,多云    ,17    ,30    ,优
05    ,晴    ,23    ,29    ,优
06    ,多云    ,21    ,27    ,优
07    ,阴    ,19    ,26    ,优
08    ,晴    ,20    ,26    ,优
09    ,晴    ,19    ,27    ,优
10    ,多云    ,21    ,27    ,优
11    ,多云    ,20    ,26    ,优
第1行，第1列    100%    Windows (CRLF)    ANSI
```

```
09    ,晴    ,19    ,27    ,优
10    ,多云    ,21    ,27    ,优
11    ,多云    ,20    ,26    ,优
12    ,中雨    ,20    ,24    ,优
13    ,小雨    ,18    ,23    ,优
14    ,晴    ,19    ,24    ,优
15    ,晴    ,19    ,27    ,优
16    ,晴    ,20    ,27    ,优
17    ,晴    ,20    ,27    ,优
18    ,晴    ,20    ,27    ,优
19    ,晴    ,20    ,28    ,优
20    ,晴    ,20    ,26    ,优
21    ,阴    ,13    ,21    ,优
22    ,阴    ,12    ,19    ,优
23    ,多云    ,11    ,19    ,优
24    ,晴    ,14    ,19    ,优
25    ,多云    ,17    ,21    ,优
26    ,小到中雨 ,17    ,20    ,优
27    ,小到中雨 ,15    ,19    ,优
28    ,多云    ,17    ,23    ,优
29    ,小到中雨 ,15    ,18    ,优
第1行，第1列    100%    Windows (CRLF)    ANSI
```

图5-18

输入代码如下：

```
1  int MAP=5;
2  float MA;
3  float[] tem;
4  void setup(){
5    //读取数据文件
6    String[] lines=loadStrings("qhdtq.txt");
7    //数据文件的行数
8    tem=new float[lines.length];
9    //解析所需数据
10   for(int i=0; i<lines.length; i++){
11     //用逗号分隔每一行
12     String[] pieces=split(lines[i],",");
13     tem[i]=float(pieces[3]);
14   }
15 }
16 void draw(){
17   for(int i=MAP-1; i<tem.length; i++){
18     float sum=0;
19     for(int k=i-(MAP-1); k<=i; k++){
20       sum+=tem[k];
21     }
22     MA=sum/MAP;
23   }
24   println(MA);
25 }
```

运行代码(sketch_5_16)，查看控制台打印出的平均温度，如图5-19所示。这个平均值是所有高温数据的汇总结果，但它并没有实际的意义。相比之下，平均走势，特别是一小段时间内计算得到的平均值，往往更有参考价值。例如，你可能对查看5天区间内的高温平均值感兴趣，这就是所谓的

图5-19

"移动平均线"，它是衡量给定时间段内平均数值的更好指标。随着时间的推移，这个移动平均线可以与日温度值一起绘制出来，以便更直观地分析温度的变化趋势。

创建一个绘制图形的函数，代码如下：

```
1  void drawGraph(float[] data, float yMin, float yMax){
2    stroke(0);
3    beginShape();
4    for(int i=0; i<data.length; i++){
5      float x=map(i, 0, data.length-1, X1, X2);
6      float y=map(data[i], yMin, yMax, Y2, Y1);
7      vertex(x, y);
8    }
9    endShape();
10 }
```

完善其他变量，设置并进行绘制，代码如下：

```
1  PFont myFont;
2  float[] tem;
3  float minTem, maxTem;
4  float X1, Y1, X2, Y2;
5  void setup(){
6    size(600, 400);
7    X1=50;
8    Y1=50;
9    X2=width-50;
10   Y2=height-Y1;
11   smooth();
12   myFont=createFont("Deng.ttf", 20);
13   textFont(myFont);
14   //读取数据文件
15   String[] lines=loadStrings("qhdtq.txt");
16   //数据文件的行数
17   tem=new float[lines.length];
18   //解析所需的数据
19   for(int i=0; i<lines.length; i++){
20     //按照前面的逗号分行
21     String[] pieces=split(lines[i],",");
22     //获取指定列的数据
23     tem[i]=float(pieces[2]);
24   }
25   //计算最低和最高气温
26   minTem=min(tem);
27   maxTem=max(tem);
28 }
29 void draw(){
30   background(155);
31   rectMode(CORNERS);
32   noStroke();
```

```
33    fill(205, 235, 245);
34    rect(X1, Y1, X2, Y2);
35    drawGraph(tem, minTem, maxTem);
36    //文字
37    fill(255);
38    textAlign(LEFT);
39    text("秦皇岛近一个月高温", X1, Y1-10);
40    textAlign(RIGHT, BOTTOM);
41    textSize(14);
42    text("中国气象网", width-10, height-10);
43  }
```

运行代码(sketch_5_17)，绘制高温曲线，如图5-20所示。

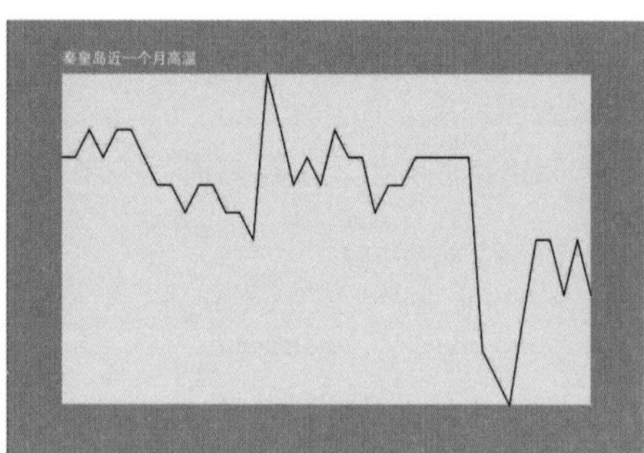

图5-20

再创建一个绘制移动平均线的函数，代码如下：

```
1   void movingAverage(float[] data, float
    yMin, float yMax, int Map){
2     noFill();
3     stroke(255, 0, 0);
4     strokeWeight(2);
5     beginShape();
6     for(int i=Map-1; i<data.length; i++){
7       float sum=0;
8       for(int k=i-(Map-1); k<=i; k++){
9         sum+=data[k];
10      }
11      float MA=sum/Map;
12      float x=map(i, 0, data.length-1, X1, X2);
13      float y=map(MA, yMin, yMax, Y2, Y1);
14      vertex(x, y);
15    }
16    endShape();
17  }
```

在绘制部分添加代码如下：

```
1   movingAverage(tem, minTem, maxTem, MAP);
```

运行代码(sketch_5_18)，查看效果，如图5-21所示。

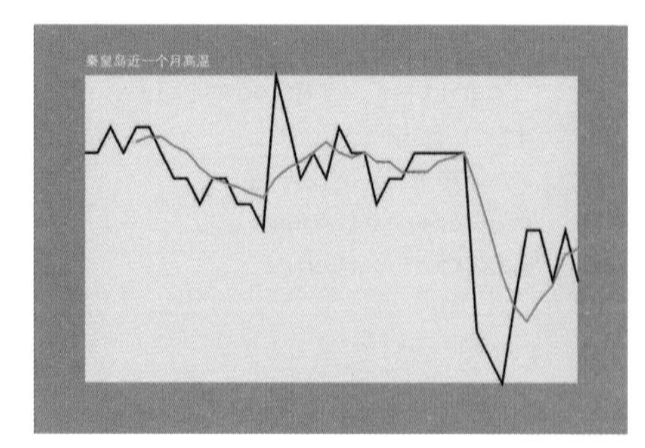

图5-21

从图中可以看出，移动平均线作为数据图的一种表现形式，能够更平滑地展现数据的趋势，有效地消除了每日数据的波动起伏。在财经和贸易领域，也常采用移动平均线来反映涨跌势头。例如，当股票价格曲线高于移动平均线时，就意味着股票价格有一个上升的势头，通常它被认为是一个很好的买入信号；而每当移动平均线高于股票价格曲线时，就反映了股票的下行势头。

5.5 数据视觉化

一旦数据存储在数组中，就可以被用来创建有效的绘图或其他类型的可视化图表。即使是简单的可视化手段，也能揭示数字表格中隐含的关键信息。如今，数据可视化已成为一个不断发展的行业，它不仅在商业分析中发挥着重要作用，还帮助人们理解和表达复杂的现象。

5.5.1 数据视觉化的形式

数据视觉化的过程本身是形式化的，它包含多个阶段：获取数据、解析、过滤、挖掘、选择视觉展示方式、改进视觉呈现效果，最终实现可视化交互。尤其是通过计算机与如Processing等编程语言的结合，能够赋予数据视觉化更强的交互性。

接下来概述一些简单的数据视觉化形式，以便创建定制的Processing应用程序。

1. 时间序列可视化

在时间序列可视化中，数据集通常包含一个额外的时间维度，这意味着每个数据点都关联着一个值和一个特定的时间点。通常，x轴被用作可视化的时间轴，来展示时间点。前面已经讲到关于如何创建时间序列可视化的详细示例，如关于天气高温的曲线图就是时间序列。

2. 热图

热图是一种图形表示方法，其中数据值被映射到颜色的强度上。“热图”这一名称源于其流行的颜色编码方式，即较高的值被编码为暖色，如红色和黄色；较小的值被编码为冷色，如绿色和蓝色。在图5-22所示的热图中，频率计数被映射到不同强度的红色上——较大的值呈较亮的红色，较小的值呈较暗的红色。

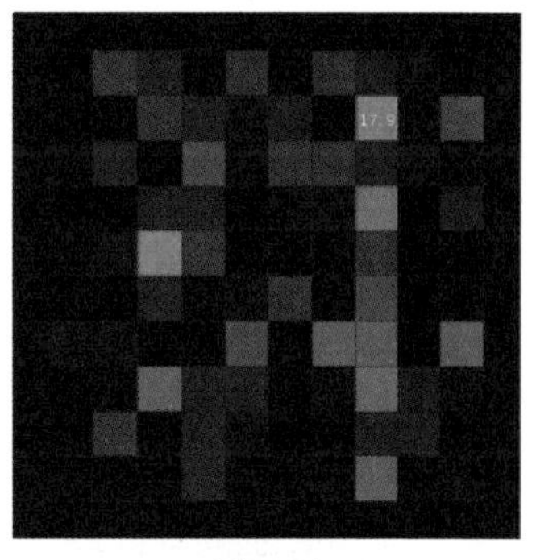

图5-22

3. 比例符号

在视觉化随机数据集的过程中，我们可以运用按比例放大的圆圈和文本作为数据点的表示方式。同时，数据点的具体位置和颜色也可以根据各自的数据频率值选择。举例来说，可以将圆圈巧妙地布置在一个螺旋形图案上，其中心位置最大，这就需要我们事先根据频率对数据进行排序，如图5-23所示。

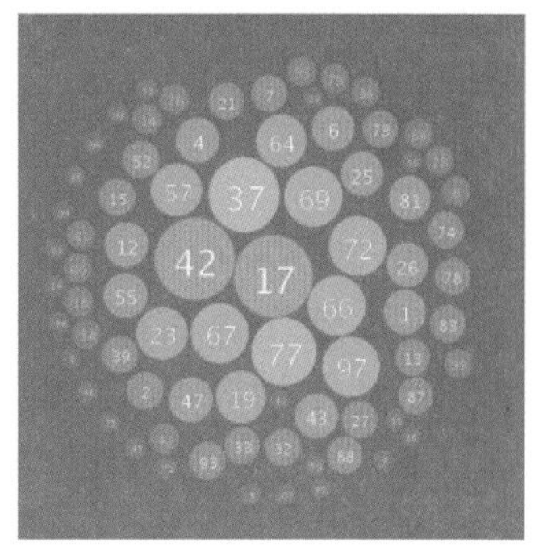

图5-23

类似的技术通常被用于单词云和基于文本分析的可视化过程中。一般来说，这种可视化技术的实现需要经历几个关键步骤：解析文本、词频计数，以及按频率对单词列表进行排序。排序完成，根据单词的频率来按比例选择字体大小、颜色及透明度，从而创建单词贴。最后，使用打包算法将单词贴拟合并排列到显示空间中。

5.5.2 词云

在单词云中，每个单词都会以预先选定的字体显示，其大小与频率成比例。同时，这些单词会以一种在空间布局上极具吸引力的方式被精心放置在草图中。在此基础上，我们进一步扩展并完善了实现草图代码的整体设计方案。代码如下：

```
1  PFont myFont;
2  String[] message={"beside","from","side","egoist","oppsite","Dea
   th of a Salesman","A Streetcar Named Desire","Who's Afraid of Virginia
   Woolf?","Long Day's Journey into Night","Fences","Angels in America: A
   Gay Fantasia on National Themes","Waiting for Godot: A Tragicomedy in Two
   Acts","Pygmalion","A Raisin in the Sun","Our Town","Six Characters in Search
   of an Author","The Glass Menagerie Glengarry","Glen Ross August","Osage
   County","True West","The Iceman Cometh","Look Back in Anger","A View from
   the Bridge","The Little Foxes","The Real Thing","Master","Harold and the
   Boys","The Homecoming Ruined","Mother Courage and Her Children","Six Degrees
   of Separation","Doubt","Top Girls","Present Laughter","Noises Off Marat/
   Sade"};
3  void setup(){
4    size(1200, 600);
5    colorMode(RGB, 255);
6    noStroke();
7    background(0, 0, 0);                        // 背景为黑色
8    frameRate(10);
9    myFont=createFont("arial.ttf", 18);         // 设置字体
10 }
11 void draw(){
12   fill(0, 0, 0, 50);                          // 半透明灰色
13   rect(0, 0, width, height);
14   fill(255);                                  // 填充白色
15   textFont(myFont, random(50));               // 随机字体大小
16   int i=(int)random(30);
17   text(message[i], random(width-150), random(height));
18 }
19 void mousePressed(){
20   background(0);
21   redraw();
22 }
```

运行代码(sketch_5_19)，查看效果，如图5-24所示。

现在，我们的关注点不再仅仅局限于单词及其相关的频率，还必须高度重视它们的视觉呈现属性，包括字体、字号、颜色、位置和边界等。这里展示的主草图，使用了WordFreq类来创建一个单词频率表(输入文本文件)，然后将生成的频率表转化为可视化的表格。

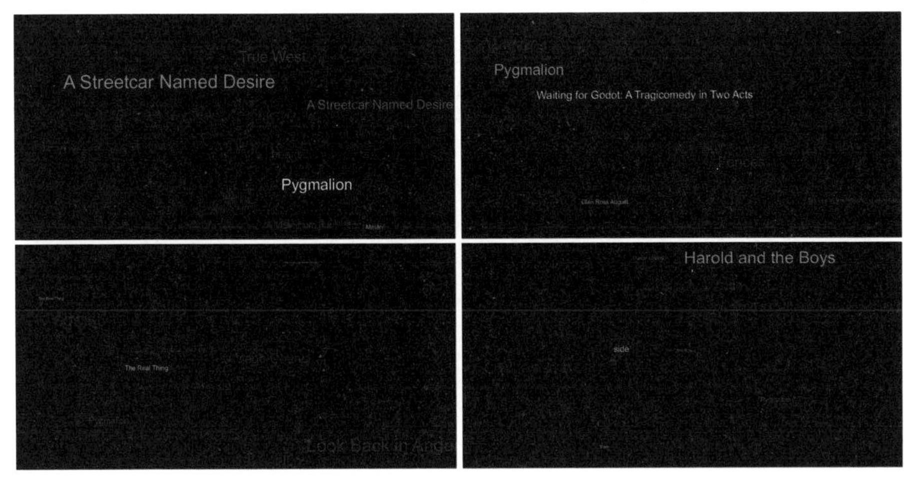

图5-24

准备一个文本文件，创建代码如下：

```
String inputTextFile="Preface.txt";
String[] fileContents;
String rawText;
String[] tokens;
String delimiters=", ./?<>;:'\"[{]}\\|=+-_()*&^%$#@!~";
ArrayList<Word>wordFrequency=new ArrayList();
String[] stopWords;
void setup(){
  //输入和解析文本文件
  fileContents=loadStrings(inputTextFile);
  rawText=join(fileContents,"");
  rawText=rawText.toLowerCase();
  tokens=splitTokens(rawText, delimiters);
  println(tokens.length+"tokens found in file:"+inputTextFile);
  //获取中断字符
  stopWords=loadStrings("stopwords.txt");
  //计算词频率
  for(String t : tokens){
    if(!isStopWord(t)){
      //查看标记t是否已经是一个已知词
      int index=search(t, wordFrequency);
      if(index>=0){
        wordFrequency.get(index).incr();
      } else {
        wordFrequency.add(new Word(t));
      }
    }
```

```
28      }
29      println("There were"+wordFrequency.size()+"words.");
30      for(int i=0; i<wordFrequency.size(); i++){
31        println(wordFrequency.get(i));
32      }
33    }
34    int search(String w, ArrayList<Word>L){
35      // search for word w in L.
36      // Returns index of w in L if found,-1 o/w
37      for(int i=0; i<L.size(); i++){
38        if(L.get(i).getWord().equals(w))
39        return i;
40      }
41      return-1;
42    }
43      boolean isStopWord(String word){// Is word a stop word?
44        for(String stopWord : stopWords){
45          if(word.equals(stopWord)){
46          return true;
47          }
48      }
49      return false;
50    }
```

创建一个Word类，代码如下：

```
1     class Word {
2       String word;
3       int freq;
4       // 构造函数
5       Word(String newWord){
6         word=newWord;
7         freq=1;
8       }
9       String getWord(){
10        return word;
11      }
12      int getFreq(){
13        return freq;
14      }
15      // 增加字数
16      void incr(){
17        freq++;
18      }
19      // Word 对象的打印表示形式
20      String to String(){
21        return"<"+word+","+freq+">";
22      }
23    }
```

运行代码(sketch_5_20)，查看控制台中显示单词相应频率的数据，如图5-25所示。

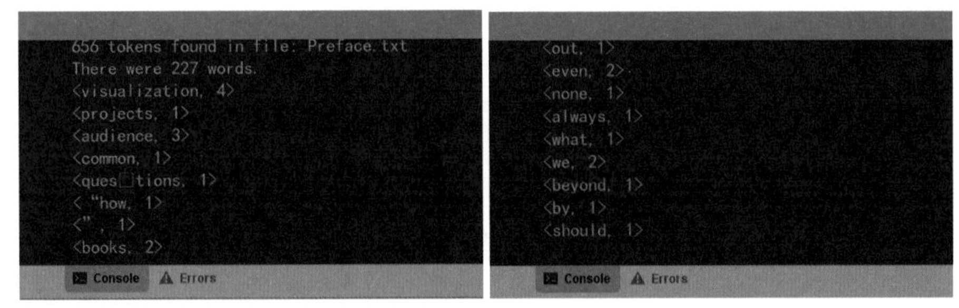

图5-25

WordFreq类的主要职责是创建和维护一个单词频率列表(存储在排列列表变量单词频率中)，该表是使用WordFreq()函数，并使用一个单词标记数组作为输入来构造的。值得注意的是，该类包含两个内部函数，即_isStopWord()和_search()，它们的名称以符号“_”开头，旨在明确这些是类的内部函数，不一定直接用于文字频率对象。

使用WordFreq类会得到一个更纯净的版本。草图主程序负责创建一个令牌数组，使用WordFreq类创建单词频率表，然后使用WordFreq函数对单词频率表进行操作。

WordFreq类代码如下：

```
1  class WordFreq {
2    // A Frequency table class for Words
3    ArrayList<Word>wordFrequency;
4    String [] stopWords=loadStrings("stopwords.txt");
5    WordFreq(String[] tokens){// Constructor
6      wordFrequency=new ArrayList();
7      // Compute the wordFrequency table using tokens
8      for(String t : tokens){
9        if(!_isStopWord(t)){
10         // See if token t is already a known word
11         int index=_search(t, wordFrequency);
12         if(index>=0){
13           ( wordFrequency.get(index)).incr();
14           }else {
15             wordFrequency.add(new Word(t));
16           }
17         }
18       }
19     }
20     void tabulate(){// console printout
21     int n=wordFrequency.size();
22     println("There are"+N()+"entries.");
23     for(int i=0; i<n; i++){
24       println(wordFrequency.get(i));
25     }
26   }// tabulate
```

```
27    int N(){// Number of table entries
28      return wordFrequency.size();
29    }
30    String[] samples(){// Returns all the words
31      String[] k=new String[N()];
32      int i=0;
33      for(Word w:wordFrequency){
34        k[i++]=w.getWord();
35      }
36      return k;
37    }
38    int[] counts(){// Returns all the frequencies
39      int [] v=new int[N()];
40      int i=0;
41      for(Word w:wordFrequency){
42        v[i++]=w.getFreq();
43      }
44      return v;
45    }
46    int maxFreq(){// The max frequency
47      return max(counts());
48    }
49    int_search(String w, ArrayList<Word>L){
50      // search for word w in L.
51      // Returns index of w in L if found,-1 o/w
52      for(int i=0; i<L.size(); i++){
53        if(L.get(i).getWord().equals(w))
54        return i;
55      }
56      return-1;
57    }
58    boolean_isStopWord(String word){// Is word a stop word?
59      for(String stopWord:stopWords){
60        if(word.equals(stopWord)){
61          return true;
62        }
63      }
64      return false;
65    }
66    String toString(){// Print representation
67      return"Word Frequency Table with"+N()+"entries.";
68    }
69  }// class WordFreq
```

修改主程序代码如下：

```
1  String inputTextFile="Preface.txt";
2  WordFreq table;
3  void setup(){
```

```
4    // Input and parse text file
5    String[] fileContents=loadStrings(inputTextFile);
6    String rawText=join(fileContents,"").toLowerCase();
7    String[] tokens;
8    String delimiters=", ./?<>;:'\"[{]}\\|=+-_()*&^%$#@!~";
9    tokens=splitTokens(rawText, delimiters);
10   println(tokens.length+"tokens found in file:"+inputTextFile);
11   // Create the word frequency table
12   table=new WordFreq(tokens);
13   table.tabulate();
14   println("Max frequency:"+table.maxFreq());
15 }
```

运行代码(sketch_5_21)，查看控制台的打印效果，如图5-26所示。

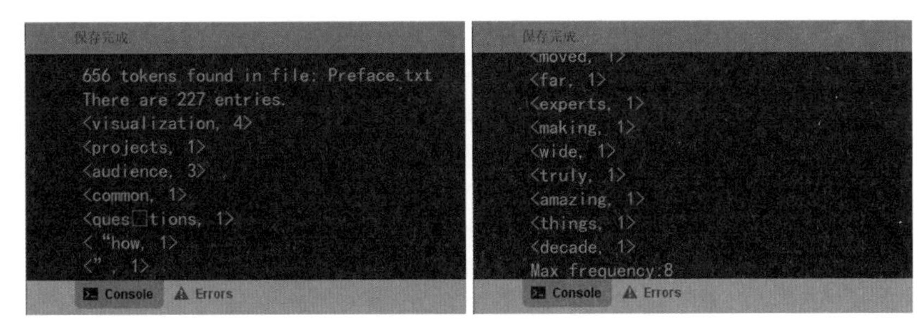

图5-26

现在已经成功地从单词频率表中提取出显示时所需的相关单词及其频率计数。这些信息将为我们创建单词云可视化提供有力的支持。

接下来，为了向Word类添加额外的视觉属性，将其扩展到一个名称为WordTile的子类，代码如下：

```
1  class WordTile extends Word {
2    // A graphical tile containing a word and additional attributes
3    PVector location; // The top left corner of the tile(x, y)
4    float tileW, tileH; // width and height of the tile
5    color tileColor; // fill color of word
6    float tileFS=24; // the font size of tile, default is 24
7    WordTile(String newWord){ // Constructor
8      super(newWord);
9      setSize();
10     location=new PVector(0, 0);
11     tileColor=color(0);
12   }
13   void setXY(float x, float y){
14     location.x=x;
15     location.y=y;
16   }
17   void setFontSize(){
18     tileFS=map(freq, 1, 16, 10, 120);
```

```
19     setSize();
20   }
21   void setSize(){
22     textSize(tileFS);
23     tileW=textWidth(word);
24     tileH=textAscent();
25   }
26   void display(){
27     fill(tileColor);
28     textSize(tileFS);
29     text(word, location.x, location.y);
30   }
31 }// class WordTile
```

因为WordTile类继承或扩展了Word类，所以它继承了在WordList中没有被覆盖的所有可用属性(word，freq)和函数。WordTile类为位置、宽度、高度、颜色和字体大小添加了属性。位置、宽度和高度将用于计算在单词云中放置方块时单词的边界框。此外，每当设置或更改文字文件的字体大小时，也会使用setSize()函数更改其边界框。display()函数负责以平铺的颜色和字体显示单词阵列。

现在我们可以在草图中使用WordTile类了，不过在此之前，需要在WordFreq类中做一个小的修改，即在对Word类对象进行引用的地方，改为引用WordTile。下面是修改的WordFreq类代码：

```
1  class WordFreq {
2    // A Frequency table class for Words
3    ArrayList<WordTile>wordFrequency;
4    String[] stopWords=loadStrings("stopwords.txt");
5    WordFreq(String[] tokens){// Constructor
6      wordFrequency=new ArrayList();
7      // Compute the wordFrequency table using tokens
8      for(String t:tokens){
9        if(!_isStopWord(t)){
10       // See if token t is already a known word
11       int index=_search(t, wordFrequency);
12       if(index>=0){
13         (wordFrequency.get(index)).incr();
14         } else {
15           wordFrequency.add(new WordTile(t));
16         }
17       }
18     }
19   }
20   void tabulate(int n){// console printout
21     // int n=wordFrequency.size();
22     println("There are"+N()+"entries.");
23     for(int i=0; i<n; i++){
24       println(wordFrequency.get(i));
25     }
```

```
26    }
27    void arrange(int N){ // arrange or map the first N tiles in sketch
28      for(int i=0; i<N; i++){
29        WordTile tile=wordFrequency.get(i);
30        tile.setFontSize();
31        tile.setSize();
32        tile.setXY(random(width), random(height));
33      }
34    }
35    void display(int N){
36      for(int i=0; i<N; i++){
37        WordTile tile=wordFrequency.get(i);
38        tile.display();
39      }
40    }
41    int N(){// Number of table entries
42      return wordFrequency.size();
43    }
44    String[] samples(){ // Returns all the words
45      String[] k=new String[N()];
46      int i=0;
47      for(WordTile w : wordFrequency){
48        k[i++]=w.getWord();
49      }
50      return k;
51    }
52    int[] counts(){ // Returns all the frequencies
53      int [] v=new int[N()];
54      int i=0;
55      for(WordTile w : wordFrequency){
56        v[i++]=w.getFreq();
57      }
58      return v;
59    }
60    int maxFreq(){ // The max frequency
61      return max(counts());
62    }
63    int_search(String w, ArrayList<WordTile>L){
64      // search for word w in L.
65      // Returns index of w in L if found,-1 o/w
66      for(int i=0; i<L.size(); i++){
67        if(L.get(i).getWord().equals(w))
68        return i;
69      }
70      return-1;
71    }
72    boolean_isStopWord(String word){ // Is word a stop word?
73      for(String stopWord:stopWords){
74        if(word.equals(stopWord)){
```

```
75          return true;
76        }
77      }
78      return false;
79    }
80    String toString(){// Print representation
81      return"Word Frequency Table with"+N()+"entries.";
82    }
83  }
```

在WordFreq类中，arrange()函数和display()函数已被添加，前者设置排列的显示属性(字体大小、位置等)，后者将它们在草图中显示出来。目前，arrange()函数采取的是随机方式将每个单词贴图放置在草图中。然而，为了更贴切地实现单词云的效果，我们需要深入思考并采取更有效的策略来优化单词的排列方式，使其呈现出更加自然、美观的云状分布。

首先，编写一个使用这些函数来创建云可视化的初稿，主程序代码如下：

```
1   String inputTextFile="Preface.txt";
2   WordFreq table;
3   PFont tnr;                                      // 声明字体
4   int N=150;                                      // 显示单词的数量
5   void setup(){
6     // 输入和解析文本
7     String[] fileContents=loadStrings(inputTextFile);
8     String rawText=join(fileContents,"");
9     rawText=rawText.toLowerCase();
10    String[] tokens;
11    String delimiters=", ./?<>;:'\"[{]}\\|=+-_()*&^%$#@!~";
12    tokens=splitTokens(rawText, delimiters);
13    println(tokens.length+"tokens found in file:"+inputTextFile);
14    // 显示属性
15    size(1200, 800, OPENGL);
16    tnr=createFont("Times New Roman", 120);       // 加载字体
17    textFont(tnr);
18    textSize(24);
19    noLoop();
20    // 创建单词频率表
21    table=new WordFreq(tokens);
22    println("Max frequency:"+table.maxFreq());
23    table.arrange(N);
24  }
25  void draw(){
26    background(225, 245, 255);
27    table.display(N);
28    table.tabulate(N);
29  }
```

运行代码(sketch_5_22)，在画布中显示众多的单词，字体的大小表示频率的大小，如图5-27所示。

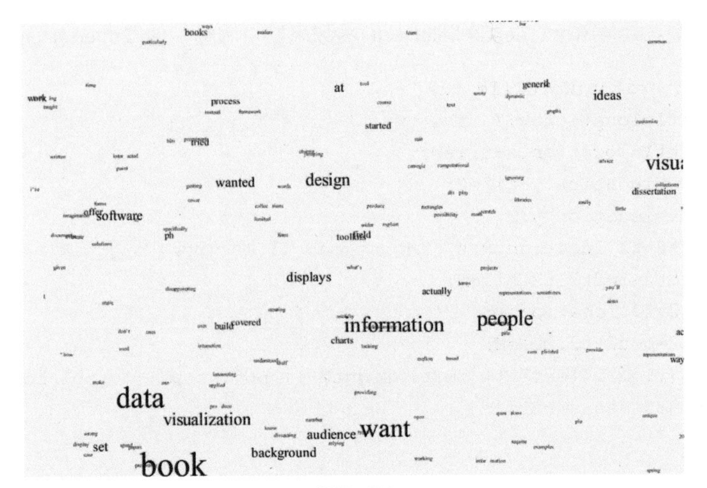

图5-27

虽然在画布中可以清楚地看到显示的与频率成比例的单词，但它们分散在整个草图上，这是因为在arrange()函数中使用了随机定位策略。在接下来的步骤中，我们将解决这个问题，确保每个单词贴图都被恰当地放置，避免与任何已经安排好的贴图重叠。修改arrange()函数的代码如下：

```
1  void arrange(int N){// arrange or map the first N tiles in sketch
2    WordTile tile;
3    for(int i=0; i<N; i++){
4      tile=wordFrequency.get(i);    // 放置平铺
5      tile.setFontSize();
6      do {                          // 为平铺赋予随机的x和y
7        float x=random(width-tile.tileW);
8        float y=random(tile.tileH, height);
9        tile.setXY(x, y);
10     }// until the tile is clear of all other tiles
11     while(!clear(i));
12   }
13 }
```

在arrange()函数中选择了随机的(*x*，*y*)位置。clear()函数确认已清除所有以前安排好的平铺。如果所选的位置不清楚，则重复此过程，直到找到明确的位置。

```
1  boolean clear(int n){// Is tile, i clear of tiles 0..i-1?
2    WordTile tile1=wordFrequency.get(n);
3    for(int i=0; i<n; i++){
4      WordTile tile2=wordFrequency.get(i);
5      if(tile1.intersect(tile2)){
6        return false;
7      }
8    }
9    return true;
10 }
```

clear()函数需要调用WordTile类的intersect()函数来提供服务。修改intersect()函数代码如下：

```
boolean intersect(WordTile t2){
  float left1=location.x;// the first tile’s bounding box
  float right1=location.x+tileW;
  float top1=location.y-tileH;
  float bot1=location.y;
  float left2=t2.location.x;// the second tile’s bounding box
  float right2=left2+t2.tileW;
  float bot2=t2.location.y;
  float top2=bot2-t2.tileH;
  return !(right1<left2 || left1>right2 || bot1<top2 || top1>bot2);
  // testing intersection
}
```

intersect()函数使用一个简单的“矩形-矩形”重叠测试。返回语句中的条件首先测试这两个矩形是否不相交，否定性(!)结果被返回。

运行代码(sketch_5_23)，查看效果，现在这些单词已经不再出现重叠的问题了，如图5-28所示。

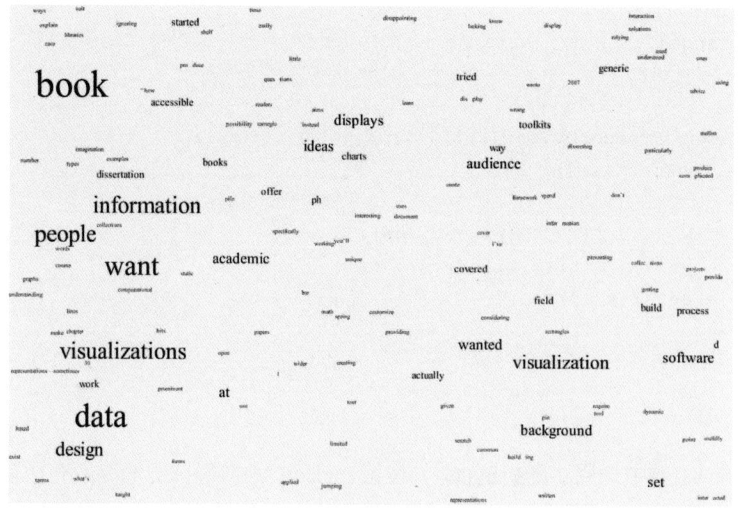

图5-28

5.5.3 螺旋包装词云

在本节中，我们将在之前词云效果的基础上，进一步提升草图的审美吸引力。为此，我们将对arrange()函数进行修改，不再随机分配非重叠位置给单词，而是寻找一种方式让每个单词沿着螺旋路径从中心开始依次放置。修改arrange()的代码如下：

```
void arrange(int N)// arrange or map the first N tiles in sketch
  WordTile tile;
  for(int i=0; i<N; i++){
    tile=wordFrequency.get(i);
```

```
5       tile.setFontSize();
6       // Exploring the spiral layout
7       float cx=width/2, cy=height/2, px, py;
8       float R=0.0, dR=0.5, theta=0.0, dTheta=0.5;
9       do{// find the next x, y for tile, i in spiral
10        float x=cx+R*cos(theta);
11        float y=cy+R*sin(theta);
12        tile.setXY(x, y);
13        px=x;
14        py=y;
15        theta+=dTheta;
16        R+=dR;
17      }                                  // 直到清理已经存在的平铺，避免交叠
18      while(!clear(i));
19    }
20  }
```

运行代码(sketch_5_24)，查看螺旋状单词云效果，如图5-29所示。

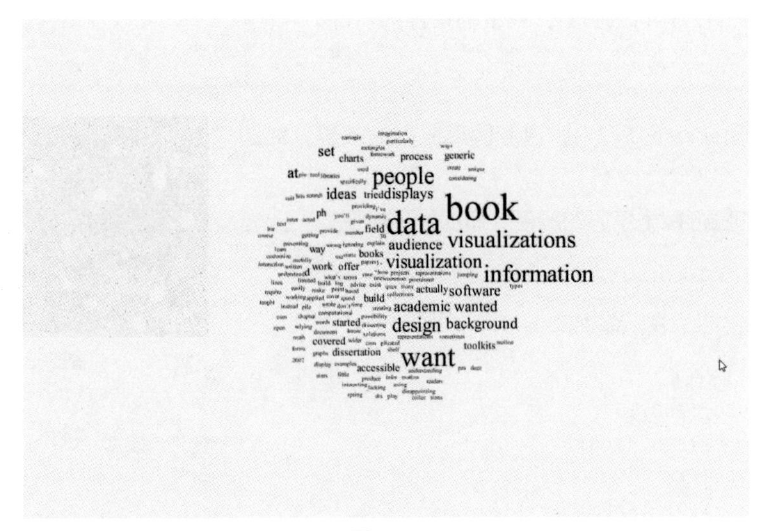

图5-29

螺旋状单词云被放置在草图的中心(cx,cy)，给定一个半径R和一个角度theta，将计算下一个(x,y)坐标。为了计算螺旋路径中的下一个点，需使用前面保存的(x,y)点[以(px,py)表示]，并结合半径的增量(dR)和角度的递增(dTheta)来进行计算。

5.5.4 交互性可视化

可视化设计的最后一步是使其具有交互性，允许或吸引用户来交互式探索数据的各个方面。首先，我们需要明确在可视化上下文中，交互意味着什么。然后，考虑应用程序的交互模式，这可能包括键盘、鼠标动作和单击、手指或手势操作、操纵杆、手柄等。随着常用设备的交互范围和模式的不断扩展，将这些设备集成到可视化设计中既需要创造力，也需要技术技能。下面通过典型示例来讲解这些技术。

随机创建40个大小不同的圆形，输入代码如下：

```
1  int num=40;                                    // 定义圆形数量
2  int[] x1=new int[num];                         // 定义坐标数组
3  int[] y1=new int[num];
4  float[] radius=new float[num];
5  void setup(){
6    size(900, 600);
7    noStroke();
8    for(int i=0; i<num; i++){
9      x1[i]=int(random(width));
10     y1[i]=int(random(height));
11     radius[i]=random(20, 50);
12   }
13 }
14 void draw(){
15   background(0);
16   for(int i=0; i<num; i++){
17     circle(x1[i], y1[i], radius[i]);
18   }
19 }
```

运行代码(sketch_5_25)，查看圆形分布的效果，如图5-30所示。

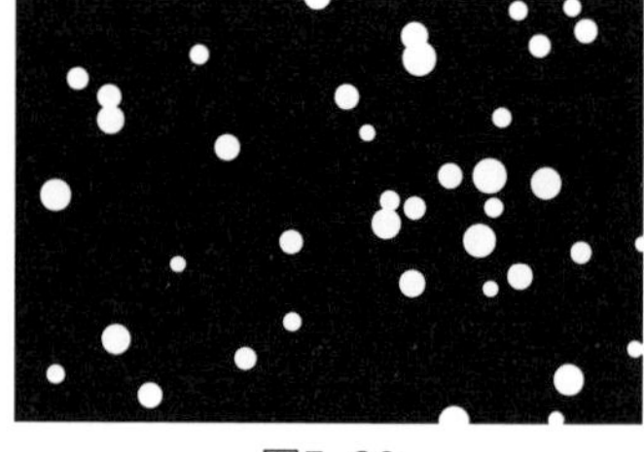

图5-30

为不同的圆形赋予不同的颜色，添加代码如下：

```
1  color[] col=new color[num];  // 定义颜色值数组
```

修改setup()部分的代码如下：

```
1  void setup(){
2    size(900, 600);
3    colorMode(HSB, 100);                         // 指定颜色模式
4    noStroke();
5    for(int i=0; i<num; i++){
6      x1[i]=int(random(width));
7      y1[i]=int(random(height));
8      radius[i]=random(20, 50);
9      col[i]=color(random(100), 80, 80);         // 颜色值初始化
10   }
11 }
```

修改draw()函数部分的代码如下：

```
1  void draw(){
2    background(0);
3    for(int i=0; i<num; i++){
4      fill(col[i]);                              // 填充颜色
```

```
5       circle(x1[i], y1[i], radius[i]);
6     }
7   }
```

运行代码(sketch_5_26)，查看颜色各异、大小不同的圆形效果，如图5-31所示。

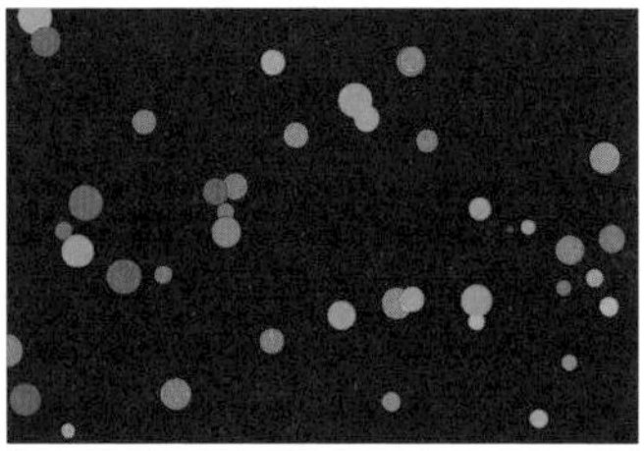

图5-31

接下来将鼠标移动到小圆上，就会显示编号。在draw()部分修改代码如下：

```
1  void draw(){
2    background(0);
3    int status=-1;
4    for(int i=0; i<num; i++){
5      fill(col[i]);
6      circle(x1[i], y1[i], radius[i]);
7      fill(red(col[i])+200);                    // 文字颜色
8      if(dist(mouseX, mouseY, x1[i], y1[i])<20){
9        status=i;
10       textSize(32);
11       text(status, x1[i], y1[i]);
12     }
13   }
14   println(status);
15 }
```

运行代码(sketch_5_27)，如果将鼠标移动到圆形区域之外的空白区域，可以查看画布效果和控制板信息，如图5-32所示。

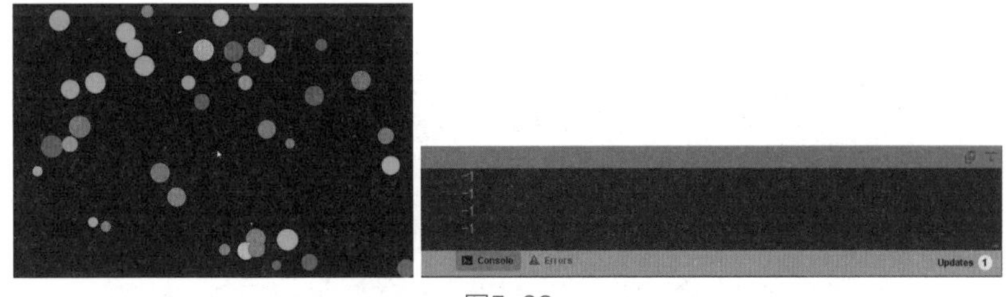

图5-32

如果将鼠标移动到圆形之上，会显示该圆形的序号，如图5-33所示。

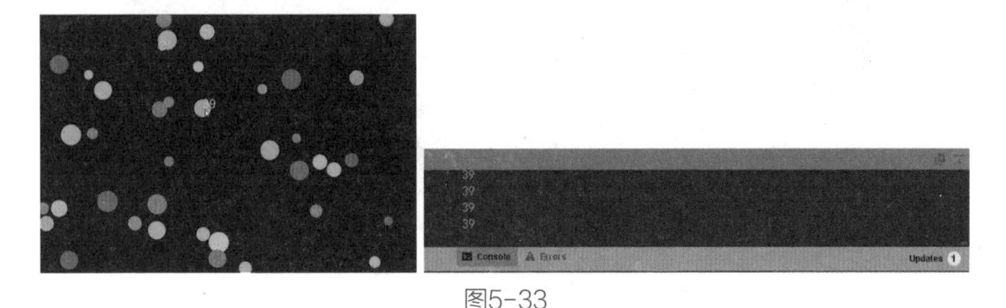

图5-33

接下来，我们可以进一步丰富交互效果，使得当鼠标单击其中任意一个小圆时，该小圆会移动到预定的位置，从而实现对它们的重新排列。

当鼠标放置于圆形上时，status的值会是0～39的数值，这时再按压鼠标，就可以产生下一步动作。在draw()部分修改后的完整代码如下：

```
1  void draw(){
2    background(0);
3    int status=-1;
4    for(int i=0; i<num; i++){
5      fill(col[i]);
6      circle(x1[i], y1[i], radius[i]);
7      fill(red(col[i])+200);
8      if(dist(mouseX, mouseY, x1[i], y1[i])<20){
9        status=i;
10       textSize(32);
11       text(status, x1[i], y1[i]);
12     }
13     if(status>=0){
14       if(mousePressed){
15         x1[status]=25*status;
16         y1[status]=height/2;
17       }
18     }
19   }
20   println(status);
21 }
```

运行代码(sketch_5_28)，查看画布效果，如图5-34所示。

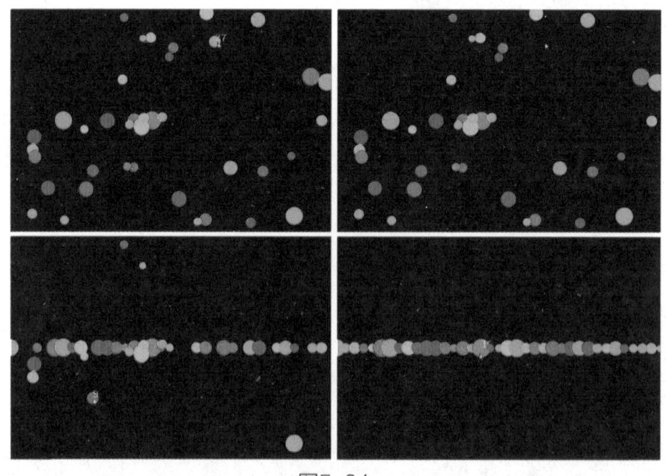

图5-34

再次添加代码，使得当光标悬停在圆形上方时，该圆形呈现选择状态，具体表现为其白色的描边会高亮显示。在draw()部分添加代码如下：

```
else {
  noFill();
  stroke(100);
  circle(x1[status], y1[status], radius[status]);
  noStroke();
}
```

运行代码(sketch_5_29)，查看圆形选择高亮和单击复位的效果，如图5-35所示。

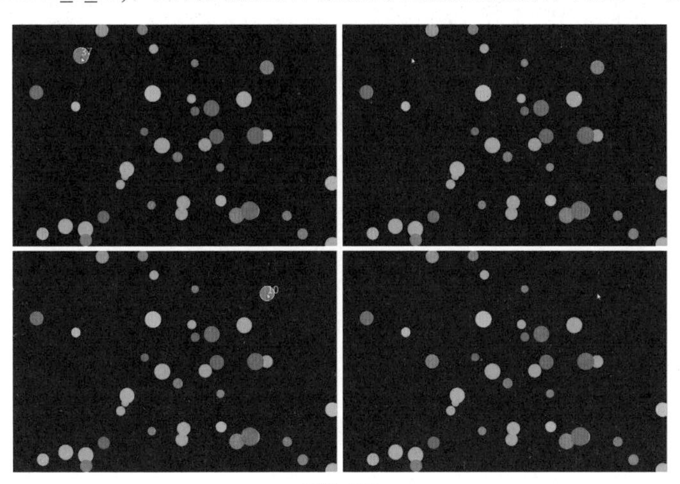

图5-35

除了显示编号，还可以添加文字，同样在鼠标单击后排列整齐。

首先要创建一个字符串：

```
String str="D-FORM INTERACTION DESIGN STUDIO 5838816";
```

初始化文字对齐方式：

```
textAlign(CENTER, CENTER);                    // 指定文本中心对齐方式
```

在draw()函数中添加如下语句：

```
text(str.charAt(i), x1[i], y1[i]);           // 按字符显示
```

修改鼠标按压的语句如下：

```
if(mousePressed){
  x1[status]=25*status;
  y1[status]=height/2;
  text(str.charAt(status), 0, 0);
}
```

运行代码(sketch_5_30)，当光标位于圆形上方时，会显示相应的字符，单击后该圆形复位，如图5-36所示。

当然，也可以调换显示文字的顺序。

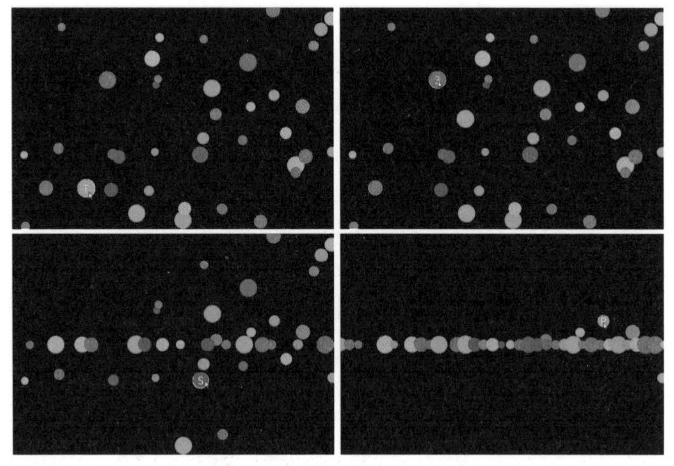

图5-36

将前面示例中的这几行代码：

```
1  if(dist(mouseX, mouseY, x1[i], y1[i])<20){
2    status=i;
3    textSize(32);
4    // text(status, x1[i], y1[i]);
5    text(str.charAt(i), x1[i], y1[i]);            // 按字符显示
6  }
```

调整为如下：

```
1  text(str.charAt(i), x1[i], y1[i]);              // 按字符显示
2  if(dist(mouseX, mouseY, x1[i], y1[i])<20){
3    status=i;
4    textSize(32);
5    // text(status, x1[i], y1[i]);
6  }
```

运行代码(sketch_5_31)，查看效果，如图5-37所示。

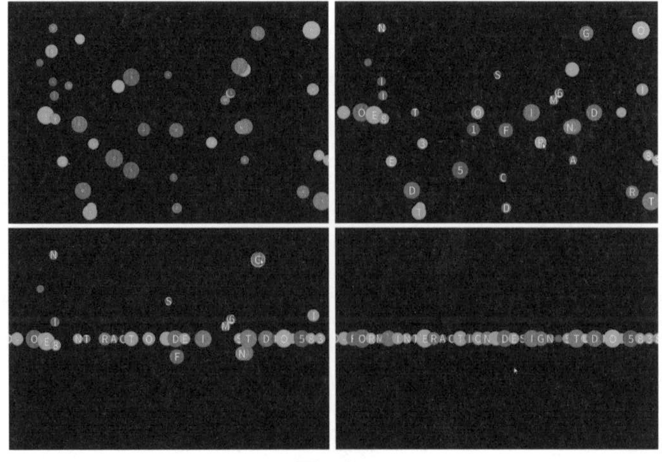

图5-37

在单词云应用程序中，用户可以通过鼠标单击一个显示的单词来获得更多的信息，比如该单词的频率计数、排名或者单词第一次出现的上下文等。尽管数据可视化的过程已经形式化了，但它仍然极大地依赖于设计者的创造力和审美感观。

5.5.5 创意的数据视觉艺术

在数据分析或数据科学领域，创造性的数据视觉化正迅速成为充满创意的行业，越来越多的计算艺术家正在将可视化技术应用于各种领域和数据集。

浏览当下的流行媒体，不难发现许多极具创意的数据视觉艺术作品，如图5-38所示。

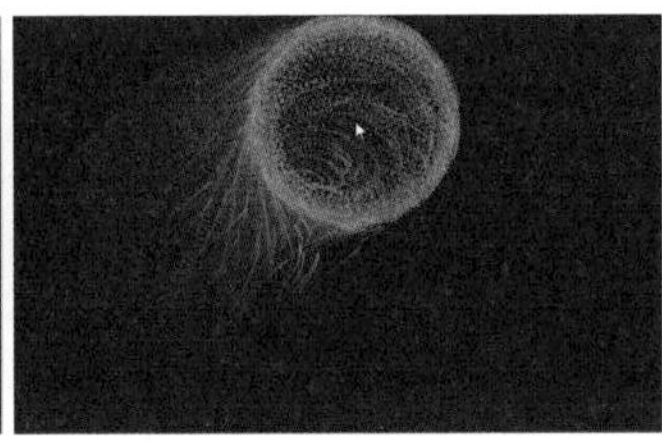
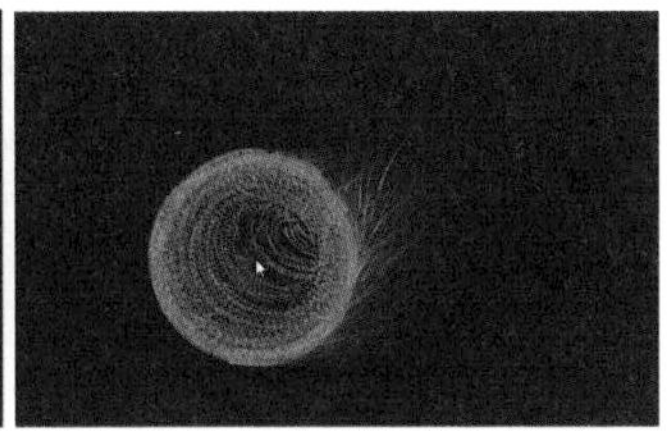

图5-38

创造性的可视化既是一门艺术，也是一门科学，二者巧妙结合往往可以催生出令人惊叹的成果。

下面来看一个使用表格数据的可视化设计，随着几十组数据的变化，白色圆点和网格线也随之动态地变幻，如图5-39所示。

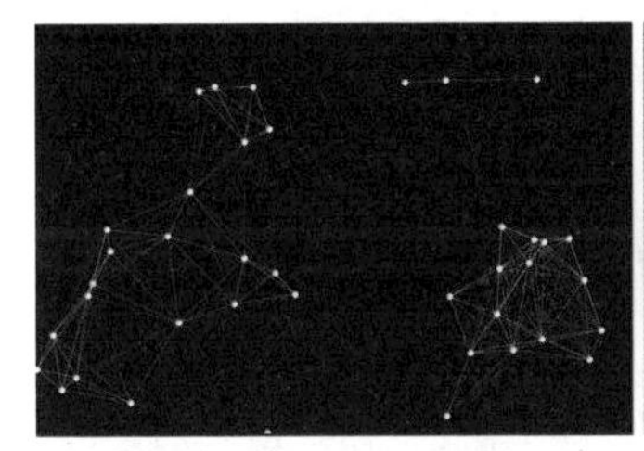
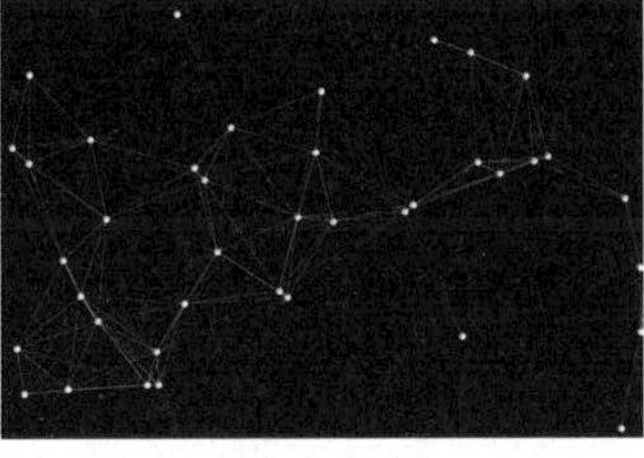
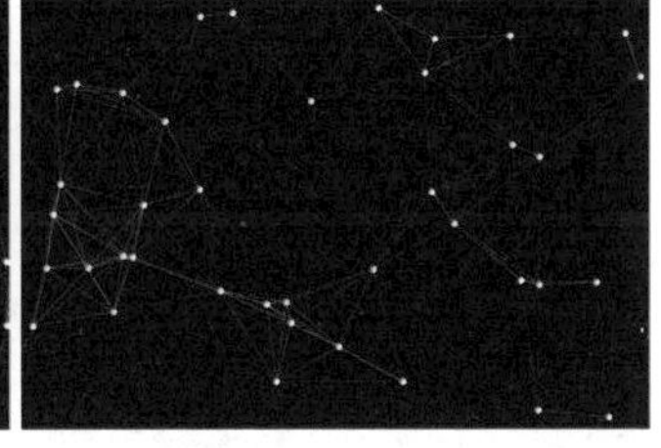

图5-39

再看一个比较炫目的可视化效果，由进入商场的人数作为驱动数据，与程序关联，如图5-40所示。

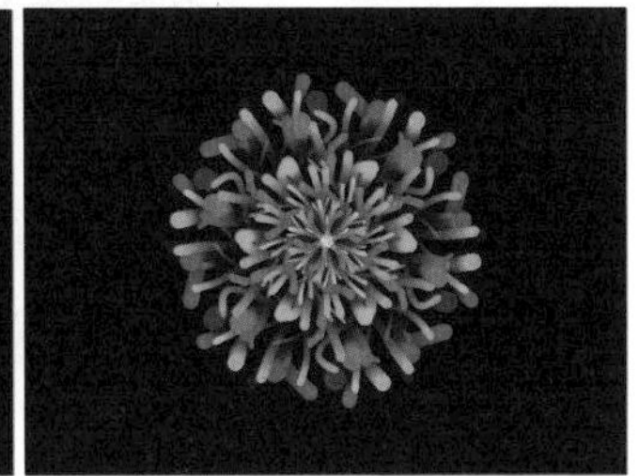

图5-40

如果继续对单词云效果进行拓展的话，我们可以根据鼠标在草图中的实时位置，来编写草图的动态绘制功能。代码如下：

```
1  String[] names={"GRID","DATA","VISUALIZATION","CREATVIE","CODING","GENERATE"
   ,"UPDATE","ART","TECHNOLOGY","EXPRESSION","COLLAGE","MEDIA","STYLE","STAGE",
   "PROCESSING","INTERACTION","CLOUD"};
2  String textBrush;
3  void setup(){
4    size(900, 600);
5    textSize(22);
6    background(0);
7    textAlign(CENTER);
8  }
9  void draw(){
10   fill(0, 1);
11   rect(0, 0, width, height);
12 }
13 void mouseMoved(){
14   fill(240, random(100, 255));
15   textSize(random(15, 30));
16   textBrush=names[int(random(names.length))];
17   text(textBrush, mouseX, mouseY);
18 }
19 void mouseClicked(){
20   fill(random(255), random(255), random(255), random(150, 255));
21   textSize(random(60, 100));
22   textBrush=names[int(random(names.length))];
23   text(textBrush, mouseX, mouseY);
24 }
```

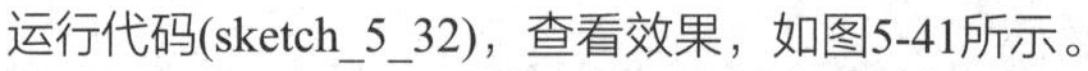
运行代码(sketch_5_32)，查看效果，如图5-41所示。

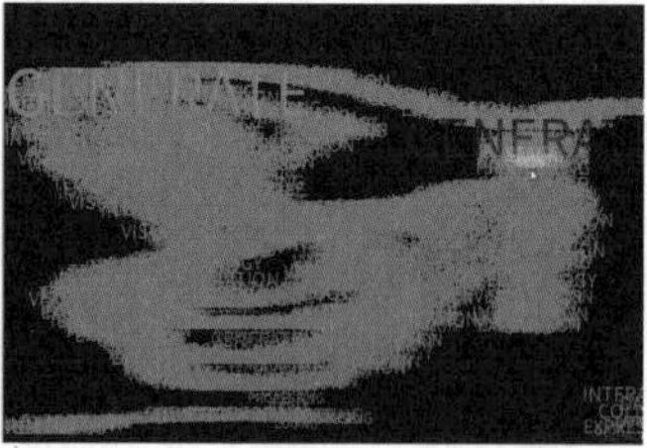
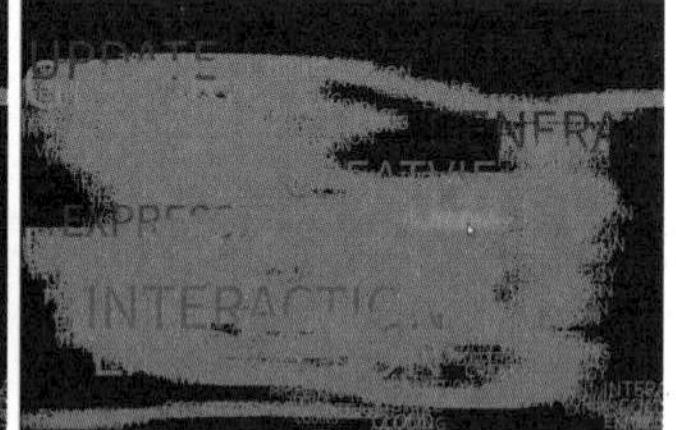

图5-41

如果对mouseMoved()函数中关于字体颜色和大小的两行代码修改如下：

```
1  fill(random(100, 255), dist(mouseX, mouseY, pmouseX, pmouseY)*10, 100);
2  textSize(dist(mouseX, mouseY, pmouseX, pmouseY)*3);
```

运行代码(sketch_5_33)，查看文字笔画及根据鼠标移动快慢而呈现出的不同颜色效果，如图5-42所示。

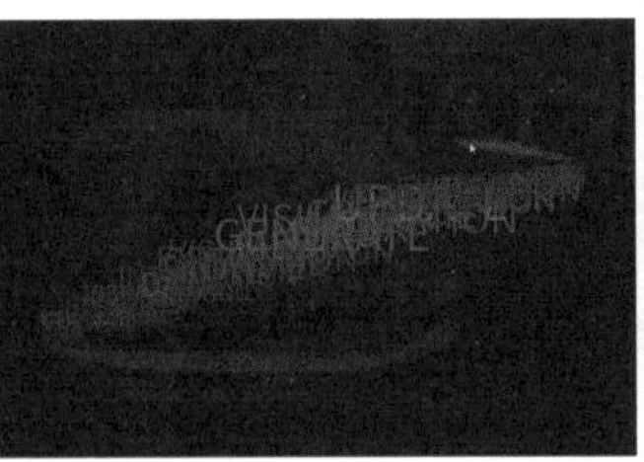

图5-42

实际上，当我们拥有了基于鼠标位置变化而产生的丰富动态效果后，完全可以将这种效果与其他变化的数据进行关联，从而生成同样具有动态特性的单词云效果。不过在这个过程中，所呈现的单词要体现当前项目的关键词。

还可以进一步演变成另一种形式，即光标移动时不断向四周发散出各异的字符，如图5-43所示。

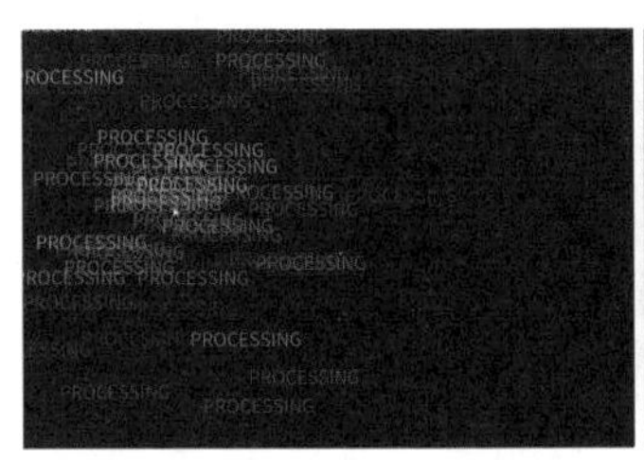

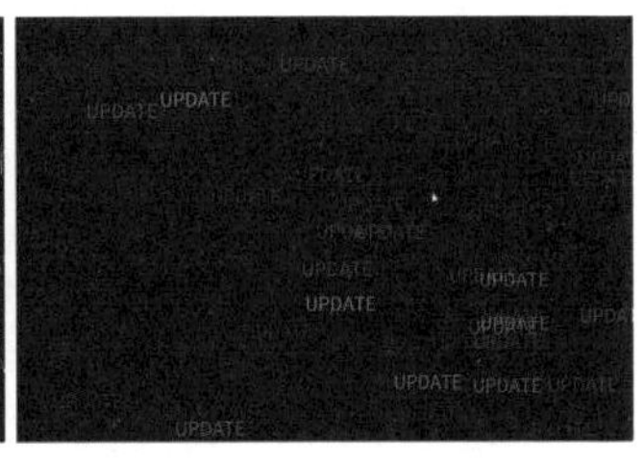

图5-43

同样，文本也可以跟随变化的数据呈现不同的形态，如图5-44所示。

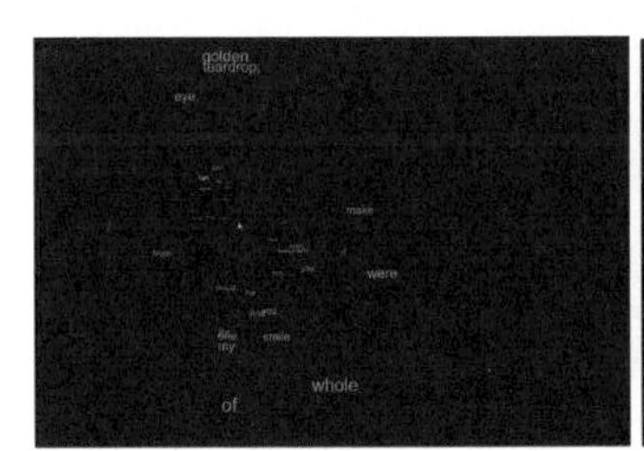

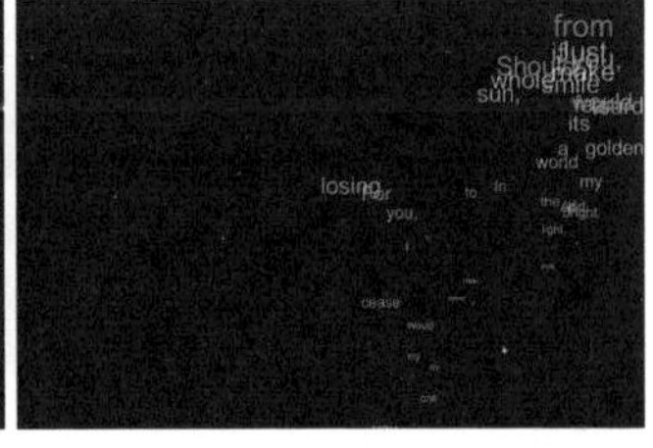

图5-44

5.6 本章小结

本章从组织数据的基本结构——数组开始学习，并不断深入研究一种特定类型的视觉艺术设计，学习如何排序、关联数组与可视化、数据建模等具体实操技能，从输入文本中创建单词库、处理输入文本、提取和消除停止单词、进行频率计数，并用于在单词云中按比例显示单词。由此可见，在开发一个规模更大的应用程序时，运用抽象化和面向对象设计的原则来整理和完善最终的程序代码，能够为未来的功能扩展奠定坚实的基础。

第6章 数据源接入与应用

人们如今生活在一个由数字紧密连接、数据驱动的世界中，先进的移动设备技术使得人们能够以前所未有的方式相互联系和获取数据。卫星导航系统(GPS)将人们与地图和实时交通信息紧密相连；运动手表能够记录并分享个人的锻炼详情，包括位置、速度和行进路线；文本信息和照片可以从世界各个角落的远程位置轻松上传和共享。从全球机构提供的政府统计数据，到个人社交媒体的消息、图像，数据的共享正在不断扩充着一个庞大的信息库，真正实现了“数据无处不在”。

6.1 初识数据源

“数据”一词听起来颇为枯燥，容易让人联想到复杂的数字和清单。实际上，数据是以人为核心的，每一组数据以特殊的模式记录着人类的活动轨迹，每个文本或数字列表背后都有故事、体验、感觉或互动。数据视觉化是将复杂或难以消化的信息，通过视觉图像赋予新的生命和意义，将人类的思想、经历和故事联系起来的有力方式，从而有效地传达事实和信息。

图表和图形在设计的历史中一直扮演着至关重要的角色，它们以重要且高效的方式浓缩和交流信息，长期以来都是平面设计不可或缺的一部分。至今，它们仍然是视觉呈现数字、事实、故事和想法的一种强大而重要的手段。这种通过视觉方式展现数据的实践，有时被称为“信息图形”。而“美化”数据，则是以一种新的方式吸引人们的注意，同时揭示数据中隐藏的模式。近年来，随着数字数据的空前增长和易于访问，这一设计领域迅速崭露头角。随着数据变得越来越多，访问和可视化大型数据集的强大工具不再是传统的图形和绘图软件工具，而是编程和代码。

代码可提供一个强大的数据视觉化环境，它创建了数据源和图形输出之间的链接。代码为设计者和程序员提供了一种独特的方式来提取大量的数字信息，并将其直接应用于视觉输出。实时数据值可以直接更改代码中连接的相应变量，而这些变量定义了数字图形或影像的视觉效果(如尺寸、颜色、形状、位置等)，以动态响应的方式实现外部数据源与图形和视觉效果的关联。以这种方式处理大规模数据，为设计师和程序员提供了机会，使他们能够以越来越复杂的方式使用和呈现大型数据集，从而以前所未有的规模创造数据视觉效果。

无论数据来源如何，大部分的初始编程工作都会从数据筛选和搜索源头开始，旨在找到信息中有用或有趣的元素，并将它们以整洁可用的格式存储。这可能涉及删除错误数据、不必要的标记、HTML文件内容，以及信息表中的冗余文本。这一过程通常称为“数据挖掘”。下面介绍访问在线数据的一些主要格式。

1. HTML

获取数据的一种简单方法是直接访问网络，HTML(超文本标记语言)文档提供了信息来源。许多数据值作为动态更新的元素存在于动态网页正文中，可以在Web文档的HTML源中找到可变更的信息，如体育比分和股票价值，从而提供简单、直接的数字数据源。这些单独的数据值可以从网页中提取，并用于驱动动态图形。

在使用时可直接将HTML文档的源代码导入程序，然后对其进行排序和筛选，提取有用的信息。例如，天气预报网站可能包含与给定城市的当前和未来温度相关的页面，加载HTML，然后筛选和提取这些值，可以生成随天气条件变化而调整的图形。尽管HTML格式的内容是可访问的数据源，但它不能以可立即访问的方式提供信息，需要提前进行大量的排序和挖掘，以提取并使用一段数据。

2. XML

XML(extensible markup language，可扩展标记语言)是一种广泛使用的格式化语言，用于以易于访问的格式描述数据。XML格式是描述页面中数据的一种有用方式，并提供了一种在线获取数据细节的有效方法。XML是一种携带信息的工具，也是访问和查找信息的理想格式。XML文件中的数据元素被封装在程序员定义的标签中，而不是使用预定义的标签(如HTML)，从而为每一项数据提供准确且易于理解的描述。XML是一种用于描述数据且高度灵活的格式，也是获取和使用目标数据源的绝佳格式。

3. 表格数据

大量的国家和全球统计数据被精心整理和存储，并有相关的在线来源供公众查阅。这些数据包含与健康、经济、社会问题和其他领域有关的热点事实和背景数据。此类数据通常被格式化为单个大型电子表格或特性值表。这些信息通常会被导出并重新格式化为一个由逗号或制表符分隔的大型值列表，分别称为逗号分隔值(CSV)或制表符分隔值(TSV)。

CSV或TSV的数据系统消除了所有不必要的文本格式，将“原始”数据呈现在一个简单的服务中，使程序员能够相对简单地查找和提取单个信息。CSV格式对于大规模的数字数据尤其有用，如全球气温、世界健康趋势、GPS路线和坐标的信息地图等。

4. API

API(应用程序编程接口)是在线提取适合格式内容(如XML或JSON格式内容)的极佳方法，也是获取社交网站在线信息特别有用的媒体应用程序。有许多API可供程序员使用，以便开发人员能够访问其应用程序中的数据，并且这些API还可用于创建具有新格式的其他类型的应用程序。每个API都有自己的参考指南和文档，通常可从其网站内容提供商的“开发者”部分获得。

5. 地图数据

地图的设计展现了一个特定且经过编辑的地理景观版本，根据地图的基本功能和目标，对可见的地标、地点和兴趣点进行添加和优化。除了物理世界的直观特征，还有大量的额外数据可与全球各地的特定位置和地点相连。如今，无论是通过个人GPS设备收集的数据，还是国家和国际统计数据，越来越多的位置相关数据被用于创建视觉信息丰富、数据驱动的地图。传统地图主要标记地点的物理位置和特征，而数据地图标记和定位了涉及人类运动、经验和互动的无形信息。

6.2 应用数据源

6.2.1 处理文本文件

处理简单的数据检索任务时，可以从一个文本文件中读取数据。这种文本文件能够作为一个非常基础的数据库使用，用于存储如程序设置、成绩单或图标数据等信息，也可以模拟一个更加复杂的数据源。

要创建一个文本文件，可以使用简单的文本编辑器。例如，在Windows系统中使用“记事本”，或在MAC OS中使用“文本编辑”。在创建文件时，应确保文件格式为“纯文本”，并将文本文件的扩展名存储为“.txt”格式。然后将这些文本文件放置于草图的“data”文件夹中，这样Processing草图就可以读取这些文件中的数据了。

当文本文件放置好以后，Processing的loadString()函数可以将文件的内容读取至一个String数组中，文件中的每一行分别成为数组中独立的元素。

例如，创建一个名称为“myfile.txt”的文本文件，在该文件中输入几行字，如图6-1所示。

图6-1

打开Processing并新建一个草图，将文本文件放置于草图目录下。输入代码如下：

```
1  String[] lines=loadStrings("myfile.txt");
2  println("there are"+""+lines.length+""+"lines.");
3  printArray(lines);
```

运行代码(sketcth_6_01)，查看控制台打印效果，如图6-2所示。

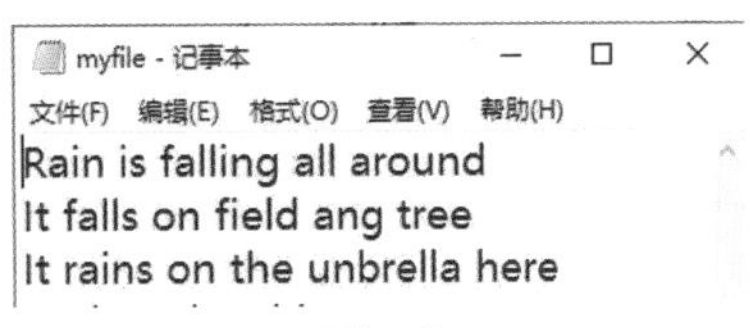

图6-2

当然，也可以在画布上显示文本，修改代码如下：

```
1  String[] lines;
2  void setup(){
3    size(800, 600);
4    background(0);
5    lines=loadStrings("myfile.txt");
6    textSize(36);
7  }
8  void draw(){
9    println("there are"+lines.length+"lines.");
10   printArray(lines);
11   for(int i=0; i<lines.length; i++){
12     text(lines[i], 200, 200+i*100);
13   }
14 }
```

运行代码(sketch_6_02)，查看画布上显示的文字效果，如图6-3所示。

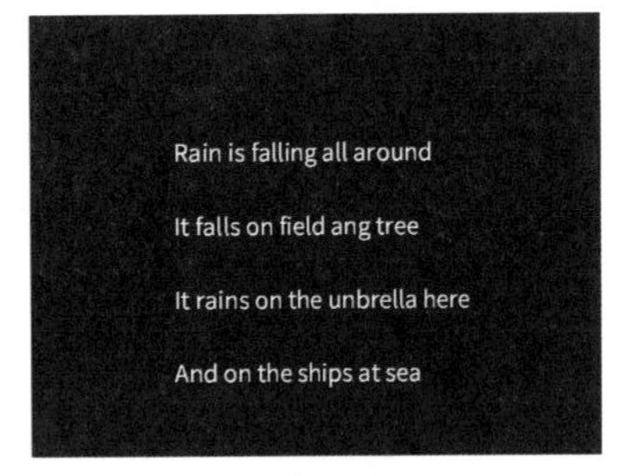

图6-3

再看以另一种格式存储数据的文本文件，其文件扩展名为“.csv”，表明它是一种用逗号分隔的文件，如图6-4所示。

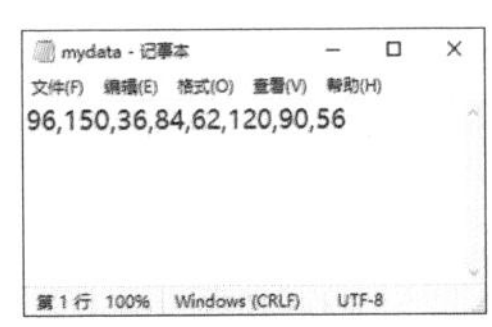

图6-4

使用这个文件中的数据，生成一系列不同高度的条形图，在新草图中输入代码如下：

```
1  int[] data;
2  void setup() {
3    size(600, 400);
4    String[] mytext=loadStrings("mydata.csv");
5    data=int(split(mytext[0],","));
6  }
7  void draw() {
8    background(240);
9    stroke(240, 20, 20);
10   for(int i=0;i<data.length;i++){
11     fill(data[i]);
12     rect(i*50, 0, 40, data[i]);
13     text(data[i], i*50, data[i]+20);
14   }
15   noLoop();
16 }
```

运行代码(sketch_6_03)，查看效果，如图6-5所示。

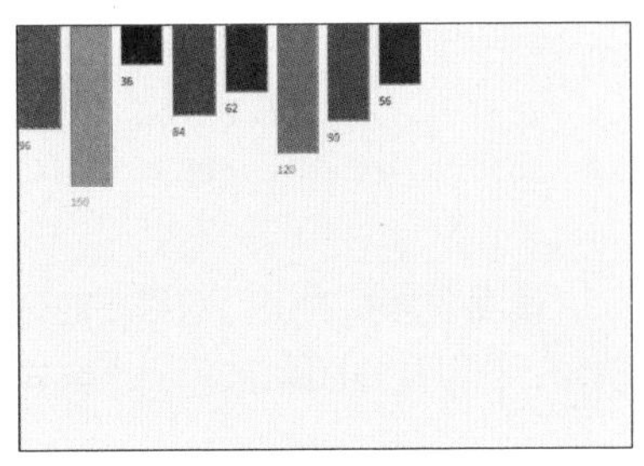

图6-5

加载数据语句的含义如下：

```
1  data=int(split(mytext[0],","));
```

将文件中的文本载入一个数组中，由于文件只有一行，因此该数组只有一个元素。对于*.csv文件的解析，使用split()函数并以逗号为定界符是极佳的方法，它将元素分成一个字符串数组。若需要将数组元素转换为整数，可使用int()函数进行转换。

实际上，*.csv文件可以很方便地使用电子表格程序来生成，如excel。在Processing中处理*.csv文件是一项非常典型的任务，因此Processing提供了一个内置的Table类，专门用于处理这类文件的解析问题。

一个由数据构成的表格，其呈现形式通常为一系列行和列，这也称作“表格数据”。Processing的loadTable()函数使用逗号隔开(comma-separated，csv)或者制表符隔开(tab-separated，tsv)数值，并且自动将这些内容放置到一个Table(表格)对象中，以列和行的方式存储这些数据。这远比使用split()函数手动分析大型数据要方便得多。例如，要处理一个类似图6-6所示的数据文件。

```
月份,买入,缺陷,卖出,修复,人员
Jan,140,3.6,84,success,120
Feb,150,3.8,87,failer,124
Mar,130,3.2,90,abandon,122
Apr,126,4.0,80,success,128
May,162,4.1,91,failer,121
Jun,145,3.3,84,success,126
```

图6-6

一般我们不会这样编写代码：

```
1 String [] mydata=loadStrings("mydata.csv");
```

而是会编写为：

```
1 Table table=loadStrings("mydata.csv");
```

不过有一个重要的细节需要注意：文本的第一行通常不是数据，而是标题行(header row)。这一行包含了用于描述后续每一行数据的标签。在载入表格时，如果选择启用“header”选项，Processing就能够自行理解和存储这些标题，从而方便后续的数据处理。编写代码如下：

```
1 Table table=loadString("mydata.csv","header");
```

载入表格之后，可以展示从整个表格中读取的单独的数据片段，如表6-1所示。

表6-1　数据片段

月份	买入	缺陷	卖出	修复	人员
Jan	140	3.6	84	success	120
Feb	150	3.8	87	failer	124
Mar	130	3.2	90	abandon	122
Apr	126	4.0	80	success	128
May	162	4.1	91	failer	121
Jun	145	3.3	84	success	126

使用行和列作为索引值，以方便检索表格中相应的数据值。例如：

```
1 int val1=table.getInt(2, 1);// 130
2 int val2=table.getFloat(4, 2);// 4.1
3 int val3=table.getString(3, 4);// success
```

虽然编号式的索引值很多时候非常有用，但通常使用列的名称访问每个数据更加方便。例如，可以从Table中取出一个特定的行。

```
1 TableRow row=table.getRow(2);                // 获取第三行(索引值为2，因为从0开始)
```

一个Table对象指的是整个表格的数据，而一个TableRow对象可以处理表格内单独的一行数据。

使用TableRow对象之后，可以访问部分列或者所有列中的数据。例如：

```
1  int sal=row.getInt("卖出");
2  String mon=row.getString("月份");
3  println(mon+""+sal);
```

运行代码(sketch_6_04)，查看控制台中的显示效果：

```
1  Mar 90
```

要获得表格中所有行的数据，可以使用getRow()函数在一个循环中逐行访问，同时使用getRowCount()函数来确定循环的次数，即所有可用行的数量。

```
1  for(int i=0; i<table.getRowCount(); i++){
2    TableRow row=table.getRow(i);
3    int sal=row.getInt("卖出");
4    String mon=row.getString("月份");
5    println(mon+""+sal);
6  }
```

运行代码(sketch_6_05)，查看控制台中的打印效果，如图6-7所示。

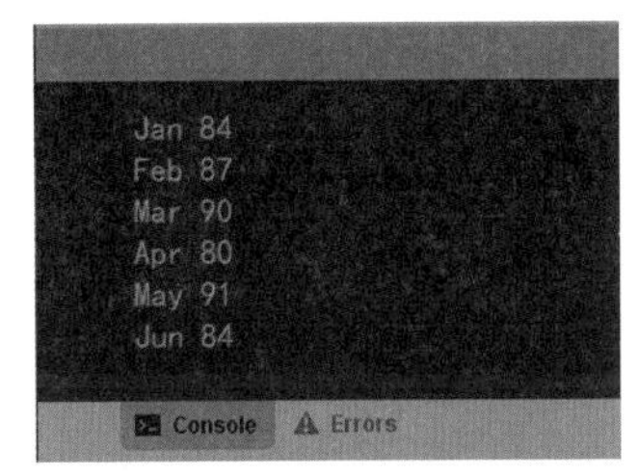

图6-7

如果想在表格中搜寻某个指定行的数据，可以使用findRow()函数和matchRow()函数来实现。

Table对象可以被读取，即便在草图运行的情况下也能进行修改或创建。表格内的数值可以被修改，行可以被删除，还可以添加新的行。例如，在一个表格内设置新的数值，就可以使用函数setInt()、setFloat()和setString()。要想给一个表格增加新的行，只需要调用addRow()函数，然后设置每一列的数值。代码如下：

```
1  TableRow row=table.addRow();
2  row.setInt("买入", 200);
3  row.setInt("卖出", 120);
4  row.setString("月份", "Jul");
```

运行代码(sketch_6_06)，可以对比两个表格文件的效果，如图6-8所示。

1	月份	买入	缺陷	卖出	修复	人员
2	Jan	140	3.6	84	success	120
3	Feb	150	3.8	87	failer	124
4	Mar	130	3.2	90	abandon	122
5	Apr	126	4	80	success	128
6	May	162	4.1	91	failer	121
7	Jun	145	3.3	84	success	126
8						
9						
10						

原表格

1	月份	买入	缺陷	卖出	修复	人员
2	Jan	140	3.6	84	success	120
3	Feb	150	3.8	87	failer	124
4	Mar	130	3.2	90	abandon	122
5	Apr	126	4	80	success	128
6	May	162	4.1	91	failer	121
7	Jun	145	3.3	84	success	126
8	Jul	200		120		
9						
10						

添加行和数据的表格

图6-8

如果要删除一行，只需调用removeRow()函数，然后写入想要删除行的数字索引。例如，每当表格超过10行时，就会删除第一行。代码如下：

```
if(table.getRowCount()>10){
  Table.removeRow(0);
}
```

下面用一个载入并保存表格数据的方法创建泡泡效果。先创建一个包含泡泡坐标和大小数据的文件，如图6-9所示。

```
mydata3 - 记事本
文件(F) 编辑(E) 格式(O) 查看(V) 帮助(H)
x,y,diameter
513.0,117.0,71.95415
408.0,245.0,73.765175
223.0,221.0,48.368755
245.0,328.0,74.16287
116.0,110.0,47.994232
377.0,107.0,41.189816
88.0,213.0,40.086422
359.0,202.0,69.62078
446.0,192.0,51.27006
577.0,208.0,75.754395
第 4 行，第 22 列 100% Windows (CRLF) UTF-8
```

图6-9

打开Processing并新建草图，将csv文件添加到data文件夹中。先创建一个Bubble类，输入代码如下：

```
class Bubble {
  float x, y;
  float diameter;
  String name;
  // 构造泡泡
  Bubble(float x_, float y_, float diameter_){
    x=x_;
    y=y_;
    diameter=diameter_;
  }
  // 显示泡泡
  void display(){
    stroke(150);
    strokeWeight(2);
    fill(#B836FF, 100);
    circle(x, y, diameter);
  }
}
```

输入主程序代码如下：

```
Bubble[] bubbles;
Table table;
void setup(){
  size(640, 360);
  loadData();
}
void draw(){
  background(235);
  // 显示全部泡泡
  for(int i=0; i<bubbles.length; i++){
    bubbles[i].display();
  }
  // 标明操作方法
  textAlign(LEFT);
  fill(0);
  text("Click to add bubbles.", 10, height-10);
```

```
17 }
18 void loadData(){
19   table=loadTable("mydata3.csv","header");
20   // 泡泡的数量由表格行数决定
21   bubbles=new Bubble[table.getRowCount()];
22   for(int i=0; i<table.getRowCount(); i++){
23     TableRow row=table.getRow(i);
24     float x=row.getFloat("x");
25     float y=row.getFloat("y");
26     float d=row.getFloat("diameter");
27     // 通过读取数据创建对应的泡泡
28     bubbles[i]=new Bubble(x, y, d);
29   }
30 }
31 void mousePressed(){
32   // 创建一个新的行
33   TableRow row=table.addRow();
34   // 设置新的一组数值
35   row.setFloat("x", mouseX);
36   row.setFloat("y", mouseY);
37   row.setFloat("diameter", random(40, 80));
38   // 限定表格的行不超过10
39   if(table.getRowCount()>10){
40     table.removeRow(0);
41   }
42   // 存储修改过的csv文件
43   saveTable(table,"data/mydata3.csv");
44   // 加载数据
45   loadData();
46 }
```

运行代码(sketch_6_07)，查看效果，如图6-10所示。

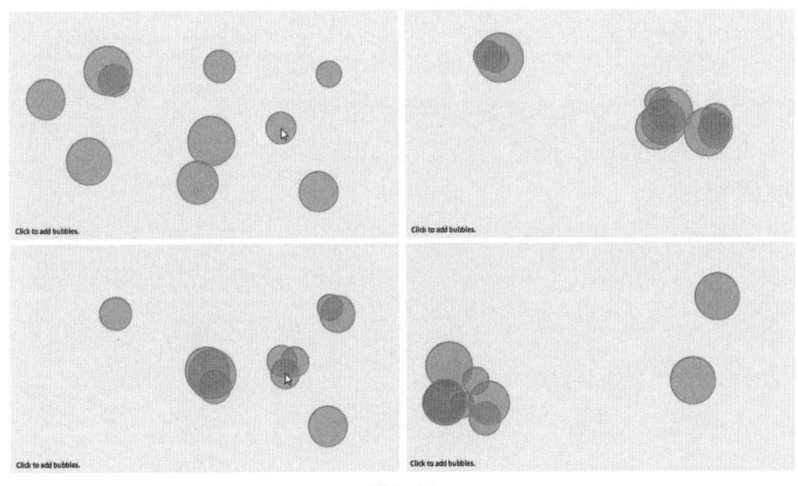

图6-10

6.2.2 标准表格数据

*.tsv文件是一种广泛使用的标准表格数据文件。下面我们将利用一组包含城市位置信息的数据值来绘制地图，如图6-11所示。

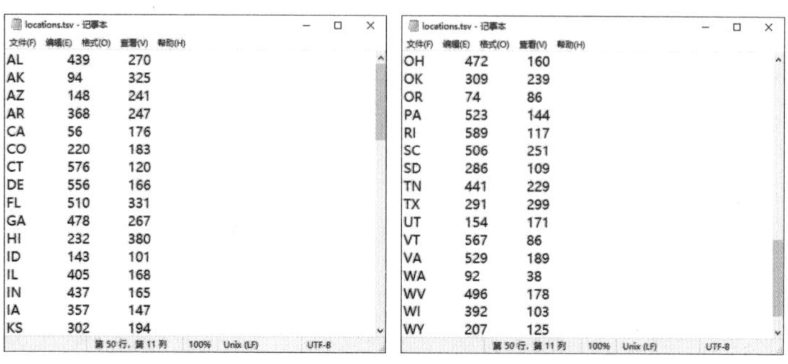

AL	439	270
AK	94	325
AZ	148	241
AR	368	247
CA	56	176
CO	220	183
CT	576	120
DE	556	166
FL	510	331
GA	478	267
HI	232	380
ID	143	101
IL	405	168
IN	437	165
IA	357	147
KS	302	194

OH	472	160
OK	309	239
OR	74	86
PA	523	144
RI	589	117
SC	506	251
SD	286	109
TN	441	229
TX	291	299
UT	154	171
VT	567	86
VA	529	189
WA	92	38
WV	496	178
WI	392	103
WY	207	125

图6-11

虽然绘制地图在地图软件或手工方式中相对简单直接，但使用数据进行设计的程序则需要经历多次迭代和优化过程。这些程序能够创建自动更新的地图，或使用交互功能提供额外的信息层。

选择菜单“文件”|“新建”命令，创建一个Processing草图，并且将所有的数据文件都被放置在一个名为data的子文件夹中。

输入代码如下:

```
1  void setup(){
2    size(640, 400);
3  }
4  void draw(){
5    background(235);
6  }
```

运行代码(sketch_6_08)，一个空白的画布将会出现在一个新的窗口中，如图6-12所示。

下一步是在地图上指定一些点。首先添加一个包含每个城市中心坐标的文件locations.tsv；然后使用一个Table类，将文件读取为行和列的表格。Table类具有获取特定行和列的getInt()、getFloat()或getString()函数。例如，要获取浮点数值，可使用以下格式:

图6-12

```
1  table.getFloat(row, column)
```

行和列从零开始编号。

在Processing中显示地图是一个分两步进行的过程:

(1) 加载数据。

(2) 以所需的格式显示数据。

同样地，显示所有中心位置的过程也遵循类似的模式，重点执行以下两个过程：

(1) 创建位置表，使用locationTable.getFloat()函数读取每个位置的坐标(x和y值)。

(2) 使用这些值画一个圆。

修改代码如下：

```
Table locationTable;
int rowCount;
void setup(){
  size(640, 400);
  // 从一个包含的文件中创建一个数据表
  locationTable=loadTable("locations.tsv");
  // 行计数将被大量使用，因此将其全局存储
  rowCount=locationTable.getRowCount();
}
void draw(){
  background(235);
  smooth();
  // 椭圆的图形属性
  fill(192, 0, 0);
  noStroke();
  // 遍历位置文件的行并绘制点
  for(int row=0; row<rowCount; row++){
    float x=locationTable.getFloat(row, 1);
    float y=locationTable.getFloat(row, 2);
    ellipse(x, y, 8, 8);
  }
}
```

运行代码(sketch_6_09)，此时显示每个位置的地图和点，如图6-13所示。

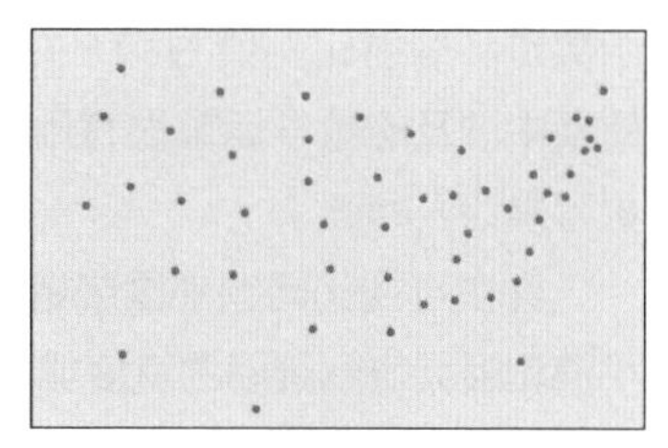

图6-13

接下来加载一组将出现在地图上的值。为此，添加了另一个表对象，并从一个名为random.tsv的文件中加载数据。

找到数据的最小值和最大值是很重要的，因为该范围需要映射到其他显示特性(如大小或颜色)。要做到这一点并不难，使用for循环遍历数据表的每一行，并检查每个值是否大于目前找到的最大值，还是小于最小值。首先，dataMin变量被设置为MAX_FLOAT，这是一个表示最大可能浮点数值的内置值，这就确保了dataMin将被替换为表中找到的第一个值。对于dataMax也使用同样的方法，即将其设置为MIN_FLOAT。

加载数据表，然后查找最小值和最大值，添加代码如下：

```
float value;
float dataMin=MAX_FLOAT;
float dataMax=MIN_FLOAT;
```

在setup( )部分添加代码如下：

```
1  // 读取随机数据表
2  dataTable=loadTable("random.tsv");
3  // 查找最小值和最大值
4  for(int row=0; row<rowCount; row++){
5    value=dataTable.getFloat(row, 1);
6    if(value>dataMax){
7      dataMax=value;
8    }
9    if(value<dataMin){
10     dataMin=value;
11   }
12 }
```

程序的另一半(draw部分)为每个位置绘制一个数据点。在循环结构中修改代码如下：

```
1  for(int row=0; row<rowCount; row++){
2    value=dataTable.getFloat(row, 1);
3    float x=locationTable.getFloat(row, 1);
4    float y=locationTable.getFloat(row, 2);
5    float mapped=map(value, dataMin, dataMax, 5, 30);
6    ellipse(x, y, mapped, mapped);
7  }
```

运行代码(sketch_6_10)，查看效果，如图6-14所示。

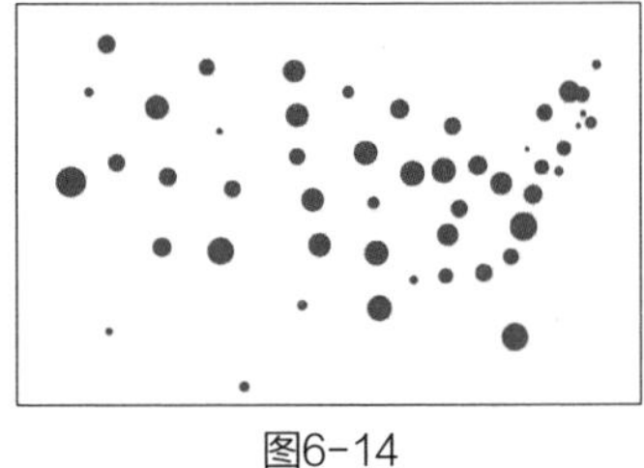

图6-14

map()函数将数字从一个范围转换为另一个范围。在本例中，value值应该介于dataMin和dataMax之间，使用map()函数重新映射比例值为10～25的数字。map()函数对于隐藏转换中涉及的数学运算很有用，它使代码编写速度更快，也更容易让人阅读。

许多可视化问题都围绕着将数据从一个范围映射到另一个范围。例如，从输入数据的最小值和最大值到绘图的宽度或高度。因此，map()函数经常被使用。

另一个细化选项是保持椭圆的大小一致，但在高低值之间插入两种不同颜色的插值。因为数据集中的值有正有负，所以更好的选择是使用单独的颜色来表示正的或负的，同时改变每个椭圆的大小来反映范围。在这种情况下，对于椭圆的直径，正值将从最大值到0的范围，对应到3～30的值；相应地，负值则从最小的负值(dataMin)到0的范围，也映射到30～3的值。正值用蓝色椭圆表示，负值用红色椭圆表示。修改代码如下：

```
1  for(int row=0; row<rowCount; row++){
2    value=dataTable.getFloat(row, 1);
3    float x=locationTable.getFloat(row, 1);
4    float y=locationTable.getFloat(row, 2);
5    float diameter=0;
6    if(value>=0){
7      diameter=map(value, 0, dataMax, 8, 20);
```

```
    fill(#333366);                              // 蓝色
    } else {
      diameter=map(value, 0, dataMin, 8, 20);
    fill(#EC5166);                              // 红色
  }
  ellipse(x, y, diameter, diameter);
}
```

运行代码(sketch_6_11)，查看效果，在数据的单个维度上使用了两个视觉特征(大小和颜色)，比之前的表示方法更容易阅读和解释，如图6-15所示。

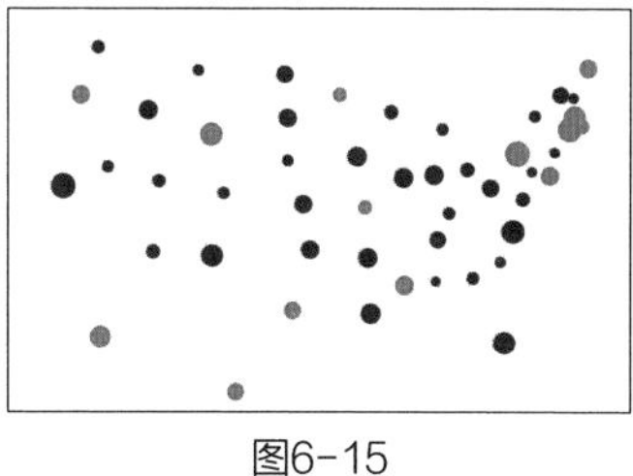

图6-15

在某些情境下，采用两种方式来展示一个变量能够更有效地突显其数值的意义。若正值和负值之间的差异是关注的核心和重要方面，那么上述使用的方法便是一个恰当的解决方案。

为了增强互动性，我们还可以添加一些功能，使得当鼠标悬停在特定状态上时，能够展示该位置的更多信息。为了将额外的信息以文本形式呈现，需要选择并使用一种字体。在draw()函数部分修改代码如下：

```
if(dist(x, y, mouseX, mouseY)<diameter/2+2){
  fill(0);
  textAlign(CENTER);
  // 在括号中显示数据值和状态缩写
  text(value, x, y-diameter/2-4);
}
```

运行代码(sketch_6_12)，查看交互信息的效果，如图6-16所示。

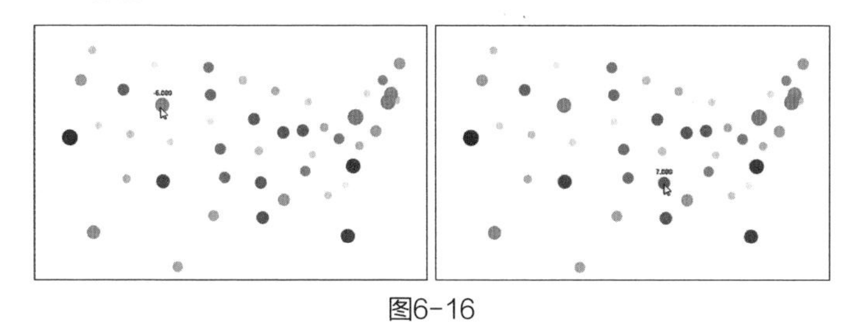

图6-16

因为鼠标光标向右和向下延伸，所以将文本放在圆圈的上方，以防止箭头掩盖数据本身。

为了方便查找各地的名称，只需再添加一个名称表格文件，此表将与其他表一起使用。在实际情况中，虽然经常会在单个数据文件中遇到多种特定数据，但引入能够将多个数据集相关联的理念仍然极为有用。这是因为数据可视化的一个强大功能，就在于它能够轻松组合来自不同来源的数据集。

(1) 在代码的起始部分，紧接在声明之后，需要添加一个名称表的声明：

```
Table nameTable;
```

(2) 加载nameTable和setup()函数中的其他名称表：

```
1  nameTable=loadTable("names.tsv");
```

(3) 在绘制文本时，从表中抓取全名并显示：

```
1  String name=nameTable.getString(row, 1);
2  text(name+""+value, x, y-diameter/2-4);
```

运行代码(sketch_6_13)，查看效果，如图6-17所示。

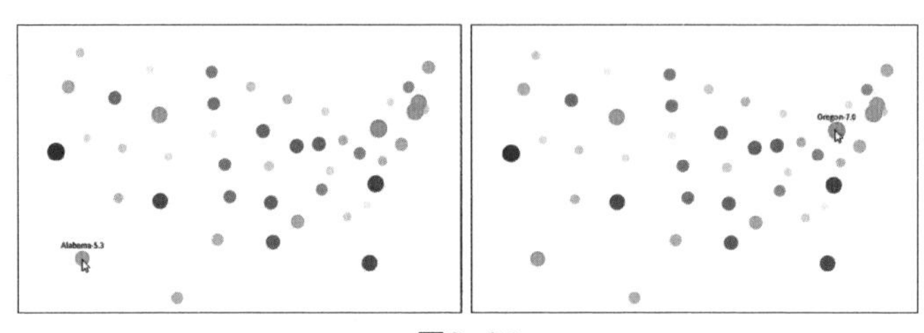

图6-17

对于表格数据来说，我们熟悉的xls文件(Excel制表文件)也很方便读取并进行视觉化。例如，有一份全国各省份的经纬数据、简称及区号表格，如图6-18所示。

1	各省简称与省会位置					
2	省份	简称	省会	Longitude	Latitude	区号
3	安徽	皖	合肥	117.194778	31.865770	340000 AH
4	北京	京	北京	116.403694	39.949459	110000 BJ
5	重庆	渝	重庆	106.553263	29.556681	500000 CQ
6	福建	闽	福州	119.292069	26.144144	350000 FJ
7	甘肃	甘	兰州	103.856737	36.094212	620000 GS
8	广东	粤	广州	113.239359	23.185545	440000 GD
9	广西	桂	南宁	108.345678	22.861984	450000 GX
10	贵州	黔	贵阳	106.616332	26.707352	520000 GZ
11	海南	琼	海口	110.350983	19.968035	460000 HI
12	河北	冀	石家庄	114.508772	38.083783	130000 HE
13	河南	豫	郑州	113.644099	34.769161	410000 HA
14	黑龙江	黑	哈尔滨	126.522207	45.801617	230000 HL
15	湖北	鄂	武汉	114.361594	30.601078	420000 HB
16	湖南	湘	长沙	112.926605	28.217167	430000 HN
17	吉林	吉	长春	125.326383	43.797768	220000 JL
18	江苏	苏	南京	118.832137	32.038322	320000 JS
19	江西	赣	南昌	115.851775	28.672488	360000 JX
20	辽宁	辽	沈阳	123.486653	41.682522	210000 LN
21	内蒙古	蒙	呼和浩特	111.785972	40.849642	150000 NM
22	宁夏	宁	银川	106.257585	38.482579	640000 NX
23	青海	青	西宁	101.851432	36.622494	630000 QH
24	山东	鲁	济南	117.194778	36.652148	370000 SD
25	山西	晋	太原	112.595453	37.858034	140000 SX
26	陕西	陕	西安	109.026378	34.350591	610000 SN
27	上海	沪	上海	121.518142	31.211845	310000 SH
28	四川	川	成都	104.132697	30.561282	510000 SC
29	天津	津	天津	117.286764	39.001295	120000 TJ
30	西藏	藏	拉萨	91.144205	29.649484	540000 XZ
31	新疆	新	乌鲁木齐	87.667116	43.817754	650000 XJ
32	云南	滇	昆明	102.881681	24.866897	530000 YN
33	浙江	浙	杭州	120.211934	30.274265	330000 ZJ
34	香港	港	香港	114.242011	22.272474	810000 HK
35	澳门	澳	澳门	113.579709	22.169692	820000 MO
36	台湾	台	台北	121.591732	25.034634	710000 TW

图6-18

在草图中通过调用XlsReader库直接读取xls表格文件，提取需要的数据，映射到数字画布中的红色圆点和文本。运行代码(sketch_6_14)，查看效果，如图6-19所示。

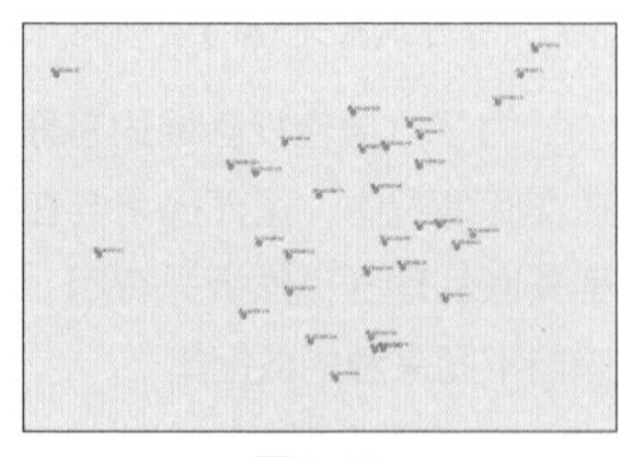

图6-19

6.2.3 XML数据

XML也是数据的一种标准格式，其设计初衷是为了便于在不同系统之间共享数据。在Processing中，可以利用内置的XML类来轻松获取XML格式的数据。

XML使用一个树形结构来组织和管理信息，这种结构非常清晰且易于理解。以书架的XML源文件为例，它描述了书籍的归档(即bookstore)，将书分为不同的类别，每类中列举图书的作者、书名、年份和价格等。XML源文件如下：

```
1  <?xml version="1.0"encoding="ISO-8859-1"?>
2  <bookstore>
3  <book category="COOKING">
4    <title lang="en">Everyday Italian</title>
5    <author>Giada De Laurentiis</author>
6    <year>2005</year>
7    <price>30.00</price>
8  </book>
9  <book category="CHILDREN">
10   <title lang="en">Harry Potter</title>
11   <author>J K. Rowling</author>
12   <year>2005</year>
13   <price>29.99</price>
14 </book>
15 <book category="WEB">
16   <title lang="en">Learning XML</title>
17   <author>Erik T. Ray</author>
18   <year>2003</year>
19   <price>39.95</price>
20 </book>
21 </bookstore>
```

将上述数据绘制到树形结构中，如图6-20所示。

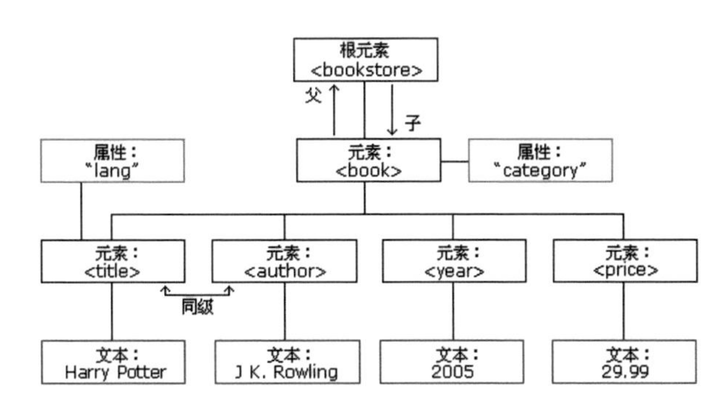

图6-20

仔细观察树形结构中的细节，除了第一行是例外(只是简单指明该网页是XML格式)，这个XML文档包含一个元素的嵌套列表，每个元素都有一个开始标签和结束标签，如<author>和</author>，许多元素在两个标签之间添加内容。

```
1  <author>Erik T. Ray</author>
```

另外一些则具有属性信息，属性名等于用引号表示的属性值。

```
1  <title lang="en">Learning XML</title>
```

由于XML的句法是标准化的，因此可以使用split()、indexOf()和substring()函数寻找XML源文件中的片段。在Processing中可以使用内置的XML类来解析。例如：

```
1 XML xml=loadXML(URL或本地文件);
```

一个XML对象代表一棵XML树的一个元素。当一个文档被载入之后，XML对象将永远是根元素(root element)，通过getChildren()函数可以访问元素的子元素。

```
1 XML book=xml.getChild("book");                // 访问子元素"book"
```

一个元素本身的内容是通过下面几种函数来获取的：getContent()、getIntContent()或getFloatContent()。getContent()是最常用的，总是将内容以字符串的形式读取。如果要使用的内容为数字，那么Processing将使用getIntContent()或getFloatContent()函数进行转换。属性也可以进行读取，使用getInt()和getFloat()函数将其读取为数字，使用getString()函数将其读取为文字。

下面使用一个Bubble对象的XML文件：

```
1  <?xml version="1.0"encoding="UTF-8"?>
2  <bubbles>
3  <bubble>
4  <position x="160"y="100"/>
5  <diameter>"40"</diameter>
6  </bubble>
7  <bubble>
8  <position x="370"y="130"/>
9  <diameter>"52"</diameter>
10 </bubble>
11 <bubble>
12 <position x="280"y="235"/>
13 <diameter>"60"</diameter>
14 </bubble>
15 <bubble>
16 <position x="120"y="180"/>
17 <diameter>"44"</diameter>
18 </bubble>
19 <bubble>
20 <position x="229"y="294"/>
21 <diameter>"54.8"</diameter>
22 </bubble>
23 </bubbles>
```

可以使用getChildren()函数获取<bubble>数组元素，根据每个元素制作一个Bubble对象。输入代码如下：

```
1 Bubble[] bubbles;
2 XML xml;
3 void setup(){
4   size(640, 360);
```

```
5    loadData();
6  }
7  void draw(){
8    background(235, 250, 255);
9    //显示泡泡
10   for(int i=0; i<bubbles.length; i++){
11     bubbles[i].display();
12   }
13 }
14 void loadData(){
15   xml=loadXML("bubbles.xml");
16   XML[] children=xml.getChildren("bubble");
17   bubbles=new Bubble[children.length];
18   for(int i=0; i<bubbles.length; i++){
19     XML positionElement=children[i].getChild("position");
20     float x=positionElement.getInt("x");
21     float y=positionElement.getInt("y");
22     XML diameterElement=children[i].getChild("diameter");
23     float diameter=diameterElement.getFloatContent();
24     bubbles[i]=new Bubble(x, y, diameter);
25   }
26 }
27 void mousePressed(){
28   XML bubble=xml.addChild("bubble");
29   XML position=bubble.addChild("position");
30   position.setInt("x", mouseX);
31   position.setInt("y", mouseY);
32   XML diameter=bubble.addChild("diameter");
33   diameter.setFloatContent(random(40, 80));
34   XML[] children=xml.getChildren("bubble");
35   if(children.length>10){
36     xml.removeChild(children[0]);
37   }
38   saveXML(xml,"data/bubbles.xml");
39   loadData();
40 }
```

运行代码(sketch_6_15)，查看效果，如图6-21所示。

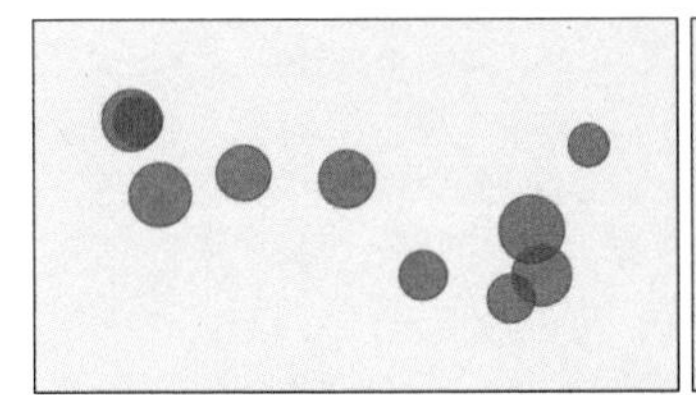
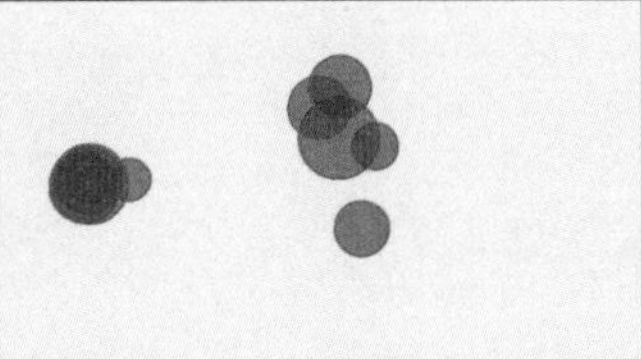
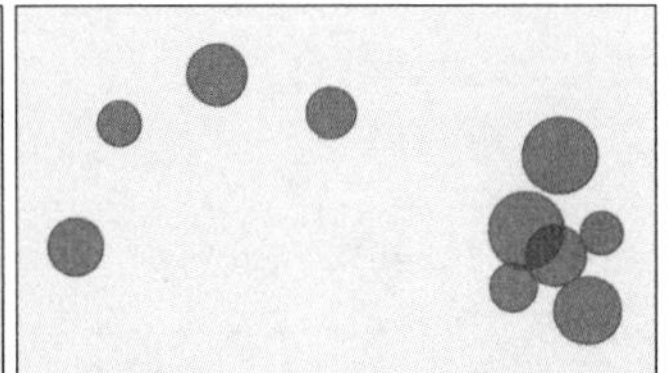

图6-21

除了loadXML()，Processing还包含一个saveXML()函数，用于在草图文件夹中编写XML文件，通过使用addChild()或removeChild()函数来增加或删除元素，进而修改XML树。也可以使用setContent()、setIntContent()、setFloatContent()、setString()、setInt()和setFloat()函数，修改元素或属性的内容。

6.2.4 JSON数据

JSON是JavaScript对象表示法(JavaScript Object Notation)的缩写，其设计是基于JavaScript编程语言(它常用在网页应用中传输数据)中对象的句法，但是具有更强的普遍性，并且独立于语言之外。

JSON被视为XML的一种替代方法，它采用一种类似于树形的方式来组织数据。在JSON中，所有的数据都可通过两种方式呈现：对象或数组。

首先来看JSON对象。一个JSON对象就好像没有函数的Processing对象，它仅仅是一个具有名称和数值(或“名称-数值对”)的变量的集合。例如，下面是描述一个人的JSON数据：

```
1  {
2    "name":"flying",
3    "age":26,
4    "height":1.74,
5    "degree":"master"
6    "major":"art"
7  }
```

可以看到每个“名称-数值对”都由一个逗号分隔。

那么，它是如何映射到Processing中的类的呢？可使用如下语句：

```
1  class Person {
2    String name;
3    int age;
4    float height;
5    String degree;
6    String major;
7  }
```

在JSON中并没有类，只有对象，而且一个对象可以包含另外一个对象，使后者成为前者的一部分。

```
1  {
2    "name":"flying",
3    "age":26,
4    "height":1.74,
5    "degree":"master"
6    "major":{
7      "first":"art",
8      "year1":2020,
9      "second":"design",
10     "year2":2022,
11   }
12 }
```

在XML中，先前的JSON数据可能如下所示：

```
<person>
<name>flying</name>
<age>26</age>
<height>1.74</height>
<degree>master</degree>
<major>
<first>art</first>
<year1>2020</year1>
<second>design</second>
<year2>2022</year2>
</major>
</person>
```

多个JSON对象可以一个数组形式出现在数据中，就如同在Processing中使用的数组一样，一个JSON数组仅仅是一个数值(原始值或对象)的列表。但是句法的不同体现在：通过方形括号表示一个数组，而不是花括号。下面是一个简单的整数JSON数组：

```
[1, 7, 8, 9, 10, 13, 15]
```

一个数组也可以作为一个对象的一部分：

```
{
  "name":"flying",
  "favorite colors":[
    "purple",
    "blue",
    "pink"
  ]
}
```

数组也可以是一个对象数组本身。例如，以下是一个关于泡泡的JSON数据示例。在这个示例中，数据被组织为一个JSON对象，名为“bublles”，它包含一个JSON数组。

```
{
  "bubbles":[
    {
      "position":{
        "x":160,
        "y":100
      }
      "diameter":40
    },
    {
    "position":{
      "x":370,
      "y":130
```

```
14      }
15      "diameter":52
16    },
17    {
18      "position":{
19        "x":280,
20        "y":235
21      }
22      "diameter":60
23    },
24    {
25      "position":{
26        "x":120,
27        "y":180
28      }
29      "diameter":44
30    },
31    {
32      "position":{
33        "x":229,
34        "y":294
35      }
36      "diameter":54.8
37      }
38    ]
39  }
```

读者可以比较同样数据的CSV和XML格式的版本。

在Processing中处理JSON数据时，一个较为复杂的方面在于需要明确区分对象和数组。与XML不同，XML只需使用一个XML类便提供了需要的解析功能；而处理JSON时却有JSONObject和JSONArray两类。在解析过程中，必须慎重考虑使用哪一个类。

第一步就是简单地使用loadJSONObect()或loadJSONArray()函数载入数据，但是要确定选择哪一个，必须查看位于JSON文件根中的内容，是一个对象还是一个数组。关注第一个字符，是一个"["还是一个"{"，JSON对象开始于一个花括号，JSON数组开始于一个方括号。

通常，JSON数据最终以一个数组对象(如"泡泡"对象数组)组织起来，JSON数据的根元素也包含那个数组的对象。要使用泡泡的数据，首先需要载入一个对象，然后从那个对象中提取数组。

```
1  JSONObject json=loadJSONObject("paopao.json");
2  JSONArray bubble Data=json.getJSONArray(bubbles");
```

正如在XML中，我们通过元素的名称来访问其包含的数据，在JSONArray中，访问数组中的元素则是通过其编号和索引值来实现的。

```
1    for(int i=0;i<bubbleData.size();i++)}
2    JSONObject bubble=bubbleDATA.getJSONObject(i);
3  }
```

当从一个JSONObject中寻找特定的数据片段时(如一个整数或一个字符串)，函数要和那些属性保持一致。例如：

```
1  JSONObject position=bubble.getJSONObject("position");
2  int x=position.getInt("x");
3  int y=position.getInt("y");
4  float diameter=bubble.getFloat("diameter");
```

将上面这些组合到一起，就可以得到一个泡泡示例的JSON版本了。代码如下：

```
1  Bubble[] bubbles;
2  JSONObject json;
3  void setup(){
4    size(640, 360);
5    loadData();
6  }
7  void draw(){
8    background(235, 250, 255);
9    for(Bubble b : bubbles){
10     b.display();
11   }
12 }
13 void loadData(){
14   //载入JSON文件
15   json=loadJSONObject("paopao.json");
16   JSONArray bubbleData=json.getJSONArray("bubbles");
17   bubbles=new Bubble[bubbleData.size()];
18   for(int i=0; i<bubbleData.size(); i++){
19     //获取数组中的每一个对象
20     SONObject bubble=bubbleData.getJSONObject(i);
21     //获取对象的位置
22     JSONObject position=bubble.getJSONObject("position");
23     //获取位置属性中的x和y值
24     int x=position.getInt("x");
25     int y=position.getInt("y");
26     //获取直径
27     float diameter=bubble.getFloat("diameter");
28     bubbles[i]=new Bubble(x, y, diameter);
29   }
30 }
31 void mousePressed(){
32   JSONObject newBubble=new JSONObject();
33   JSONObject position=new JSONObject();
34   position.setInt("x", mouseX);
35   position.setInt("y", mouseY);
```

```
36    newBubble.setJSONObject("position", position);
37    newBubble.setFloat("diameter", random(40, 80));
38    JSONArray bubbleData=json.getJSONArray("bubbles");
39    bubbleData.append(newBubble);
40    if(bubbleData.size()>10){
41      bubbleData.remove(0);
42    }
43    //保存新数据
44    saveJSONObject(json,"data/paopao.json");
45    loadData();
46  }
```

运行代码(sketch_6_16)，查看效果，如图6-22所示。

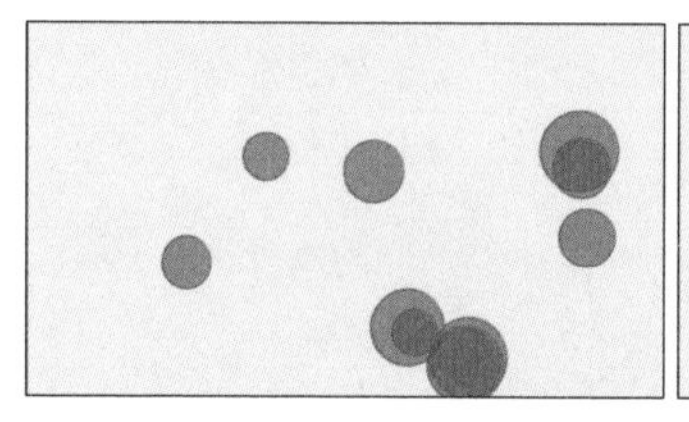
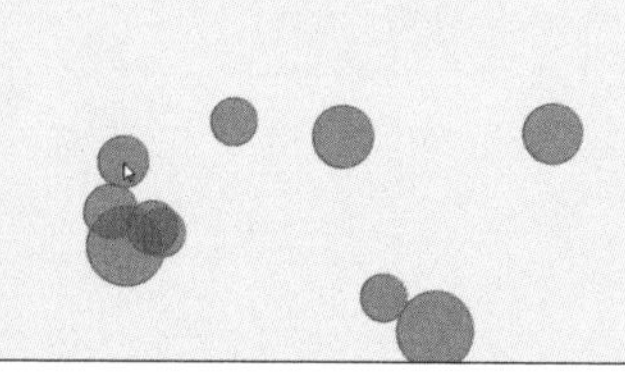
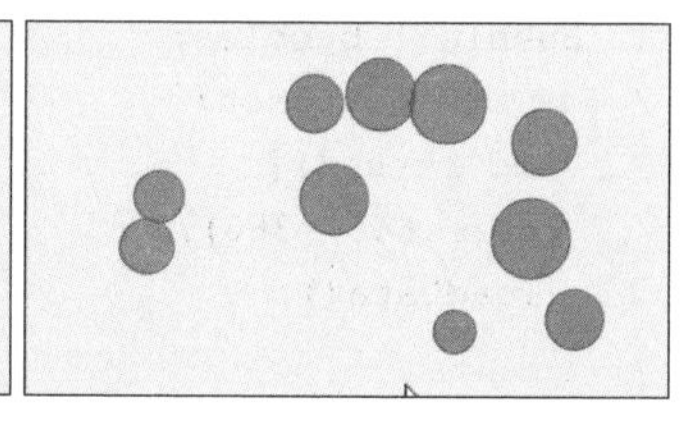

图6-22

可以使用下载的数据文件，如上海市各分区的区号和名称的文件"shanghai.json"，如图6-23所示。

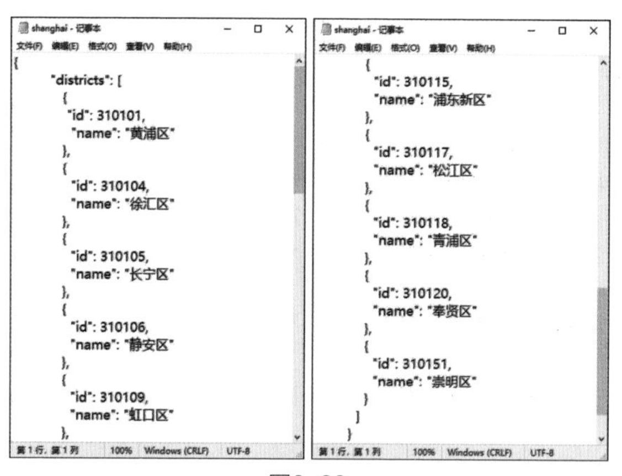

图6-23

运行代码(sketch_6_17)，查看效果，如图6-24所示。可以将区号显示出来，也可以将对应名称显示出来。

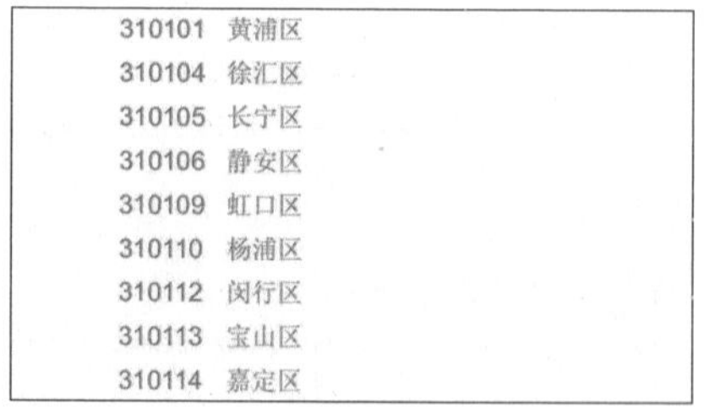

图6-24

如果数据文件中还包含分区的位置数据或其他数据，也可以生成图形和文字。

6.3 网络数据与API

API可以被视为将一个数据请求封装成服务的方式。当面对庞大的数据集时，复制整个数据往往不太现实，而API为程序员提供了一种便捷的途径，使他们能够仅请求所需的数据部分，这无疑极大地减轻了数据处理的负担。

有一些API是完全公共的，但有一些API需要认证后方可使用，包括需要提供用户ID或密码，这样数据服务提供者可以追踪用户的行为。几乎所有API都对调用次数与使用频率有所设定与限制，比如它可能每个月允许访问1000次，或者每秒钟不超过一次。

当计算机联网时，Processing的程序可以向互联网请求数据。CSV、TSV、JSON、XML等文件都可以通过相应的读取函数进行读取，并且它可以接受URL作为参数。例如，可以从网上获取华北地区河北省各地市的名称、邮编和电话区号，然后按照JSON中定义的对象和数组的行来分开，使其更便于阅读。格式如下：

```
{
  "North China":"华北区",
  "provinces": [{
    "name":"河北省",
    "citys_1":{
      "Zip": 050000,
      "Area": 0311,
      "name":"石家庄"
    },
    "citys_2":{
      "Zip": 063000,
      "Area": 0315,
      "name":"唐山"
    },
    "citys_3":{
      "Zip": 066000,
      "Area": 0335,
      "name":"秦皇岛"
    },
    "citys_4":{
      "Zip": 056000,
      "Area": 0310,
      "name":"邯郸"
    },
    "citys_5":{
      "Zip": 054000,
      "Area": 0319,
      "name":"邢台"
```

```
29      },
30      "citys_6":{
31        "Zip": 071000,
32        "Area": 0312,
33        "name":"保定"
34      },
35      "citys_7":{
36        "Zip": 075000,
37        "Area": 0313,
38        "name":"张家口"
39      },
40      "citys_8":{
41        "Zip": 067000,
42        "Area": 0314,
43        "name":"承德"
44      },
45      "citys_9":{
46        "Zip": 061000,
47        "Area": 0317,
48        "name":"沧州"
49      },
50      "citys_10":{
51        "Zip": 065000,
52        "Area": 0317,
53        "name":"廊坊"
54      },
55      "citys_11":{
56        "Zip": 053000,
57        "Area": 0318,
58        "name":"衡水"
59      }
60    }]
61  }
```

要处理这个数据，重点是将关注的地市名称和邮编显示出来。输入代码如下：

```
1   void setup(){
2     int id=getId("hebeisheng.json");
3     String name=getName("hebeisheng.json");
4     println(name+"邮编"+""+0+id);
5   }
6   int getId(String filename){
7     JSONObject citys_1=loadJSONObject(filename);
8     JSONArray provinces=citys_1.getJSONArray("provinces");
9     JSONObject item=provinces.getJSONObject(0);
10    JSONObject citys_3=item.getJSONObject("citys_3");
```

```
11   int idnum=citys_3.getInt("Zip");
12   return idnum;
13 }
14 String getName(String filename){
15   JSONObject citys_1=loadJSONObject(filename);
16   JSONArray provinces=citys_1.getJSONArray("provinces");
17   JSONObject item=provinces.getJSONObject(0);
18   JSONObject citys_3=item.getJSONObject("citys_3");
19   String cityname=citys_3.getString("name");
20   return cityname;
21 }
```

运行代码(sketch_6_18)，查看控制台效果，如图6-25所示。

图6-25

很多时候从网络上获取的数据并不是标准格式，此时可以使用loadStrings()函数抓取URL。例如：

```
1 String[] lines=loadStrings("https://www.163.com");
```

当发送一个URL路径至loadStrings()函数，可以获得一个请求网页的原始HTML文件，该文件就是一个网页的源代码。

对于从文本文件中获取的以逗号分隔的数据，需要将其修改成特制格式，以在Processing草图中使用。将HTML源文件存储于一个字符串数组(每个元素代表源文件中的一行)是不切实际的，而将数组转换为一个长字符串更加简单，如通过使用join()函数就可以实现：

```
1 String html=join(lines,"");
```

从一个网页中获取HTML源文件时，很可能并不需要整个文件的内容，而是仅仅需要其中的一小部分信息。例如，当我们想要查找天气信息、股票行情或者一个新闻标题时，就可以利用之前学过的字符串操作函数indexOf()、substring()和length()，这些函数能够在一大段文本信息中寻找一小部分信息。下面以String对象为例：

```
1 String stuff="Number of apples:62.Boy, do I like apples or what!"
```

假设需要从以上文本中提取苹果的数量，算法构思如下：

(1) 找到子字符串的末尾“apples:”，称其为start。

(2) 找到“apple:”之后的第一个句号，称其为end。

(3) 在上述内容的开始和结束之间创建一个子字符串。

(4) 将字符串转换为一个数字。

用代码的形式写出，如下所示：

```
1 int start=stuff.indexOf("apples:")+8;
2 int end=stuff.indexOf(".", start);
3 String apple_no=int(apples);
```

上述代码虽实用，但为了确保在找不到所需字符串时不会引发错误，还应添加一些错误校验机制，并将其整合为一个函数。编码如下：

```
1  String giveMeTextBetween(String s, String startTag, String endTag({
2    int startIndex=s.indexOf(startTag);
3    if(startIndex==-1){
4      return"";
5    }
6    startIndex+=startTag.length();
7    int endIndex=s.indexOf(endTag, startIndex);
8    if(endIndex==-1){
9      return"";
10   }
11   return s.substring(startIndex, endIndex);
12 }
```

使用这样的方法，就可以在Processing中连接一个网站，并且在网站中抓取数据用于草图中。例如，可以从网易网抓取汽车的销售量、型号及图片等信息。下面是浏览的网页效果，如图6-26所示。

图6-26

查看HTML源代码，发现非常混乱，如图6-27所示。

假如想要知道某个车型的销售量信息或其中的图片，可找到与新能源汽车销量相关的信息行，如下：

```
1 <meta name="keywords"content="比亚迪，新能源汽车，比亚迪10月新能源销量301833辆"/>
2 <meta name="description"content="比亚迪10月新能源销量301833辆"/>
```

图6-27

确定数据开始和结束的位置，就可以使用giveMeTextBetween()函数获取销量数据。输入代码如下：

```
1  String url="https://www.163.com/money/article/IIG16E9700258299.html";
2  String[] lines=loadStrings(url);
3  String html=join(lines,"");
4  //确定起止点
5  String start1="<meta name=\"description\"content=\"";
6  String end1="\"/>";
7  sales=giveMeTextBetween(html, start1, end1);
8  Println(sales);
```

运行代码(sketch_6_19)，查看控制台打印效果，如图6-28所示。

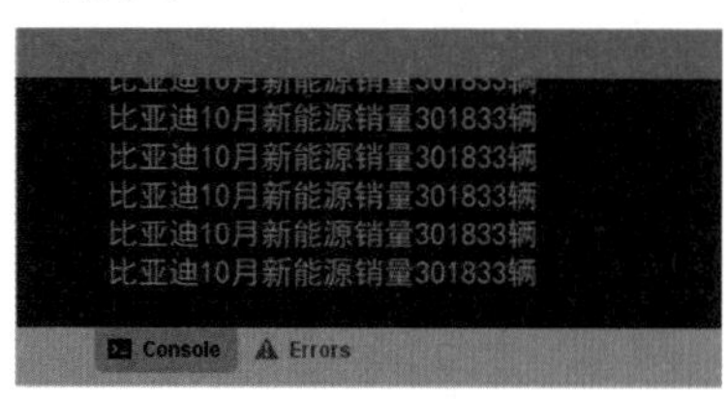

图6-28

同时，获取销量及网易Logo图片，并显示在屏幕上。输入代码如下：

```
1  PFont myfont;
2  String sales;
3  PImage poster;
4  void setup(){
5    size(300, 350);
6    myfont=createFont("simhei.ttf", 24);
7    loadData();
8  }
9  void draw(){
10   background(#F0FBFC);
11   image(poster, 70, 20, 160, 230);
12   fill(0);
13   textFont(myfont, 18);
14   text("网易汽车公告", 10, 280);
15   textSize(14);
```

```
16   text(sales, 10, 300);
17 }
18 void loadData(){
19   String url="https://www.163.com/money/article/IIG16E9700258299.html";
20   String[] lines=loadStrings(url);
21   String html=join(lines,"");
22   String start1="<meta name=\"description\"content=\"";
23   String end1="\"/>";
24   sales=giveMeTextBetween(html, start1, end1);
25   String start2="<link rel=\"apple-touch-icon\"href=\"";
26   String end2="\">";
27   String imgUrl=giveMeTextBetween(html, start2, end2);
28   poster=loadImage(imgUrl);
29 }
30 String giveMeTextBetween(String s, String before, String after){
31   String found="";
32   int start=s.indexOf(before);
33   if(start==-1){
34     return"";
35   }
36   start+=before.length();
37   int end=s.indexOf(after, start);
38   if(end==-1){
39     return"";
40   }
41   return s.substring(start, end);
42 }
```

运行代码(sketch_6_20)，查看效果，如图6-29所示。

图6-29

再从汽车之家网站上获取车辆型号的数据和图片，浏览相关网页，如图6-30所示。

图6-30

例如，抓取菲亚特Abarth 500新能源车的型号和图片。修改代码如下：

```
1  PFont myfont;
2  String name;
3  PImage poster;
4  void setup(){
5    size(300, 350);
6    myfont=createFont("simhei.ttf", 24);
7    loadData();
8  }
9  void draw(){
10   background(#F0FBFC);
11   image(poster, 10, 20, 280, 220);
12   int i=12;
13   while(i<23){
14     char n=name.charAt(i);
15     text(n, i*8-80, 300);
16     i++;
17   }
18   fill(0);
19   textFont(myfont, 18);
20   text("网易汽车公告", 10, 280);
21   textSize(14);
22 }
23 void loadData(){
24   String url="https://car.autohome.com.cn/pic/brand-524.html";
25   String[] lines=loadStrings(url);
26   String html=join(lines,"");
27   String start1="<a href=\"/pic/series/7001.html#pvareaid=2042214\"title=\"";
28   String end1="</a>";
29   name=giveMeTextBetween(html, start1, end1);
30   String start2="<img width=\"240\"height=\"180\"src=\"//";
31   String end2="\"alt=\"\"/>";
32   String imgUrl=giveMeTextBetween(html, start2, end2);
33   poster=loadImage("http://"+imgUrl);
34 }
35 String giveMeTextBetween(String s, String before, String after){
36   String found="";
37   int start=s.indexOf(before);
38   if(start==-1){
39     return"";
40   }
41   start+=before.length();
42   int end=s.indexOf(after, start);
43   if(end==-1){
44     return"";
45   }
46   return s.substring(start, end);
47 }
```

运行代码(sketch_6_21)，查看效果，如图6-31所示。

图6-31

6.4 数据映射

前面的示例清晰地展示了，一旦数据被存储在数组中，就可以被用来创建有效的绘图或其他类型的可视化效果。即使是简单的可视化手段，也能揭示出在数字表格中可能不明显的关键信息。随着在计算领域学习的不断深入，掌握更多的概念和技能，就能够存储和处理更复杂的数据类型，并利用Processing的强大能力，创建越来越丰富的视觉表示。

6.4.1 获取和解析

时间序列是一种普遍存在的数据集类型，它描绘了一些可测量的特征(如人口数量或物品销量)是如何在一段时间内发生变化的。鉴于时间序列的普遍性，我们可以将其作为学习可视化的起点，通过这个过程逐渐了解可视化所需的必要流程：

- 从文本文件中获取数据表文件的内容。
- 解析成可用的数据结构。
- 计算数据的边界便于表示。
- 寻找合适的表示方法并考虑替代方案。
- 考虑位置、类型、线条和颜色等与数据交互的手段。
- 提供一种与数据交互的方法，可以对变量彼此之间或对整个数据集的平均值进行比较。

下面以近五十年某地居民早餐饮品的数据信息为例，将一个简单的数据集制作成通用代码来处理不同的场景，如从文件中读取表或在绘图中放置标签和网格线等。

在此使用的数据集提供了一个已经处理过的版本：breakfast-beverage.tsv。

这个数据集包含三列，分别是第一列“牛奶”、第二列“豆浆”、第三列“米粥”在早餐饮品中的占比，如图6-32所示。

时间序列可视化通常看起来与这里给出的基本可视化表单非常相似，除了数据集有一个额外的时间维度。也就是说，每个数据点都有一个值和一个相关的时间标记。要读取此文件，需使用一个非常高效且通用的表类FloatTable.pde。

年份	牛奶	豆浆	米粥
1970	1.0	6.0	82.0
1971	1.1	6.2	82.1
1972	1.2	6.4	82.1
1973	1.2	6.0	83.0
1974	1.3	5.9	83.6
1975	0.9	5.5	83.6
1976	1.2	5.5	84.4
1977	1.4	5.5	83.9
1978	0.9	5.6	83.7
1979	1.0	5.8	84.0
1980	0.9	6.0	84.0
1981	0.8	6.2	84.8
1982	0.8	6.3	84.5
1983	0.9	6.4	84.4
1984	0.8	6.5	84.9
1985	1.4	6.6	85.0
1986	1.3	6.8	85.1
1987	1.1	6.8	85.6
1988	1.2	6.8	85.4
1989	1.3	7.2	84.7
1990	1.2	7.3	84.8
1991	1.5	7.4	84.8
1992	1.5	7.5	85.2
1993	1.5	7.5	85.3
1994	1.3	7.7	84.7
1995	1.4	7.5	85.2
1996	1.6	7.2	84.9
1997	2.2	6.9	84.7
1998	1.8	7.3	85.2
1999	2.1	7.2	84.7
2000	2.4	6.9	84.3
2001	2.3	7.0	84.5
2002	2.4	7.1	84.9
2003	1.7	7.1	85.3
2004	1.5	7.1	85.4
2005	2.1	6.9	85.8
2006	2.1	7.0	86.2
2007	2.0	6.9	85.8
2008	2.7	6.9	86.4
2009	2.5	7.4	86.5
2010	2.1	8.0	85.9
2011	2.4	8.3	86.2
2012	2.3	8.1	86.6
2013	1.9	7.9	86.3
2014	1.8	7.6	86.8
2015	2.4	7.2	86.9
2016	2.0	8.3	87.3
2017	1.9	8.2	87.3
2018	1.5	7.8	88.0
2019	2.1	8.2	87.5
2020	1.9	7.8	88.1
2021	1.8	7.5	88.5
2022	2.2	7.6	88.8

图6-32

打开Processing，开始绘制一个新的草图。通过将必要文件拖动到编辑器窗口，或执行菜单“速写本”|“添加文件”命令，将这两个文件添加到草图中。

6.4.2 过滤器和挖掘

在处理数据集时，有时我们需要先确定预过滤数据集中每列的最小值和最大值，这些信息对于正确地将数据点缩放到屏幕上的位置至关重要。FloatTable类提供了计算行、列的最小值和最大值的方法。下面的示例展示了如何计算每列的最小值:

```
float getColumnMax(int col){
  //将m的值设置高，因此将找到的第一个值设置为最大值
  float m=MIN_FLOAT;
  //循环通过每一行
  for(int row=0; row<rowCount; row++){
    //只考虑有效的数据元素
    if(isValid(row, col)){
      //最后，检查该值是否大于到目前为止已找到的最大值
      if(data[row][col]>m){
        m=data[row][col];
      }
    }
  }
  return m;
}
```

isValid()函数在数据清理和预处理阶段非常重要，特别是在处理不完整或缺失数据时。在breakfast-beverage.tsv文件中，所有的数据都是有效的，但对于大多数数据集，缺失的值需要额外考虑。

因为“牛奶”“豆浆”和“米粥”的值将会相互比较，所以有必要计算出所有列的最大值。下面的代码在加载breakfast-beverage.tsv文件后执行此操作:

```
FloatTable data;
float dataMin, dataMax;
```

```
3  void setup(){
4    data=new FloatTable("breakfast-beverage.tsv");
5    dataMin=0;
6    dataMax=data.getTableMax();
7  }
```

在某些情况下，计算数据集的最小值同样具有重要意义。将最小值设置为0，可以在三个数据集之间更准确地比较。每个行名都代表一年，这些信息在后续绘制时间轴标签时将发挥关键作用。为了确保这些年份在代码中有用，还需要在将整个组转换为int数组后，进一步确定最小和最大的年份。FloatTable中的getRowNames()函数返回一个String数组，可以使用int()强制转换函数转换该数组，如下：

```
1  FloatTable data;
2  float dataMin, dataMax;
3  int yearMin, yearMax;
4  int[] years;
5  void setup(){
6    data=new FloatTable("breakfast-beverage.tsv");
7    years=int(data.getRowNames());
8    yearMin=years[0];
9    yearMax=years[years.length-1];
10   dataMin=0;
11   dataMax=data.getTableMax();
12 }
```

6.4.3 表示和细化

为了开始可视化过程，我们需要确定绘图区域的边界。可以通过设置plotX1、plotY1、plotX2和plotY2四个变量来实现，它们分别定义了绘图区域的四个角。为了在左边提供一个漂亮的边距，可将plotX1设置为50，然后通过从宽度中减去这个值来设置plotX2坐标，从而使两边保持均匀，只需要改变一次就可以调整两者的位置，同样的技术也用于绘图区的垂直位置。输入代码声明变量和初始化设置：

```
1  FloatTable data;
2  float dataMin, dataMax;
3  float plotX1, plotY1;
4  float plotX2, plotY2;
5  int yearMin, yearMax;
6  int[] years;
7  void setup(){
8    size(720, 400);
9    data=new FloatTable("breakfast-beverage.tsv");
10   years=int(data.getRowNames());
11   yearMin=years[0];
12   yearMax=years[years.length-1];
13   dataMin=0;
14   dataMax=data.getTableMax();
```

```
15    // 所绘制的时间序列的拐角
16    plotX1=50;
17    plotX2=width-plotX1;
18    plotY1=60;
19    plotY2=height-plotY1;
20    smooth();
21  }
```

接下来添加一个draw()函数，将背景设置为浅灰色，并为绘图区域绘制一个填充的白色矩形。输入代码如下：

```
1   void draw(){
2     background(#E5FAFF);
3     // 将地块区域显示为一个白色的方框
4     fill(255);
5     rectMode(CORNERS);
6     noStroke();
7     rect(plotX1, plotY1, plotX2, plotY2);
8     strokeWeight(5);
9     // 绘制第一列的数据
10    stroke(#5679C1);
11    drawDataPoints(0);
12  }
13  // 将数据绘制为一系列的点
14  void drawDataPoints(int col){
15    int rowCount=data.getRowCount();
16    for(int row=0; row<rowCount; row++){
17      if(data.isValid(row, col)){
18        float value=data.getFloat(row, col);
19        float x=map(years[row], yearMin, yearMax, plotX1, plotX2);
20        float y=map(value, dataMin, dataMax, plotY2, plotY1);
21        point(x, y);
22      }
23    }
24  }
```

因为数据是通过drawDataPoints()函数绘制的点，所以设置了笔画的颜色和宽度。该函数还将一个列索引作为参数绘制。

运行代码(sketch_6_22)，查看效果，如图6-33所示。绘图区域中只显示数据的第一列(即牛奶相关的数据)。

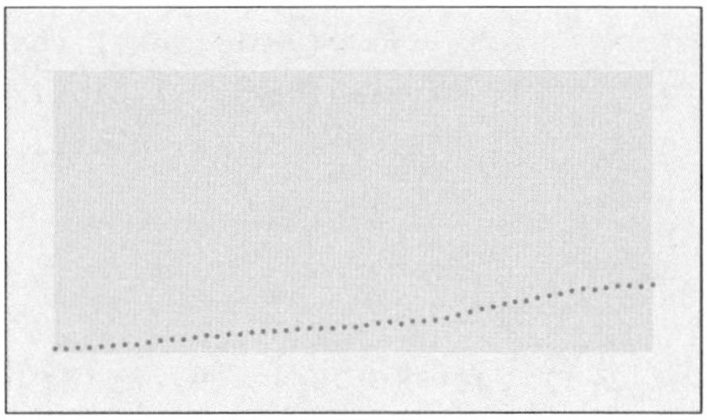

图6-33

目前已经能清楚地显示出相对的上升或下降的波动，但没有时间周期来表明摆动的程度，所以需要一些指示。设置横轴代表年份，纵轴代表实际占比。

1. 创建年份标签轴

数据范围从1970年到2022年，所以5年的间隔意味着标记：1970年、1975年、1980年……2020年、2025年。在setup()函数之前，将年间隔变量添加到代码的开头：

```
1  int yearInterval=5;
```

接下来添加以下函数绘制年份标签：

```
1   void drawYearLabels(){
2     fill(0);
3     textSize(10);
4     textAlign(CENTER, TOP);
5     int rowCount=data.getRowCount();
6     for(int row=0; row<rowCount; row++){
7       if(years[row]%yearInterval==0){
8         float x=map(years[row], yearMin, yearMax, plotX1, plotX2);
9         text(years[row], x, plotY2+10);
10      }
11    }
12  }
```

运行代码(sketch_6_23)，查看效果，如图6-34所示。

简单的网格线还可以通过识别每个间隔来辅助可视化的表示效果。修改drawYearLabels()函数的代码如下：

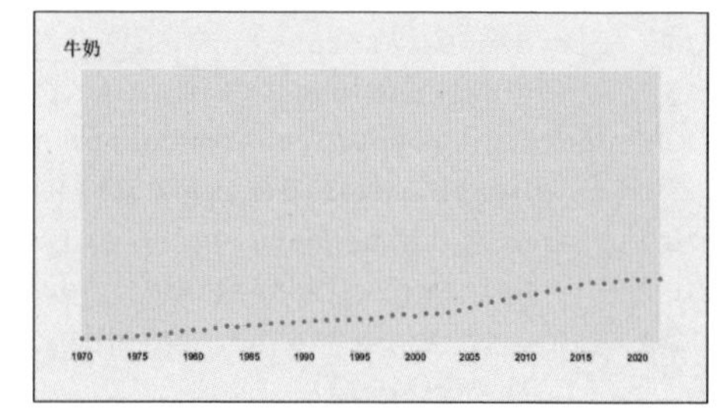

图6-34

```
1   void drawYearLabels(){
2     fill(0);
3     textSize(10);
4     textAlign(CENTER, TOP);
5     // 使用灰色的细线来绘制网格
6     stroke(160);
7     strokeWeight(1);
8     int rowCount=data.getRowCount();
9     for(int row=0; row<rowCount; row++){
10      if(years[row]%yearInterval==0){
11        float x=map(years[row], yearMin, yearMax, plotX1, plotX2);
12        text(years[row], x, plotY2+10);
13        line(x, plotY1, x, plotY2);
14      }
15    }
16  }
```

运行代码(sketch_6_24)，查看效果，如图6-35所示。

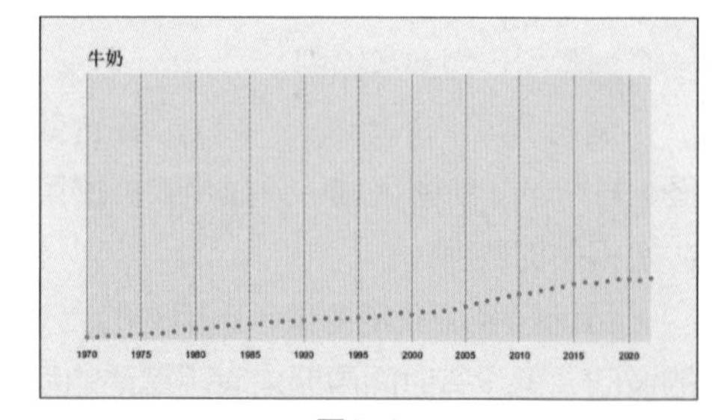

图6-35

2. 绘制垂直轴

垂直轴的绘制方法与水平轴可以相同。当显示的最大数值(dataMax)是88.8，为了更容易读取垂直轴上的数值变化，可以将dataMax舍入到最近的间隔值90。因此，采用10作为间隔值就足够满足需求了：

```
1 int volumeInterval=10;
```

使用ceil()函数，可将一个浮点数四舍五入到下一个int值，称为浮点数的上限。然后，将dataMax设置为四舍五入的值乘以体积间隔。在setup()函数中修改其中一行：

```
1 dataMax=ceil(data.getTableMax()/volumeInterval)*volumeInterval;
```

创建一个从最小数据值迭代到最大数据值的循环，使用volumeInterval的增量，在每个间隔处绘制一个标签：

```
1 void drawVolumeLabels(){
2   fill(0);
3   textSize(10);
4   textAlign(RIGHT, CENTER);
5   for(float v=dataMin; v<dataMax; v+=volumeInterval){
6     float y=map(v, dataMin, dataMax, plotY2, plotY1);
7     text(floor(v), plotX1-10, y);
8   }
9 }
```

当绘制文本标签时，floor()函数会去除数字值中的小数部分，没有必要写成10.0、20.0、30.0等形式。文本标签的x坐标通常设定在图的左边减去几个像素的位置，并且要使用textAlign()函数设置垂直对齐模式以确保标签正确显示。为了呈现一个时间序列，可以采用一条没有填充的简单线条，因此将调用noFill()方法来实现这一形状。

以下是drawPoint()方法的一个变体，它利用beginShape()和endShape()函数来绘制数据点，并通过特定的方式突出显示数据的变化：

```
1 void drawDataLine(int col){
2   beginShape();
3   int rowCount=data.getRowCount();
4   for(int row=0; row<rowCount; row++){
5     if(data.isValid(row, col)){
6       float value=data.getFloat(row, col);
7       float x=map(years[row], yearMin, yearMax, plotX1, plotX2);
8       float y=map(value, dataMin, dataMax, plotY2, plotY1);
9       vertex(x, y);
10    }
11  }
12  endShape();
13 }
```

在draw()函数部分代码中注释一行：

```
1 // drawDataPoints(currentColumn);
```

在下面的第一行中，可添加如下代码：

```
1 noFill();
2 drawDataLine(currentColumn);
```

也可以在一个绘图区中全部显示三个系列（“牛奶”“豆浆”和“米粥”）。为此，可为这三列分别调用drawDataLine()函数一次，并为每一列设置不同的笔画颜色。

运行代码(sketch_6_25)，查看效果，如图6-36所示。

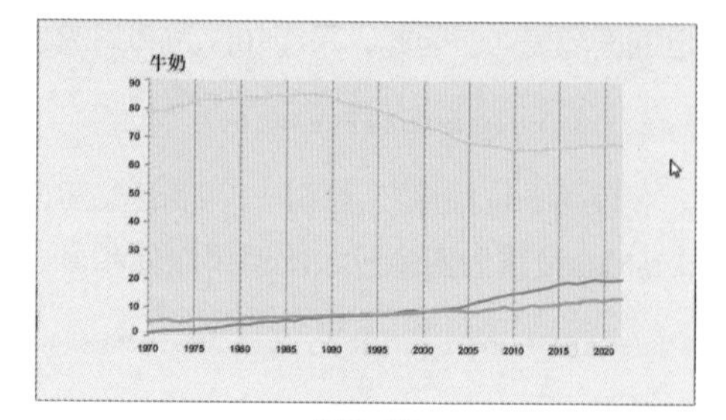

图6-36

6.4.4 突出显示与交互

在前面的代码中，缺少当前可见数据列的如“牛奶”“豆浆”或“米粥”的功能，以及在三个数据之间进行交换的方法。为了解决这个问题，添加一个变量来跟踪当前显示的数据列，并引入另一个变量来指定标题的字体样式。此外，在draw()函数中添加了几行代码，使用text()函数来显示当前数据列的名称。

在顶部添加代码如下：

```
1  int currentColumn=0;
2  int columnCount;
3  PFont myFont;
```

在void setup()部分添加代码如下：

```
1  years=int(data.getRowNames());
2  myFont=createFont("SansSerif", 20);
3  textFont(myFont);
```

在void draw()部分添加代码如下：

```
1  //绘制当前绘图区的标题
2  fill(0);
3  textSize(20);
4  String title=data.getColumnName(currentColumn);
5  text(title, plotX1, plotY1-10);
```

文本设置在绘图区上方10个像素处，它表示图的顶部。同时，drawDataPoints()函数根据当前列来绘制数据，而非固定于第0列。

运行代码(sketch_6_26)，查看效果，如图6-37所示。

在数据列之间交换的一个简单方法是添加一个keyPressed()函数，当检测到任意键被按下时，函数自动运行：

```
1  void keyPressed(){
2    if(key=='['){
3      currentColumn--;
4      if(currentColumn<0){
5        currentColumn=columnCount-1;
6      }
7    } else if(key==']'){
```

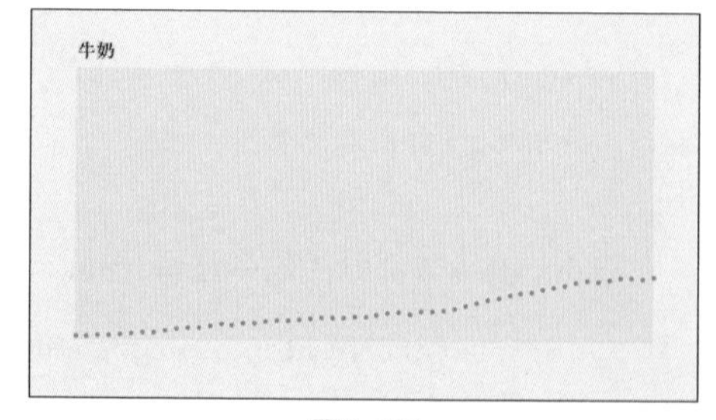

图6-37

```
8       currentColumn++;
9       if(currentColumn==columnCount){
10        currentColumn=0;
11      }
12    }
13  }
```

当用户按下“[”和“]”键时，按键函数将使列转换。当数字太大或太小时，它就会绕到列表的开始或结尾。因为columnCount是3，所以当前列的值分别为0、1和2。因此，当前列达到小于0的值时，它切换为2(columnCount-1)。

运行代码(sketch_6_27)，查看效果，如图6-38所示。

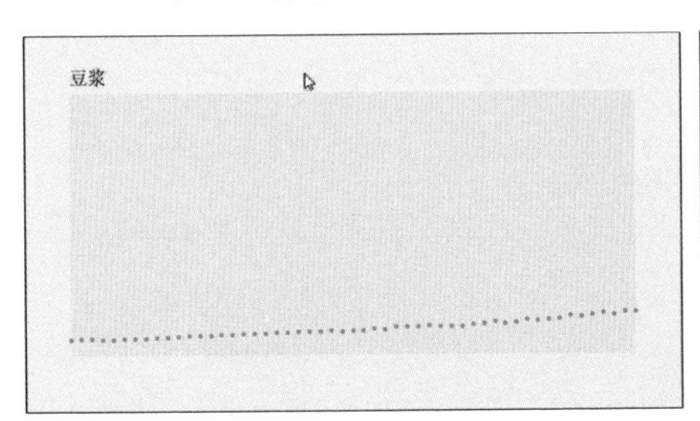

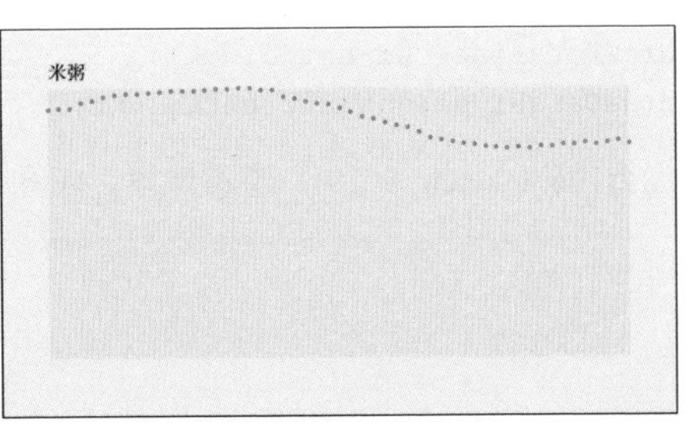

图6-38

接下来，创建突出显示单个数据点的背景线。修改draw()函数部分的末端，以显示如下内容:

```
1  stroke(#5679C1);
2  strokeWeight(5);
3  drawDataPoints(currentColumn);
4  noFill();
5  strokeWeight(.5);
6  drawDataLine(currentColumn);
```

运行代码(sketch_6_28)，查看效果，如图6-39所示。

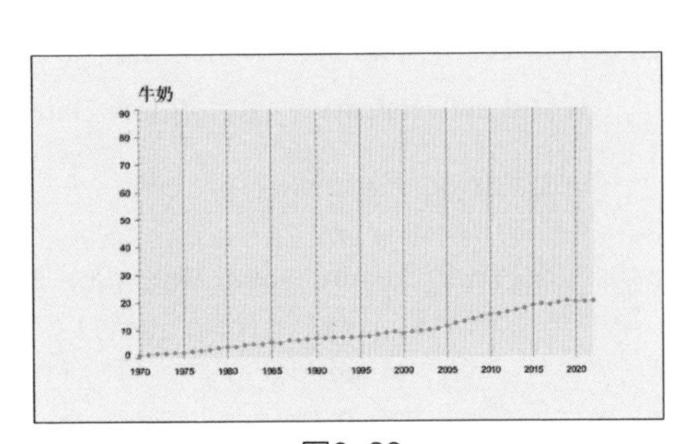

图6-39

对于这个数据集的可视化展示而言，线和点的组合可能略显不足。因此，可以再添加一个新功能，让鼠标在靠近时突出显示单个点。修改代码如下:

```
1  void drawDataHighlight(int col){
2    for(int row=0; row<rowCount; row++){
3      if(data.isValid(row, col)){
4        float value=data.getFloat(row, col);
5        float x=map(years[row], yearMin, yearMax, plotX1, plotX2);
6        float y=map(value, dataMin, dataMax, plotY2, plotY1);
7        if(dist(mouseX, mouseY, x, y)<3){
8          strokeWeight(10);
9          point(x, y);
10         fill(0);
```

```
11          textSize(10);
12          textAlign(CENTER);
13          text(nf(value, 0, 2)+"("+years[row]+")", x, y-8);
14        }
15      }
16    }
17  }
```

在draw()函数部分修改代码如下：

```
1  stroke(#5679C1);
2  noFill();
3  strokeWeight(2);
4  drawDataLine(currentColumn);
5  drawDataHighlight(currentColumn);
```

运行代码(sketch_6_29)，查看效果，如图6-40所示。

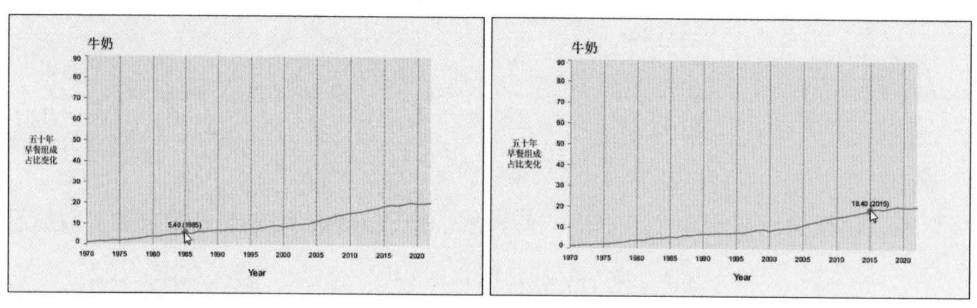

图6-40

6.4.5 优化显示图形

在图表中，将点与曲线连接起来，能够更好地呈现数据内容。我们可以使用curveVertex()函数，将连续点拟合到一条曲线上。

使用drawDataCurve()函数对drawDataLine()进行修改，代码如下：

```
1  void drawDataCurve(int col){
2    beginShape();
3    for(int row=0; row<rowCount; row++){
4      if(data.isValid(row, col)){
5        float value=data.getFloat(row, col);
6        float x=map(years[row], yearMin, yearMax, plotX1, plotX2);
7        float y=map(value, dataMin, dataMax, plotY2, plotY1);
8        curveVertex(x, y);
9        if((row==0)||(row==rowCount-1)){
10         curveVertex(x, y);
11       }
12     }
13   }
14   endShape();
15 }
```

运行代码(sketch_6_30)，查看效果，如图6-41所示。

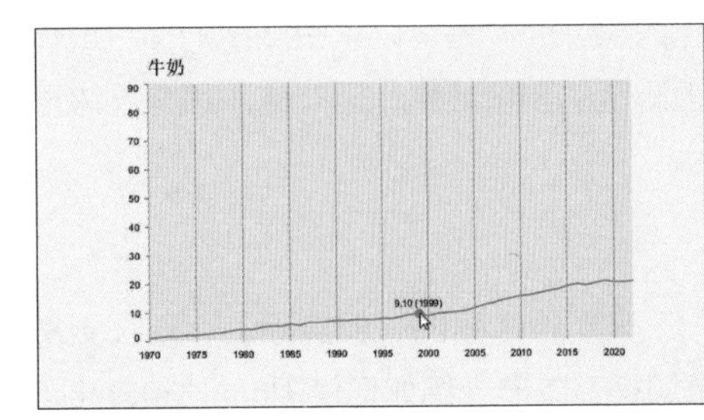

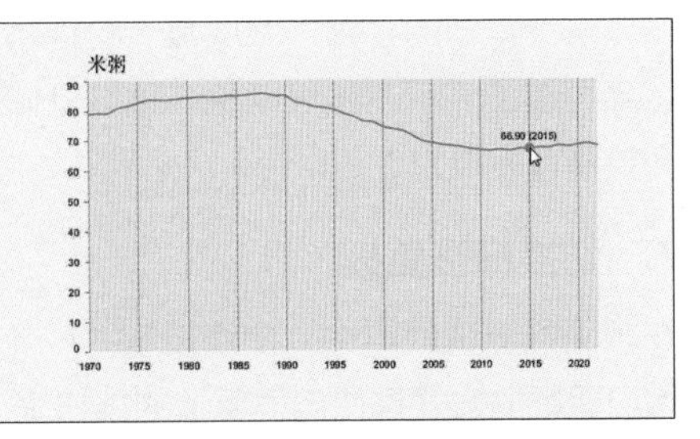

图6-41

提示

要绘制具有curveVertex()函数的曲线，至少需要4个点，因为该函数的第一个和最后一个坐标用于引导曲线开始和结束的角度。

另一种drawDataCurve()函数的变体将数值绘制为填充区域。在调用endShape()函数前，需先添加右下角和左下角的点，以完整勾勒出待填充形状的轮廓，随后使用endShape(CLOSE)函数来封闭该曲线。

新的drawDataArea()函数代码如下：

```
1  void drawDataArea(int col){
2    beginShape();
3    for(int row=0; row<rowCount; row++){
4      if(data.isValid(row, col)){
5        float value=data.getFloat(row, col);
6        float x=map(years[row], yearMin, yearMax, plotX1, plotX2);
7        float y=map(value, dataMin, dataMax, plotY2, plotY1);
8        vertex(x, y);
9      }
10   }
11   // 绘制右下角和左下角的点
12   vertex(plotX2, plotY2);
13   vertex(plotX1, plotY2);
14   endShape(CLOSE);
15 }
```

接下来修改draw()函数的末端，将stroke(#5679C1)线替换为fill(#5679C1)，并将noFill()更改为noStroke()；不需要围绕已填充的形状绘制轮廓：

```
1 fill(#5679C1);
2 noStroke();
3 drawDataArea(currentColumn);
```

运行代码(sketch_6_31)，查看效果，如图6-42所示。

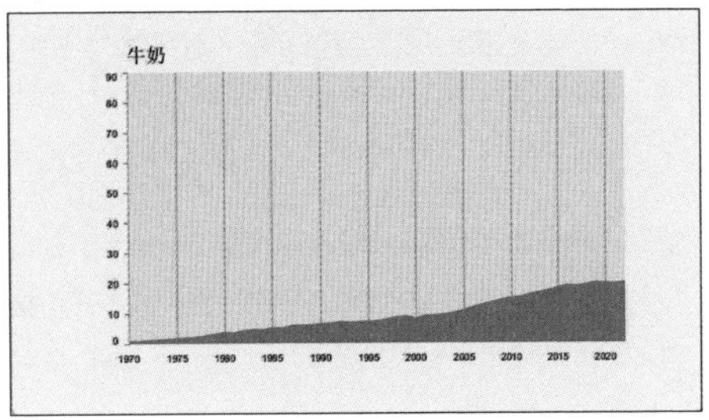

图6-42

在填充图表时，需要考虑显示的数据是代表某种实际面积还是体积。例如，填充温度图下的区域是不合适的，因为温度是一个连续变化的量，而不是可以累积测量的面积或体积。相反，降雨量图表示的是可以从“无”开始向上测量的累积数量，因此使用填充图来展示降雨量会更具有表现力。

6.4.6 切换标签面板

在前面的测试版本中，使用按键“[”和“]”来切换数据图，但实际上，现在更常见且符合用户期望的方式是使用屏幕上的按钮来进行切换。本节介绍如何使用drawTitleTabs()函数替换drawTitle()函数，以引入一系列标签面板。

选项卡“顶部”和“底部”变量指定选项卡的上边缘和下边缘，选项卡“左”和“右”变量指定选项卡的左右边缘，这样就可以检测选项卡内的鼠标单击事件。tabPad变量指定选项卡文本左右两侧的填充量：

```
1  float[] tabLeft, tabRight;
2  float tabTop, tabBottom;
3  float tabPad=10;
```

该函数的重要部分跟踪一个名称为runningX的值，以计算每个tab的位置。使用textWidth()函数计算每个选项卡的宽度，并添加tabPad值以在侧面提供填充：

```
1  void drawTitleTabs(){
2   rectMode(CORNERS);
3   noStroke();
4   textSize(20);
5   textAlign(LEFT);
6   if(tabLeft==null){
7     tabLeft=new float[columnCount];
8     tabRight=new float[columnCount];
9   }
10  float runningX=plotX1;
11  tabTop=plotY1-textAscent()-15;
12  tabBottom=plotY1;
13  for(int col=0; col<columnCount; col++){
14    String title=data.getColumnName(col);
15    tabLeft[col]=runningX;
16    float titleWidth=textWidth(title);
17    tabRight[col]=tabLeft[col]+tabPad+titleWidth+tabPad;
18    //如果激活当前标签，则背景为白色，否则为浅灰色
19    fill(col==currentColumn ? 255 : 224);
20    rect(tabLeft[col], tabTop, tabRight[col], tabBottom);
21    //如果激活当前标签，则文字为黑色，否则为深灰色
22    fill(col==currentColumn ? 0 : 64);
23    text(title, runningX+tabPad, plotY1-10);
24    runningX=tabRight[col];
25  }
26 }
```

运行代码(sketch_6_32)，查看效果，如图6-43所示。

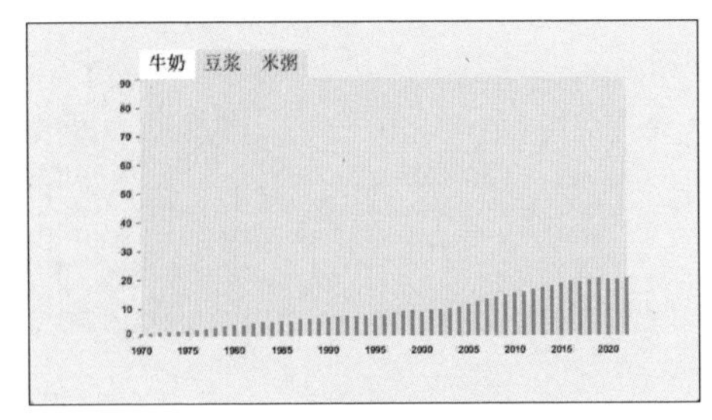

图6-43

这段代码还引入了?标识的条件操作符。以下条件语句：

```
1  fill(col==currentColumn?0:64);
```

意思等同于：

```
1  if(col==currentColumn){
2    fill(0);
3  } else {
4    fill(64);
5  }
```

使用条件运算符的一个显著优势在于能够使代码更加紧凑，例如将原本需要的五行代码缩减至一行。这种简洁性在需要进行简单if测试以控制程序流程的场景中尤为有用，如填充颜色。在这种情况下，更短的代码不仅减少了编写和维护的工作量，而且比冗长的五行代码更具可读性。

最后是添加交互性，在mousePressed()函数中测试鼠标是在一个选项卡内，还是在另一个选项卡内，即遍历每个选项卡，并根据包含每个选项卡矩形边界的变量检查鼠标X和Y坐标。如果在选项卡内，currentColumn与setColumn()函数的值被更新：

```
1  void mousePressed(){
2    if(mouseY>tabTop && mouseY<tabBottom){
3      for(int col=0; col<columnCount; col++){
4        if(mouseX>tabLeft[col] && mouseX<tabRight[col]){
5          setColumn(col);
6        }
7      }
8    }
9  }
10 void setColumn(int col){
11   if(col !=currentColumn){
12     currentColumn=col;
13   }
14 }
```

运行代码(sketch_6_33)，查看效果，如图6-44所示。

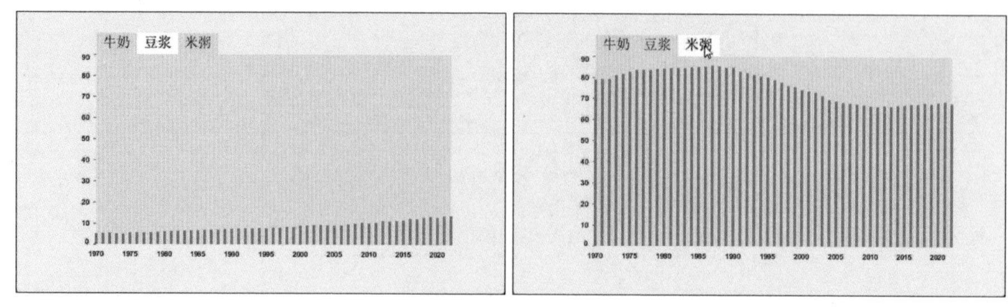

图6-44

读者可以尝试controlP5库，能够很方便地设计标签切换的程序(在后面第8章GUI设计部分有更加详细的讲解)。

6.5 本章小结

本章重点讲解处理不同线下数据源的方式及代码结构，深入探讨网络实时数据的接入、提取与挖掘过程，并通过案例进行详细的讲解。最后，引导读者遵循数据视觉艺术设计的流程，细化到每个步骤中的思路和代码编辑，旨在使读者能够掌握获取、解析数据源，以及呈现和交互视觉效果的技术。

传感器与数据交互

前面已经讲解了通过文本文件、数据表格和互联网来获取数据的方法，还可以特别通过传感器来接收数据，并借助Processing程序控制图形、颜色或声音等的变化。在此，不得不特别提到Arduino，这是一款广泛使用的微控制器电路板，它能够实现传感器和计算机之间的连接。

7.1 Arduino程序开发

Arduino是一个便捷灵活、易于上手的开源电子原型平台，包括硬件(各种型号的Arduino板)和软件(Arduino IDE)。它基于开源的Simple I/O接口板构建，并采用类似于Java和C语言的Processing/Wiring开发环境。只需在IDE中编写程序代码，并上传到Arduino电路板，程序便会指导电路板执行各种任务。用户可以快速利用Arduino编程语言和Processing等软件，设计互动作品。

7.1.1 认识Arduino

Arduino有多种款式，在交互设计中使用比较多的是UNO R3这一款，它的外观如图7-1所示。

Arduino能够利用已经开发成熟的电子组件，如开关、传感器、其他控制器、LED灯、步进马达或其他装置。在软件交接口方面，Arduino目前支持多种互动软件，包括Flash、Processing、Max/MSP、TouchDesigner等。通过Processing与Arduino的结合，我们可以读取各种传感器的数值，并且实现各种机电装置的控制。这种技术还可以进一步扩展到智能家居、无人机、机器人等多种硬件实体的控制上。

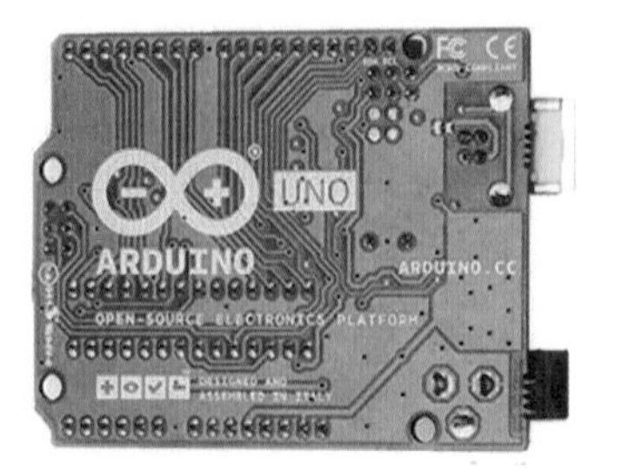

Arduino uno R3正面　　Arduino uno R3反面

图7-1

Arduino与其他微控制平台相比，具有非常高的性价比。以常用的Arduino UNO板为例，它的主要组成部分，如图7-2所示。

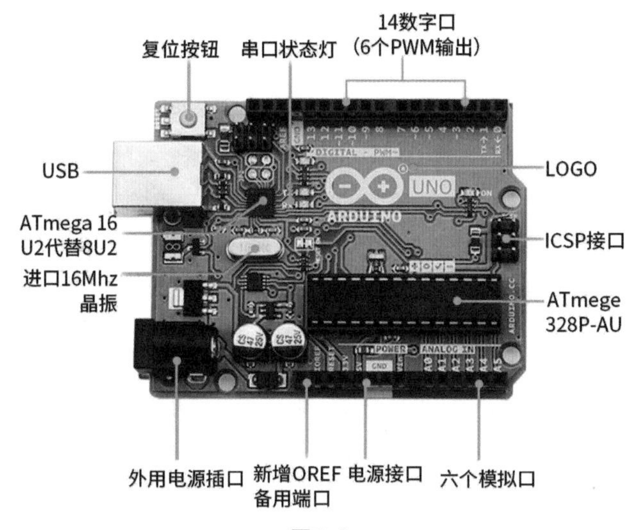

图7-2

- 数字引脚：0～13
- 串行通信：0作为RX，接收数据；1作为TX，发送数据
- 外部中断：2、3
- PWM输出：~3、~5、~6、~9、~10、~11
- SPI通信：10作为SS，11作为MOSI，12作为MISO，13作为SCK
- 板上LED：13
- 模拟引脚：A0～A5(在引脚号前加A，与数字引脚区分)
- TWI通信：A4作为SDA，A5作为SCL

在准备好所有的硬件后，还需要Arduino的开发环境IDE。目前，IDE的最新版本为2.2.1，用户可以直接从官网下载。下载完成后解压即可使用。该IDE能够兼容并运行在Windows、Macintosh OS X和Linux等多种操作系统中，如图7-3所示。

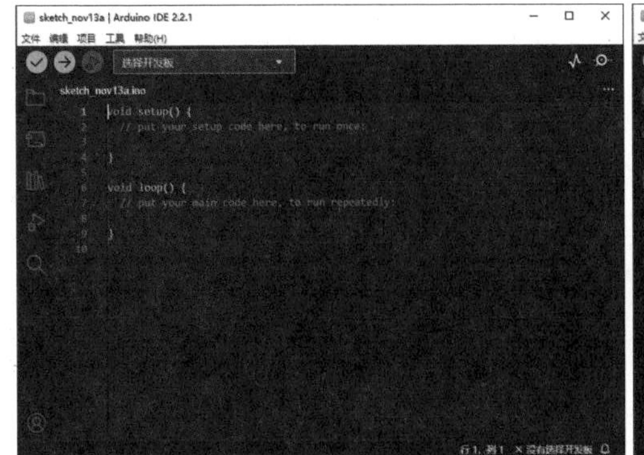

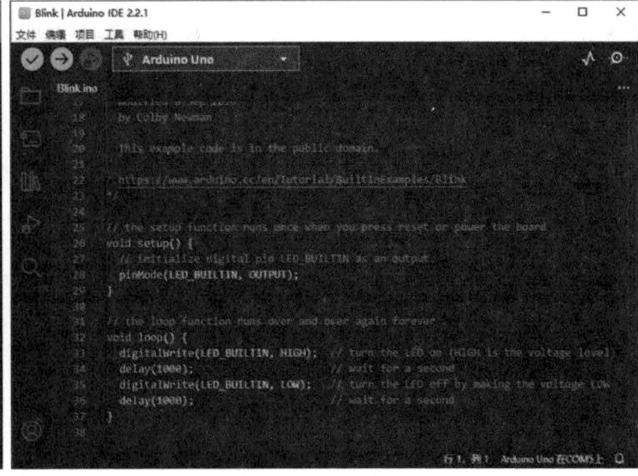

图7-3

Arduino的开发环境与Processing非常相似，除了“文件”“编辑”“项目”“工具”和“帮助”这5个菜单外，在菜单栏下方还提供了几个常用的快捷菜单按钮，依次为“验证”、“上传”、“调试”、“串口绘图仪”、“串口监视器”、“新建项目”、“开发板管理器”、“库管理”和“搜索”。

Arduino作为微控制器，是制作互动装置非常重要的部件，相当于一个简单的计算机，能将环境信息通过传感器转换为电信号，再由微处理器对信号进行处理，并由执行器做出响应，如可以控制灯光或电机来实现多种功能。

图7-4

下面用一个Arduino IDE自带的示例理解Arduino控制LED的效果。

首先连接LED，长脚插入13引脚，短脚插入相邻的GND引脚，如图7-4所示。

打开Arduino IDE，选择“文件”|“示例”命令，选择01 Basics/Blink，主要代码如下：

```
1  void setup(){
2    pinMode(LED_BUILTIN, OUTPUT);
3  }
4  void loop(){
5    digitalWrite(LED_BUILTIN, HIGH);          // 高电位LED打开
6    delay(1000);                              // 延迟1s
7    digitalWrite(LED_BUILTIN, LOW);           // 低电位LED关闭
8    delay(1000);                              // 延迟1s
9  }
```

现在IDE的代码编辑区中已经有了代码，需要验证这段代码是否正确。将Arduino UNO通过USB线连接到计算机，选择“工具”|“端口”命令，查看连接端口，如图7-5所示。

单击“验证”按钮，如果没有什么错误，Arduino IDE底部会显示“编译完成”的消息，该消息意味着Arduino IDE将代码转换为控制板能够运行的可执行程序，如图7-6所示。

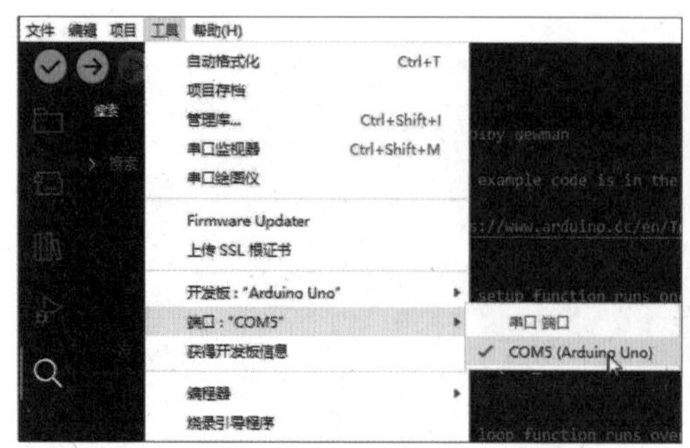

图7-5

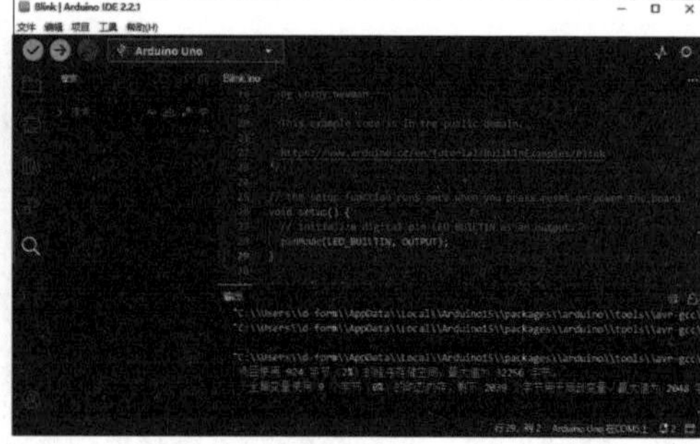

图7-6

代码很容易出现书写错误，特别是像圆括号、花括号、分号及逗号等，还要确保字母的大小写完全正确。

一旦代码通过验证，就可以开始进行上传工作。单击“上传”按钮，等待编译和上传。待上传成功，LED每隔一秒闪烁一次，如图7-7所示。

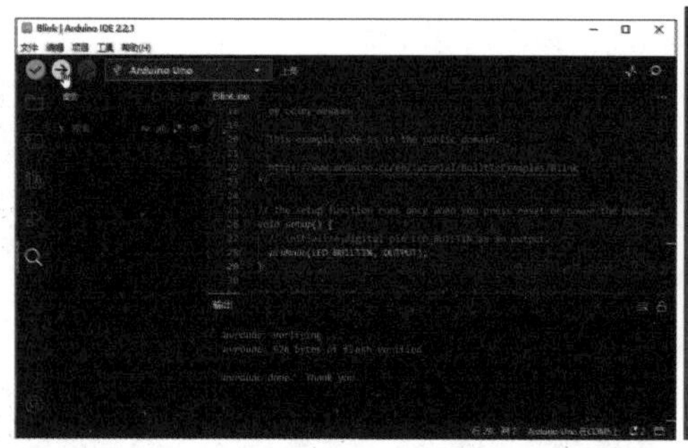

图7-7

上传完成后，程序会写在控制板中。每当单击“上传”按钮，Arduino控制板会重启，暂停当前工作，然后接收从USB口传输的新指令。

接下来，我们来了解一下Arduino代码。首先，Arduino的执行顺序是从上而下的，即顶部的第一行会被第一个读取，然后逐行向下执行。其次，Arduino包含setup()和loop()两个函数。setup()函数中所写的代码只会在程序开始时执行一次，而loop()函数中的代码会一遍一遍地重复执行。Arduino不像一般的计算机，它不会同时执行多个程序，也不会退出，一旦给控制板供电则程序开始运行；如果想要停止运行，只能采取断电的方式。

前面示例中LED闪烁的代码执行的步骤如下：

(1) 设置13脚为输出(只在开始的时候运行一次)。

(2) 进入loop循环。

(3) 点亮13脚连接的LED。

(4) 等待1s。

(5) 关闭13脚连接的LED。

(6) 等待1s。

(7) 回到loop循环开始的位置。

下面编写一个稍复杂的程序，逐渐点亮和逐渐熄灭LED。先连接电路，如图7-8所示。

这次要使用面包板、电阻(220Ω)及两根导线进行电路连接，电路示意图如图7-9所示。

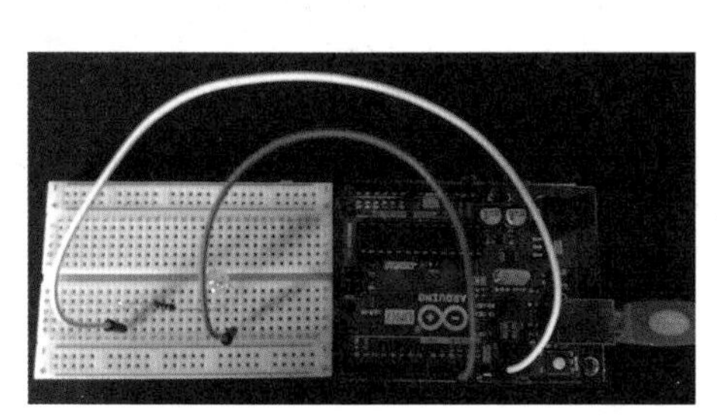

图7-8

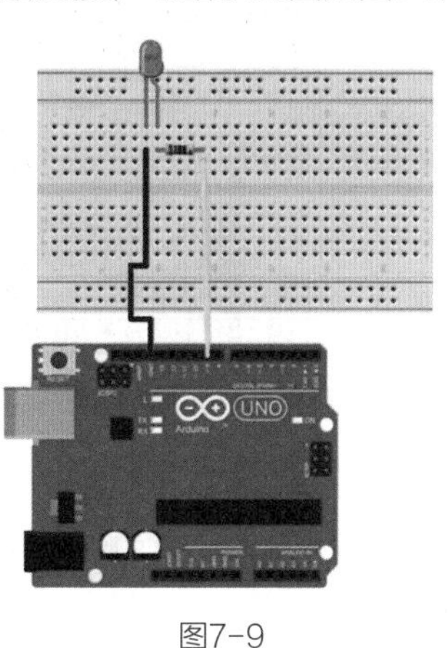

图7-9

在IDE中编写代码如下：

```
1  int LED=9;
2  int i=0;
3  void setup(){
4    pinMode(LED, OUTPUT);
5  }
6  void loop(){
7    for(i=0; i<255; i++){
8      analogWrite(LED, i);
9      delay(20);
10   }
11   for(i=255; i>0; i--){
12     analogWrite(LED, i);
13     delay(20);
14   }
15 }
```

单击按钮，上传代码(sketch_7_01)，待上传成功后，查看LED逐渐亮起和逐渐熄灭的效果，如图7-10所示。

Arduino控制板上的每一个引脚只能带动一些电流非常小的设备，如LED。如果试图驱动一些较大功率的负载，如电机或白炽灯，本身的引脚就带不起来了，可能还会永久地损坏微控制器。安全起见，通过Arduino I/O口的电流最好限制在20mA。

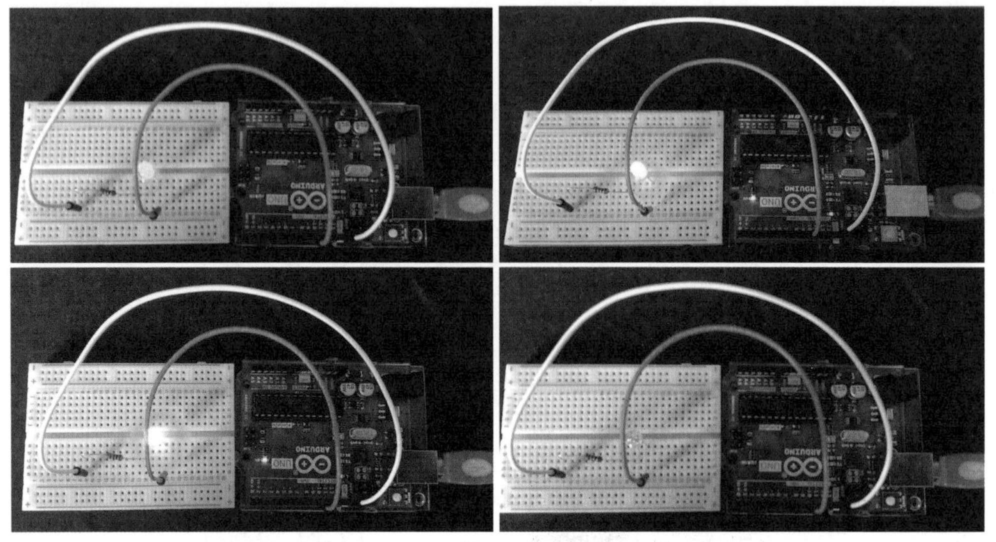

图7-10

除了上面讲到的简单的传感器，还有更为复杂的传感器，它们不能通过digitalRead()或analogRead()函数来读取信息。这类传感器内部通常包含一个完整的电路，可能还会有自己的微处理器。例如，数字温度传感器、超声波测距传感器、红外测距传感器和加速度传感器等。Arduino提供了很多种方式来读取这些复杂的传感器。

7.1.2 Arduino程序构架

Arduino的程序架构大体可分为如下三个部分。

1. 声明变量及接口的名称

声明一些必要的变量，以备在后面的loop()函数中调用。这些变量可能包括延迟时间(int delayTime= 1000)、循环次数(int num=10;)等。除此之外，还有一个非常重要的声明，那就是接口名称。这通常指的是连接到Arduino的数字或模拟的变量，如int ledPin = 13或int LED=9，这些变量明确了信号传输的线路。

2. setup()函数

在Arduino程序运行时，首先要调用setup()函数。该函数用于初始化变量、设置针脚的输出/输入类型、配置串口、引入类库文件等。每次Arduino上电或重启后，setup()函数只会运行一次。

3. loop()函数

在setup()函数中初始化和定义变量后，程序会执行loop()函数。顾名思义，该函数在程序运行过程中会不断地循环。根据各种传感器的反馈，loop()函数会相应地改变执行情况，通过这个函数可以动态地控制Arduino主控板。

下面的代码包含完整的Arduino基本程序框架：

```
1  int LEDpin=13;
2  void setup(){
3    pinMode(LEDpin, OUTPUT);                // 将13引脚设置为输出引脚
4  }
5  void loop(){
6    digitalWrite(LEDpin, HIGH);             // 13引脚输出高电平，即点亮LED小灯
7    delay(1000);
8    digitalWrite(LEDpin, LOW);              // 13引脚输出低电平，即熄灭LED小灯
9    delay(1000);
10 }
```

这是一个简单的实现LED闪烁的程序。在这个程序中，首先声明了一个整型变量int LEDpin=13;，它代表了LED引脚，是架构的第一部分，用于声明变量及接口。接着，定义了一个名为void setup()的函数，该函数将LEDpin引脚的模式设置为输出模式。最后，在void loop()函数中，则循环执行点亮和熄灭LED灯的操作，从而实现LED灯的闪烁。

Arduino官方团队提供了一套标准的函数库，如表7-1所示。

表7-1　标准函数库

库文件名	说明
EEPROM	读写程序库
Ethernet	以太网控制程序库
LiquidCrystal	LCD控制程序库
Servo	舵机控制程序库
SoftwareSerial	任何数字IO口模拟串口程序库
Stepper	步进电机控制程序库
Matrix	LED矩阵控制程序库
Sprite	LED矩阵图像处理控制程序库
Wire	TWI/I2C总线程序库

在标准函数库中，有些函数会经常用到。例如，定义数字I/O输入输出模式的函数pinMode(pin,mode)，时间函数中的延时函数delay(ms)、串口定义波特率函数Serial.begin(speed)，以及串口输出数据函数Serial.print(data)。了解和掌握这些常用函数，有助于我们更好地使用Arduino实现各种功能。

当编写好程序后，需要在Arduino IDE中进行编程并上传程序到开发板。这个过程实际上是编译器将程序翻译为机器语言(即二进制语言)的过程。计算机将二进制的代码通过Bootloader和编译器进行编译，然后将编译后的指令传送到单片机程序闪存中。单片机识别指令后进行工作，从而实现各项功能。从编写好的程序到Arduino开发板运行程序的流程，如图7-11所示。

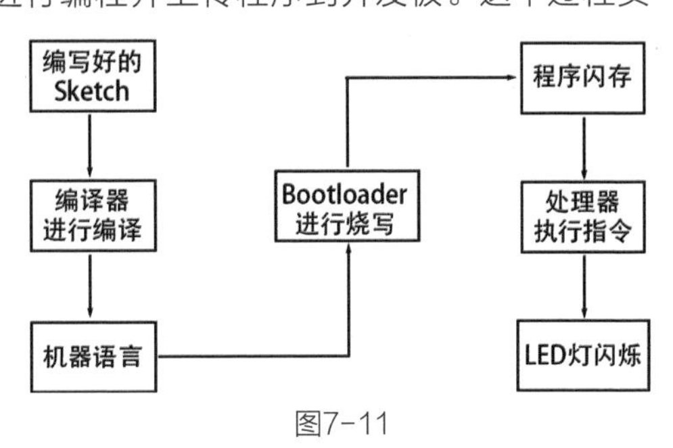

图7-11

7.1.3 Arduino编程语法

加载第一个程序后，要想写出一个完成的程序，需要进一步了解和掌握Arduino语言。

1. 数据类型

Arduino与C语言在数据类型上有很多相似之处，数据被分为常量和变量。变量这一概念源于数学，在计算机语言中，它用于储存计算结果或表示某些值。通俗来说，变量就是为了给某个值命名。在定义一个变量时，必须明确指定其类型。一般来说，变量的声明遵循以下格式：类型名+变量名+变量初始化值。在命名变量时，我们遵循一种约定，即变量名的首字母小写，如果变量名由多个单词组成，则每个单词中间的首字母都应该是大写，如ledPin、ledCount等。

变量的作用范围，也被称为作用域，这与变量声明的位置有关。根据作用域的不同，变量可以分为全局变量和局部变量。

常量是指值不可以改变的量。例如，定义常量const float pi=3.14，然后尝试将PI值改为5，此时编译器就会报错，因为常量是不允许被更新赋值的。在编程时，常量可以是自定义的，也可以是Arduino核心代码中自带的。例如，逻辑常量(false和true)、数字引脚常量(INPUT和OUTPUT)、引脚电压常量(HIGH和LOW)和自定义常量等。

数据类型在数据结构中的定义是一个值的集合，以及定义在这个值集上的一组操作。各种数据类型需要在特定的地方使用。常用的数据类型有布尔型、字符型、字节型、整型、浮点型等。

1) 布尔型

布尔值(boolean)是一种逻辑值，其结果只能为真(true)或假(false)。

2) 字符型

字符型(char)变量可以用于存放字符，其数值范围为-128～+128。

3) 字节型

字节型(byte)只能用一个字节(8位)的存储空间，可以用于存储0～255的数字。

4) 整型

整型(int)用两个字节表示一个存储空间，可以用于存储-32768～+32768的数字。在Arduino中，整型是常用的变量类型。

5) 浮点型

浮点数(float)可以用于表示含有小数点的数，如1.24。当需要用变量表示小数时，浮点数便是所需要的数据类型。浮点数占有4个字节的内存，其存储空间相对较大，能够存储带小数点的数字。

2. 运算符

Arduino常用的运算符，包括赋值运算符、算术运算符、关系运算符、逻辑运算符，以及递增/减运算符。

1) 赋值运算符

赋值运算符的含义、表达式，以及相关注释，如表7-2所示。

表7-2 赋值运算符

运算符	含义	表达式	注释
=	等于	A=x	将x变量的值放入A变量
+=	加等于	B+=x	将B变量的值与x变量的值相加，其和放入B变量，与B=B+x表达式相同
-=	减等于	C-=x	将C变量的值减去x变量的值，其差放入C变量，与C=C-x表达式相同
*=	乘等于	D*=x	将D变量的值与x变量的值相乘，其积放入D变量，与D=D*x表达式相同
/=	除等于	E/=x	将E变量的值除以x变量的值，其商放入E变量，与E=E/x表达式相同
%=	取余等于	F%=x	将F变量的值除以x变量的值，其余数放入F变量，与F=f%x表达式相同
&=	与等于	G&=x	将G变量的值与x变量的值做AND运算，其结果放入G变量，与G=G&x表达式相同
|=	或等于	H|=x	将H变量的值与x变量的值做OR运算，其结果放入H变量，与H=H&x表达式相同
^=	异或等于	I^=x	将I变量的值与x变量的值做XOR运算，其结果放入I变量，与I=I^x表达式相同
<<=	左移等于	J<<=n	将J变量的值左移n位，与J=J<<n相同
>>=	右移等于	K>>=n	将K变量的值右移n位，与K=K>>n相同

2) 算术运算符

算术运算符的含义、表达式，以及相关注释，如表7-3所示。

表7-3 算术运算符

运算符	含义	表达式	注释
+	加	A=x+y	将x与y变量的值相加，其和放入A变量
-	减	B=x-y	将x变量的值减去y变量的值，其差放入B变量
*	乘	C=x*y	将x与y变量的值相乘，其积放入C变量
/	除	D=x/y	将x变量的值除以y变量的值，其商放入D变量

3) 关系运算符

关系运算符的含义、表达式，以及相关注释，如表7-4所示。

表7-4 关系运算符

运算符	含义	表达式	注释
==	相等	X==y	比较x与y变量的值是否相等，相等则其结果为1，不相等则为0
!=	不等	X!=y	比较x与y变量的值是否相等，不相等则其结果为1，相等则为0
<	小于	X<y	若x变量的值小于y变量的值，其结果为1，否则为0
>	大于	X>y	若x变量的值大于y变量的值，其结果为1，否则为0
<=	小等于	X<=y	若x变量的值小于等于y变量的值，其结果为1，否则为0
>=	大等于	X>=y	若x变量的值大于等于y变量的值，其结果为1，否则为0

4) 逻辑运算符

&&(与运算)，对两个表达式的布尔值进行按位与运算。例如，(x>y)&&(y>z)，若x变量的值大于y变量的值，且y变量的值大于z变量的值，则其结果为1，否则为0。

||(或运算)，对两个表达式的布尔值进行按位或运算。例如，(x>y)||(y>z)，若x变量的值大于y变量的值，或y变量的值大于z变量的值，则其结果为1，否则为0。

！(非运算)，对某个布尔值进行非运算。例如，!(x>y)，若x变量的值大于y变量的值，则其结果为0，否则为1。

5) 递增/减运算符

++(加1)，将运算符左边的值自增1。例如，x++，将x变量的值加1，表示在使用x之后，再使x值加1。

--(减1)，将运算符左边的值自减1。例如，x--，将x变量的值减1，表示在使用x之后，再使x值减1。

通过运算符将运算对象连接起来组成的式子称为表达式，如5+6、a-b、i<9等。

3. 数组

数组是由一组相同数据类型的数据构成的可访问变量的集合。引入数组概念后，当再处理其他相同类型的数据时，程序会更加清晰、简洁。Arduino的数组基于C语言，实现起来虽然有些复杂，但使用起来很简单。

1) 创建或声明一个数组

数组的声明和创建与变量一致。下面是一些创建数组的例子：

```
1  arrayInts[6];
2  arrayNums[]={2, 4, 6, 11};
3  arrayVals[6]={2, 4,-8, 3, 5};
4  char arrayString[7]="Arduino";
```

在声明时，元素的个数不能超过数组的大小，即小于或等于数组的大小。

2) 指定或访问数组

在数组创建完成后，可以指定数组的某个元素的值。例如：

```
1  int intArray[3];
2  intArray[2]=2;
```

数组是从零开始索引的，也就是说，在数组初始化之后，数组第一个元素的索引为0，并以此类推。这就意味着，在包含10个元素的数组中，索引9是最后一个元素。

4. 条件判断语句

在编程中，需要经常根据当前的数据做出判断，以决定下一步的操作，这里就需要用到条件语句。有些语句并不是一直执行的，需要一定的条件去触发。同时，针对同一个变量，不同的值进行不同的判断，也需要用到条件语句。同样，程序如果需要运行一部分，也可以进行条件判断。

if语法如下：

```
1  If(delayTime<100)
2  {
3    delayTime=1000;
4  }
```

如果if后面的条件满足，就执行{ }内的语句。

还可以使用if...else语句，即在条件成立时，执行if语句括号内的内容；不成立时，执行else语句内的内容。例如，下面的代码：

```
1  if(delayTime<100){                //如果延迟小于100，则延迟时间赋值1000
2    delayTime=1000;
3  } else {                          //否则，延迟时间递减100
4    delayTime=delayTime-100;
5  }
```

5. 循环语句

循环语句被用来重复执行某一部分的操作。为了避免程序陷入无限循环，必须在循环语句中设置一个条件，当条件满足时继续执行循环，当不满足条件时退出循环。

在loop()函数中，程序每次执行完毕后都会返回loop()函数的开始处重新执行。不过，在编程语言中，还有一种精确和灵活的循环语句，即for语句。for循环语句可以明确控制循环执行的次数。

for循环结构通常由以下三个部分组成：

(1) 初始化。

(2) 条件检测。

(3) 循环状态更新。

初始化语句是对变量进行条件初始化。条件检测是对变量的值进行条件判断，如果为真会运行for循环语句花括号中的内容，如果为假则跳出循环。循环状态则是在花括号语句执行完之后，执行循环状态语句，之后重新执行条件判断语句。

下面以一个使用计数器和LED闪烁循环的程序为例，对比if语句和for循环语句的区别。

使用if语句的代码如下：

```
1  int ledPin=13;
2  int delayTime=500;
3  int delayTime2=2000;
4  int count=0;
5  void setup(){
6    pinMode(ledPin, OUTPUT);
7  }
8  void loop(){
9    digitalWrite(ledPin, HIGH);
```

```
10      delay(delayTime);
11      digitalWrite(ledPin, LOW);
12      delay(delayTime);
13    count++;                                    //计数器数值累加
14      if(count<20){                             //当计数器数值小于20时，延时2s
15        delay(delayTime2);
16      }
17    }
```

使用for语句的代码如下：

```
1   int ledPin=13;
2   int delayTime=500;
3   int delayTime2=2000;
4   int count;
5   void setup(){
6     pinMode(ledPin, OUTPUT);
7   }
8   void loop(){
9     digitalWrite(ledPin, HIGH);
10    delay(delayTime);
11    digitalWrite(ledPin, LOW);
12    delay(delayTime);
13    for(count=0; count<20; count++){            //执行20次延时2s
14      delay(delayTime2);
15    }
16  }
```

while语句语法为"while(条件语句){程序语句}"。如果条件语句结果为真时，会执行循环中的程序语句；如果条件语句结果为假时，则跳出while循环语句。while语句与for语句实现的功能是一致的，但while语句更加简单。

输入代码如下：

```
1   int ledPin=13;
2   int delayTime=500;
3   int delayTime2=2000;
4   int count=0;
5   void setup(){
6     pinMode(ledPin, OUTPUT);
7   }
8   void loop(){
9     while(count<20){                    //当计数器数值小于20时，执行循环中的内容
10      digitalWrite(ledPin, HIGH);
11      delay(delayTime);
12      digitalWrite(ledPin, LOW);
13      delay(delayTime);
14      count++;                          //计数器数值自增1
15    }                                   //当计数器数值不小于20时，执行下面的内容
16    digitalWrite(ledPin, HIGH);
17    delay(delayTime2);
```

```
18   digitalWrite(ledPin, LOW);
19   delay(delayTime2);
20 }
```

上传代码(sketch_7_02)后，可以看到LED间隔的明暗效果。

6. 函数

在编程过程中，我们经常会遇到需要反复使用某个功能的情况。为了避免重复劳动和避免在代码中多次书写相同的段落，函数的使用尤为重要。函数可以被视为程序中的独立子程序，它能够实现一个或多个特定的功能。实际上，一个复杂的功能往往是由多个函数相互协作、共同完成的。

以前面的LED闪烁程序为例，创建一个闪灯函数flash()。代码如下：

```
1  int ledPin=13;
2  int delayTime=500;
3  int delayTime2=2000;
4  int count;
5  void setup(){
6    pinMode(ledPin, OUTPUT);
7  }
8  void loop(){
9    for(count=0; count<20; count++){
10     flash();                                    // 执行闪灯函数flash()
11   }
12   delay(delayTime2);
13 }
14 void flash(){                                   // 创建闪灯函数
15   digitalWrite(ledPin, HIGH);
16   delay(delayTime);
17   digitalWrite(ledPin, LOW);
18   delay(delayTime);
19 }
```

在代码(sketch_7_03)中，loop()函数调用的flash()函数实际上就是LED闪烁的代码，相当于程序运行到第10行便跳入第14行的闪灯代码中。

使用Arduino进行编程时，经常会用一些自带函数，下面对函数进行简要介绍。

- pinMode(接口名称，OUTPUT或INPUT)：用于在setup()函数中定义指定的接口为输入或输出接口。
- digitalWrite(接口名称，HIGH或LOW)：用于将数字输入输出接口的数值设置为高电平或低电平。
- digitalRead(接口名称)：用于读取数字接口的值，并将读取到的值作为返回值返回。
- analogWrite(接口名称，数值)：用于向一个模拟接口写入模拟值(PWM脉冲)。
- analogRead(接口名称)：用于从指定的模拟接口读取数值，Arduino对该模拟值进行数字转换。
- delay(时间)：用于实现延时功能，其中时间的单位以毫秒(ms)来计算。

- Serail.begin(波特率)：用于设置串行通信的波特率，即每秒传输数据的速率。在与计算机进行通信时，常用的波特率包括300、1200、2400、4800、9600、14400、19200、28800、38400、57600和115200等。其中，9600、57600和115200较为常见。
- Serial.read()：用于读取串行端口中持续输入的数据，并将读取到的数据作为返回值。
- Serial.print(数据，数据的进制)：用于从串行端口输出数据，如果不指定进制，Serial.print(数据)默认以十进制形式输出。
- Serial.println(数据，数据的进制)：用于从串行端口输出数据，但输出数据后会跟随一个回车符和一个换行符。与Serial.print()函数相比，除了输出格式上的差异，两者所输出的数据内容是一致的。

7. 输入和输出

很多情况下，Arduino需要与其他装置，如传感器、LED、扩展板或电机等协调进行工作，依靠输入输出针脚搭建与其他装置连接的桥梁。

输入/输出设备在我们日常生活中并不陌生，以个人计算机为例，键盘和鼠标是典型的输入设备，用于向计算机输入指令和数据；而显示器和音响是输出设备，用于展示计算机处理后的结果或播放音频。

在微机控制系统中，单片机通过数字I/O口来处理数字信号，包括开关信号和脉冲信号。这种信号通常是以二进制的逻辑“1”和“0”或高低电平的形式出现。具体来说，开关的闭合与断开，继电器的吸合与释放，指示灯的亮与灭，电机的启动与关闭，以及脉冲信号的计数和定时等，都可以通过I/O口进行控制和监测。

在Arduino平台中，常用的数字输入输出则是基于电压的变化。当输入输出时的电压小于2.5V时，系统将其识别为0，若电压为2.5V或以上，则识别为1。值得注意的是，Arduino开发板上某些数字输入输出引脚(如3、5、6、9、10和11)除了能提供0V和5V的固定输出，还能提供可变输出。这些引脚的旁边会标有PWM(pulse width modulation，脉冲宽度调制)标识。Arduino软件将PWM通道限制为8位计数器，这意味着PWM信号的占空比可以在0～255中调节。

数字输出是二进制的，即只有0和1。而模拟输出可以在0～255变化。在Arduino中，模拟输出用到的函数为analogWrite(pin,value)，其中Pin是输出的引脚号，value为0～255的数值。

此外，Arduino开发板上有一排标有A0～A5的引脚。这些引脚不仅具有数字输入输出的功能，还具有模拟信号输入的功能。通过模拟输入，Arduino可以接收0～1023的任意值，这为处理更复杂的信号提供了可能。

为了更好地理解PWM的工作原理及analogWrite()函数的用法，我们可以进行一个小实验，使用PWM控制小灯的亮度。

```
1  int pwm=0;                                    // 声明pwm变量
2  int PinMode=9;
3  void setup(){
4    Serial.begin(9600);
5  }
6  void loop(){
```

```
7     analogWrite(PinMode, pwm);                    // 设置pwm占空比
8     delay(100);
9     pwm++;                                        // 增加输出的pwm占空比
10    Serial.print(pwm);
11  }
```

在实验中可以查看pwm的数值，同时看到小灯逐渐变亮。

如果想让小灯循环逐渐从暗亮起，需再添加一个条件语句：

```
1  if(pwm>200){
2    pwm=0;
3  }
```

存储为代码(sketch_7_04)。

7.2 数据输入与输出

在Processing平台上开发的是计算机应用程序，而Arduino开发板则是电子硬件。为了实现计算机应用之间的通信和控制功能，我们需要一个接口作为它们之间沟通的桥梁。这个桥梁就是串口，也被称为串行接口，它是一种采用串行通信方式的扩展接口。通过串口，计算机应用程序能够与Arduino开发板进行数据传输和指令交换，从而实现各种控制功能。

7.2.1 Processing与Arduino通信

Arduino UNO开发板中自带USB转串口功能，用户只需将USB数据线与Arduino连接，并连接至计算机，然后在Arduino开发环境目录下的drivers文件夹中找到驱动程序，单击“下一步”按钮，就可以完成驱动程序的安装。在设备管理器中可以查看USB转串口设备所对应的串口号，如COM5是指分配给Arduino板的端口号，如图7-12所示。

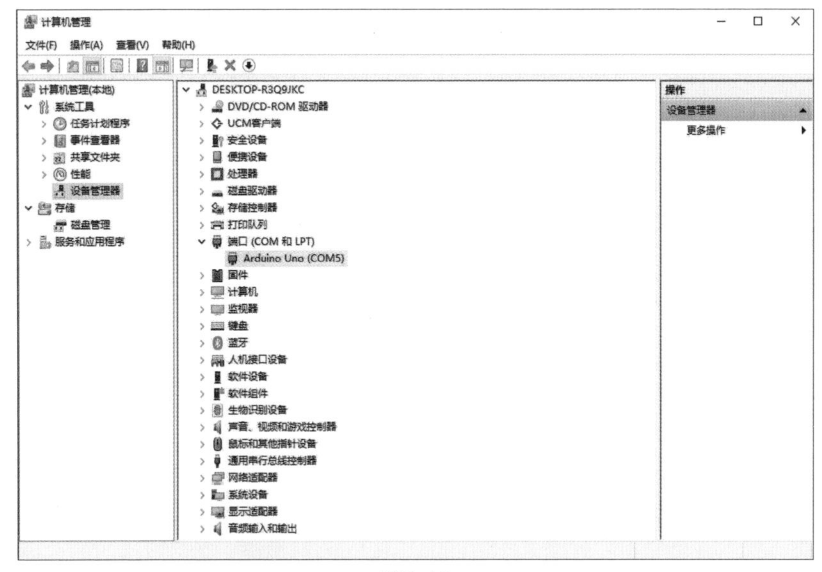

图7-12

Arduino的串口通信是通过在头文件HardwareSerial.h中定义一个HardwareSerial类的对象serial，然后直接使用类的成员函数来实现的。串口通信函数及功能，如表7-5所示。

表7-5 Arduino串口通信函数及功能

函数	功能
Serial.available()	用于判断串口是否收到数据，读函数返回值为int型，不带参数
Serial.begin()	用于初始化串口，可配置串口的各项参数，如波特率和数据位等
Serial.end()	停止串口通信
Serial.find()	从串口缓冲区读取数据，直至读到指定的字符串
Serial.findUntil()	从串口缓冲区读取数据，直至读到指定的字符串或指定的停止符
Serial.parseFloat()	从串口缓冲区返回第一个有效的float型数据
Serial.parseInt()	从串口流中查找第一个有效的整型数据
Serial.peek()	返回1字节的数据，但不会从接收缓冲区删除该数据
Serial.print()	将数据输出到串口，数据会以ASCII码的形式输出
Serial.println()	将数据输出到串口，并按Enter键换行，数据会以ASCII码形式输出
Serial.read()	从串口读取数据
Serial.readBytes()	从接受缓冲区读取指定长度的字符，并将其存入一个数组中。如果在设定的超时时间内没有读取到足够的数据，则退出该函数
Serial.readBytesUntil()	从接受缓冲区读取指定长度的字符，并将其存入一个数组中。如果读到停止符，或等待数据时间超过设定的超时时间，则退出该函数
Serial.readString()	从串口读入字符串
Serial.readStringUntil()	从串口读入字符串，当遇到校验字符时停止读取
Serial.setTimeout()	使用Serial.readBytesUntil()、Serial.readBytes()时，设置读取数据超时时间，单位是ms，默认1000ms
Serial.write()	将数据以字节形式输出到串口
SerialEvent()	定义一个串口读入事件

下面是一个应用串口通信函数的示例，代码如下：

```
1  int col;
2  void setup(){
3    Serial.begin(9600);
4  }
5  void loop(){
6    while(Serial.available()>0){
7      col=Serial.read();
8      Serial.print("Read:");
9      Serial.println(col);
10     delay(1000);
11   }
12 }
```

首先要将代码(sketch_7_05)上传，待上传完成，单击Arduino界面右上角的按钮，打开串口监视器。输入任意字符，如输入字符hello，按Enter键发送，单片机接收后会返回该字符的ASCII码，如图7-13所示。

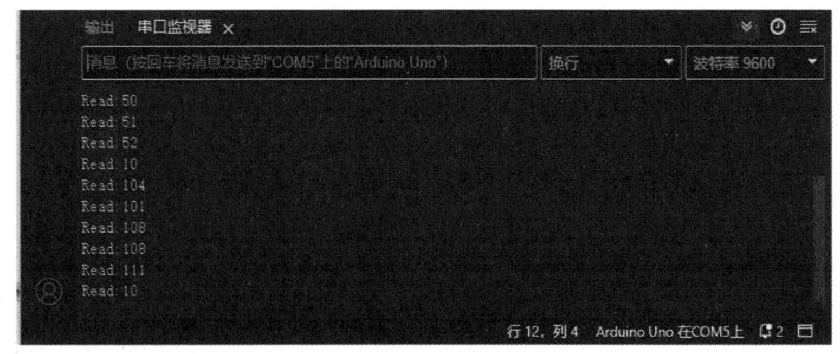

图7-13

Processing的串口通信由Serial库提供，可以通过调用成员函数来实现。串口通信函数及功能，如表7-6所示。

表7-6　Processing串口通信函数及功能

函数	功能
available()	检查串口是否接收到数据
read()	从串口读入数据，数据为字节类型，范围为0～255
readChar()	从串口读入数据，返回字符类型数据
readBytes()	从串口读入数据，返回字节类型数据
readBytesUntil()	从串口读入数据，返回字节类型数据，当遇到校验字符时停止读取数据
readString()	从串口读入数据，返回字符串类型数据
readStringUntil()	从串口读入数据，返回字符串类型数据，当遇到校验字符时停止读取数据
buffer()	设置缓冲区大小
bufferUntil()	在从串口读取数据时，遇到特定字符才会停止读取数据
last()	以字节类型返回读取到的最后一个数据
lastChar()	以字符类型返回读取到的最后一个数据
write()	向串口写入数据
clear()	清空缓冲区数据
stop()	停止串口数据传输
list()	返回能使用的串口
serialEvent()	自定义一个传接口接收事件

下面使用一个比较简单的开关示例，解释Processing与Arduino的通信。为此，我们需要对前面的LED闪烁示例中的线路连接进行一些调整，如图7-14所示。

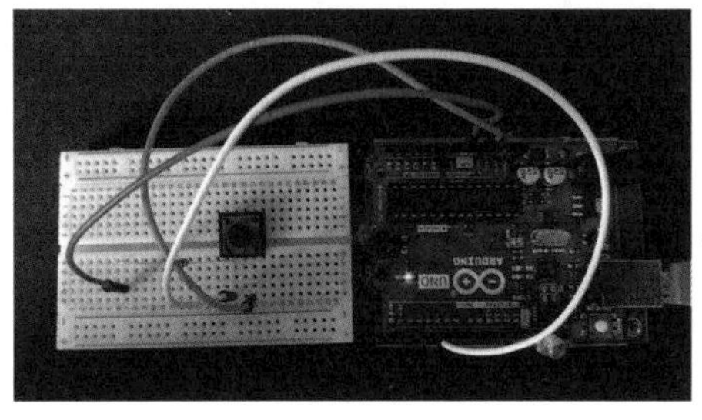

图7-14

具体的连线方式参照线路图，如图7-15所示。

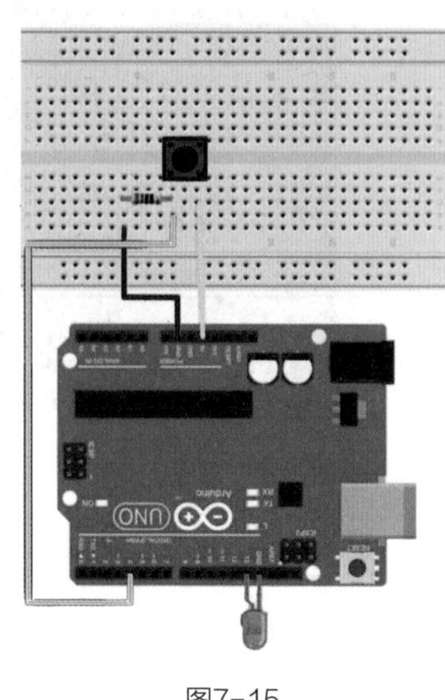

图7-15

在IDE中修改程序代码如下：

```
1  int LED=13;
2  int BUTTON=4;
3  int val=0;
4  void setup() {
5    pinMode(LED, OUTPUT);
6    pinMode(BUTTON, INPUT);
7    Serial.begin(9600);
8    }
9    void loop() {
10     val=digitalRead(BUTTON);
11     if(val==HIGH) {
12       digitalWrite(LED, HIGH);
13     }else{digitalWrite(LED, LOW);
14   }
15   if(digitalRead(BUTTON)==HIGH){        // 开关闭合
16     Serial.write(1);                    // 输出1到Processing
17   } else {                              // 开关断开
18     Serial.write(0);                    // 输出0到Processing
19   }
20   delay(100);
21 }
```

待上传代码(sketch_7_06)后，按下开关则LED亮起，松开开关则LED熄灭。

打开Processing工作界面，打开范例程序Libraries、Serial、SimpleRead，如图7-16所示。

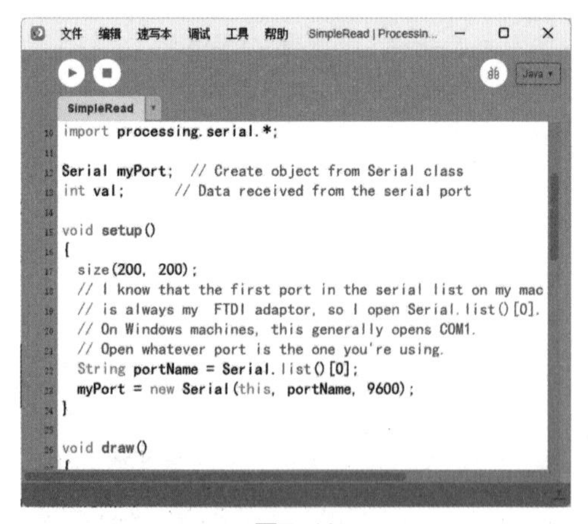

图7-16

在编辑区进行简单的修改，代码如下：

```
1  import processing.serial.*;             // 导入serial库
2  Serial myPort;                          // 实例化一个serial对象
3  int val;                                // 接收串口数据
4  void setup(){
```

```
5     size(640, 480);
6     myPort=new Serial(this,"COM3", 9600);
7   }
8   void draw(){
9     if( myPort.available()>0){
10      val=myPort.read();                              // 读取串口数据
11    }
12    background(255);
13    if(val==0){
14      fill(0);
15    } else {
16      fill(204);
17    }
18    rectMode(CENTER);
19    rect(320, 240, 200, 200);
20  }
```

运行代码(sketch_7_07)，并在面板上按下或松开开关，矩形颜色也随之改变，如图7-17所示。

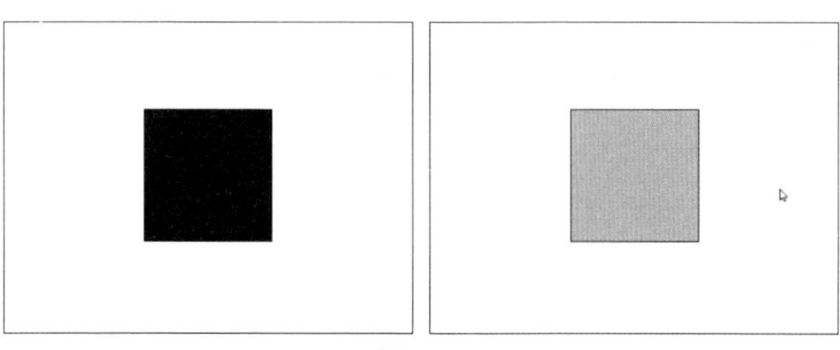

图7-17

下面讲解通过Processing程序与Arduino开发板联动，以控制灯光或电机的示例。

首先连接好线路，使用4条线，分别连接3、5、6和GND引脚，再分别连接到RGB全彩LED的对应引脚，如图7-18所示。

图7-18

然后编写Arduino的程序，输入代码如下：

```
1   byte valueR=0;
2   byte valueG=0;
3   byte valueB=0;
4   void setup(){
5     pinMode(3, OUTPUT);                  // RGB三个引脚需要接在pwm输出的引脚上
6     pinMode(5, OUTPUT);
7     pinMode(6, OUTPUT);
8     Serial.begin(9600);
9   }
10  void loop(){
11    if(Serial.available())               // 判断串口是否有数据
```

```
12   {
13     if(Serial.read()=='R')valueR=Serial.read();     //当接收数据扫描标识R时，读取R值
14   }
15   analogWrite(3, valueR);                            // pwm输出RGB值
16   analogWrite(5, valueG);
17   analogWrite(6, valueB);
18   delay(100);
19 }
```

单击按钮，上传代码(sketch_7_08)完成。

接下来在Processing中编写程序，输入代码如下：

```
1  float R=0;
2  byte valueR;                         // 串口传输时一次只能传输8位，以定义为Byte型
3  import processing.serial.*;          // 导入串口通信库
4  Serial LED;                          // 创建一个串口对象
5  void setup(){
6    size(640, 480);
7    LED=new Serial(this,"COM3", 9600);       // 初始化Arduino串口
8  }
9  void draw(){
10   background(235);
11   strokeWeight(2);
12   fill(R, 0, 0);
13   ellipse(320, 240, 200, 200);
14   R=map(mouseX, 0, width, 0, 255);
15   LED.write('R');                   // 串口发送“R”字符作为标识，以方便Arduino读取R值
16   valueR=byte(R);                   // 将float型的R值强行转换成byte型便于传输
17   LED.write(valueR);                // 串口发送当前设定的值
18 }
```

运行代码(sketch_7_09)，在画面中左右拖动鼠标，Processing显示的圆形会随之移动，并且红色分量会发生变化，如图7-19所示。

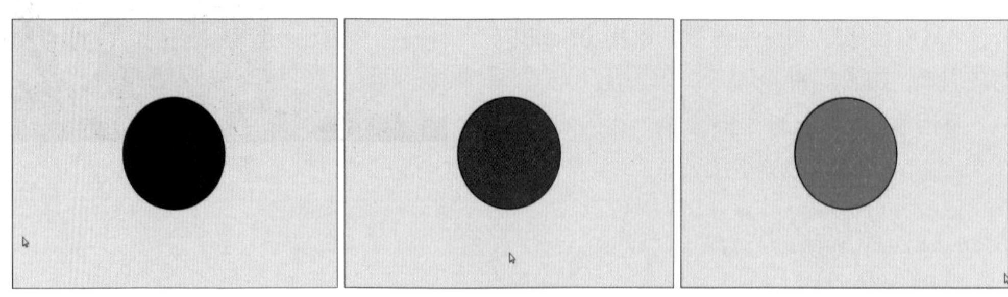

图7-19

同时，与Arduino开发板连接的全彩LED的红色亮度，也会与Processing中圆形的红色分量保持同步变化，如图7-20所示。

图7-20

7.2.2 Arduino数据控制实例

本节通过几个典型的实例，讲解如何将Arduino与Processing结合使用，并融入各种功能的感应器。通过这些实例，我们将编写能够感知人体动作、光线强度、温度等信息的交互程序，从而实现初步的自然人机交互体验。

1. 光敏电阻控制粒子

光敏传感器是极为常见的一种传感器，种类繁多，主要包括光电管、光电倍增管、光敏电阻、光敏三极管、太阳能电池、红外线传感器、紫外线传感器、光纤式光电传感器、色彩传感器，以及CCD和CMOS图像传感器等。其中，光敏电阻作为最简单的光敏传感器，能够感应光线的明暗变化并输出微弱的电信号。通过简单的电子线路进行放大处理，这些信号可以控制LED灯具的自动开关。因此，光敏传感器在自动控制、家用电器中得到广泛的应用。在本例中，使用光敏电阻来控制粒子的旋转。

首先要连接电路，如图7-21所示。

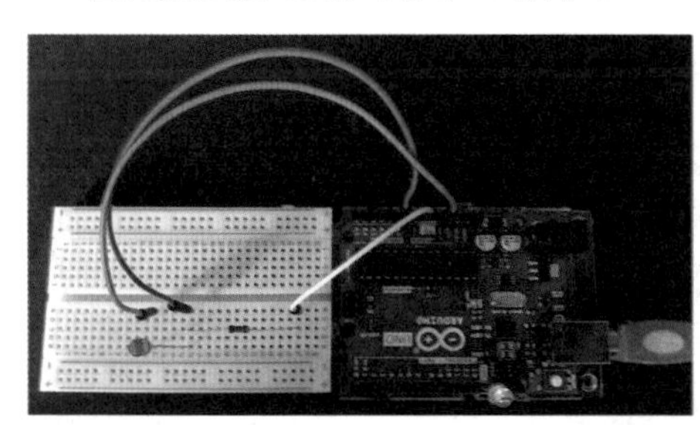
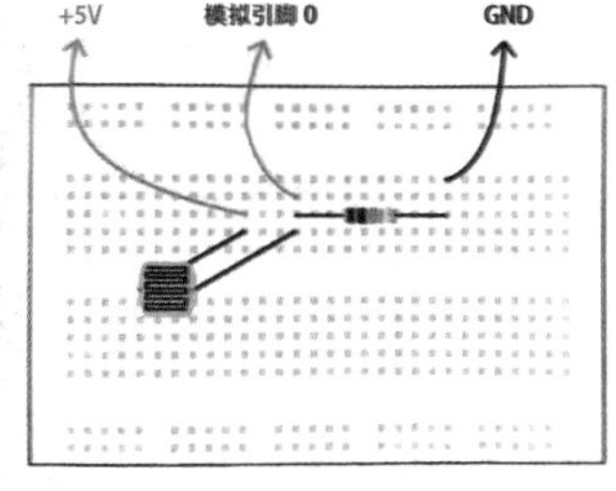

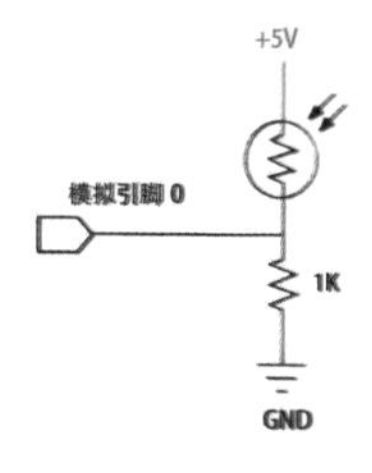

图7-21

编写Arduino程序代码如下：

```
1  int sensorPin=0;                              // 定义光敏电阻接口
2  int val=0;
3  void setup(){
4    Serial.begin(9600);                         // 串口波特率为9600
5  }
6  void loop(){
7    val=analogRead(sensorPin);                  // 读取模拟0端口
8    Serial.println(val, DEC);                   // 十进制显示结果并换行
9    delay(50);
10 }
```

上传代码(sketch_7_10)完成之后，打开串口监视器，并用手遮挡光敏电阻，查看数值变化情况，如图7-22所示。

图7-22

为了让Processing能够顺利读取数据，需要对Arduino程序进行修改。具体而言，将原本的Serial.println(val,DEC); 语句替换为Serial.write(val);。这样光敏电阻所采用的数据就可以从Arduino端输出，供Processing程序进一步读取和处理。

打开Processing软件，并从内置的范例程序中选择文件下的Demos，进而找到Perfomance分类下的StaticParticlesImmediate程序，如图7-23所示。这一步是为了确认粒子效果程序能够运作。运行代码，查看效果，如图7-24所示。

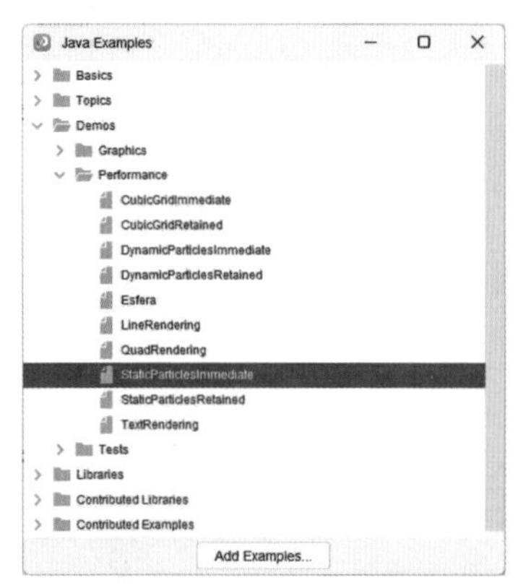

图7-23

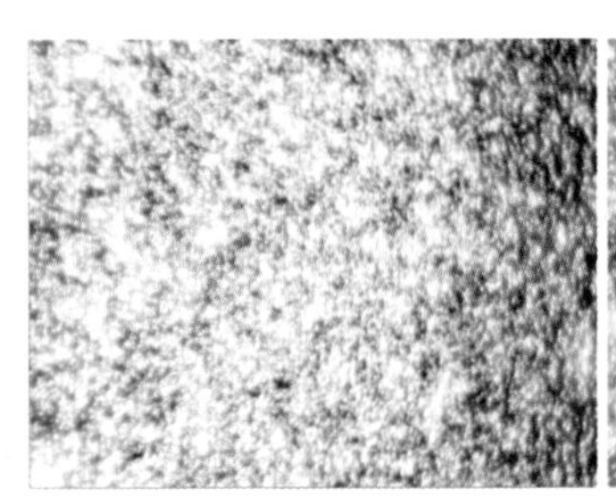
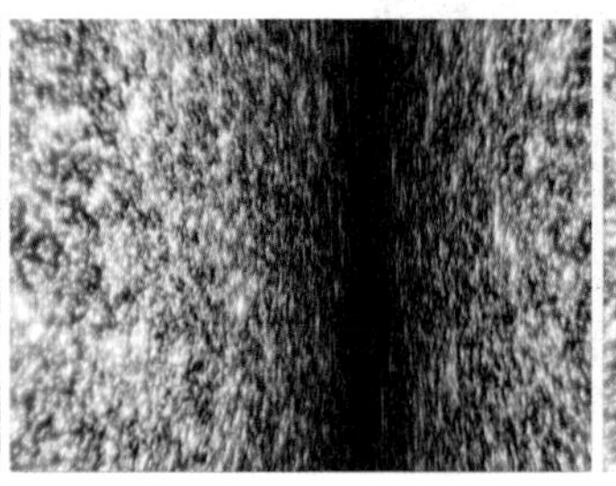
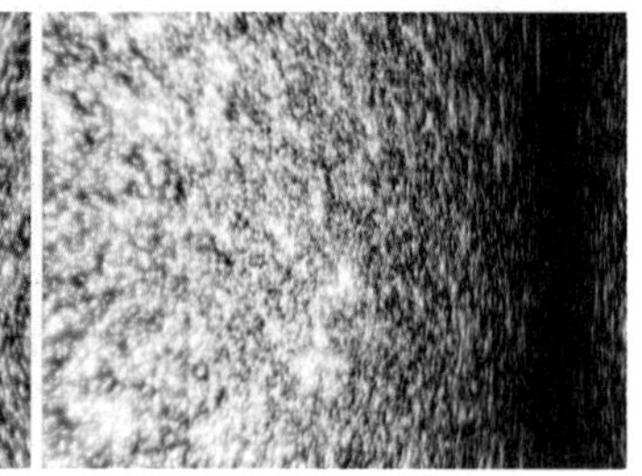

图7-24

接下来，打开一个串口库范例程序，如图7-25所示。

查看编辑区中代码的内容，如图7-26所示。

复制其中关于读取串口数据的语句，添加到粒子程序中并进行修改，如图7-27所示。

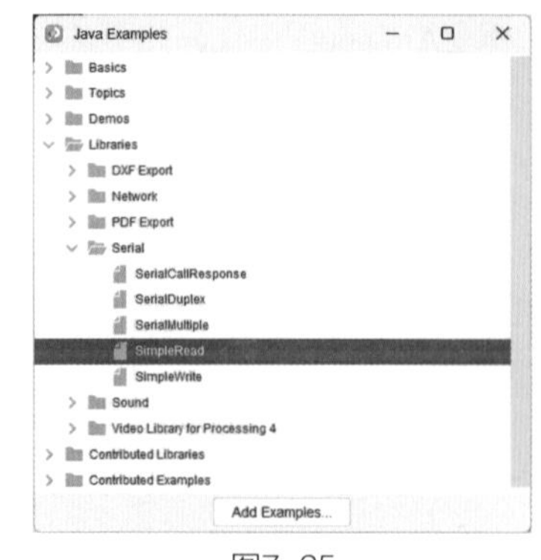

图7-25

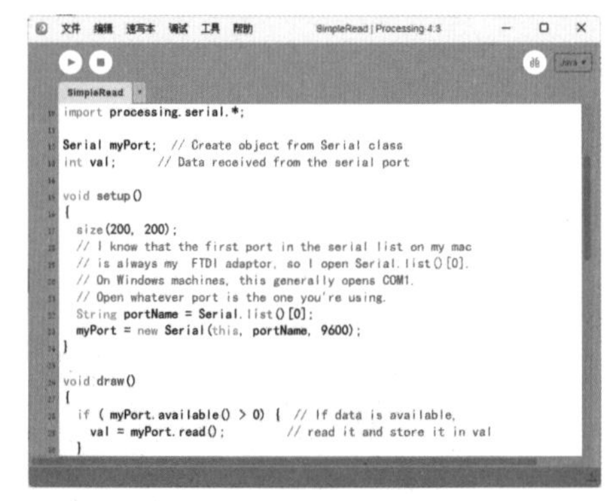

图7-26

图7-27

在void draw()部分下面添加与读取光敏电阻数据有关的语句：

```
1  val=myPort.read();
```

在控制台显示变量val数值的语句：

```
1  println(val);
```

修改程序，如图7-28所示。

单击▶按钮，运行代码(sketch_7_11)，查看控制台的数值，如图7-29所示。

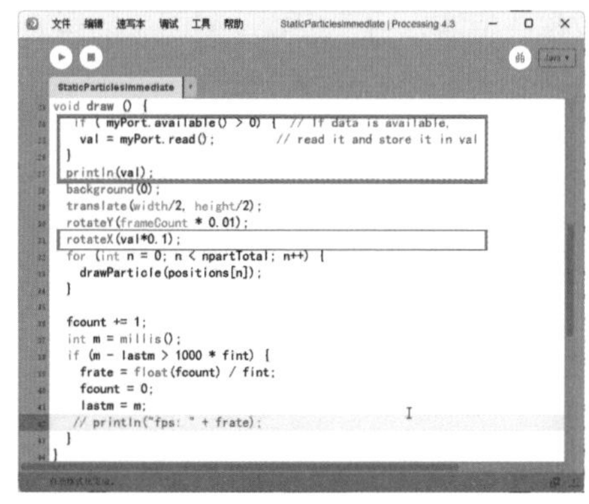

图7-28

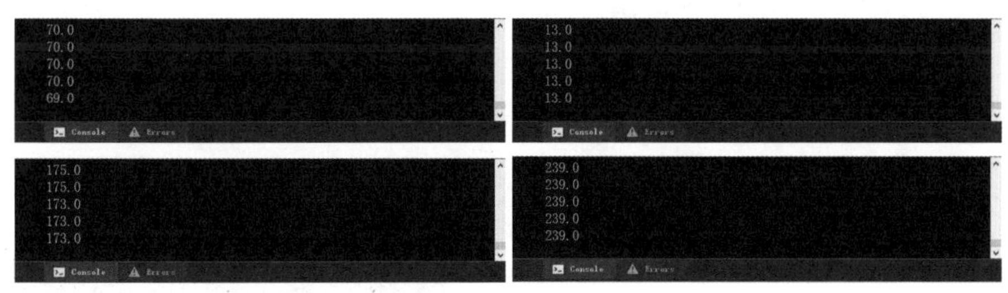

图7-29

为了加快渲染速度，可减少粒子的数量，添加代码如下：

```
1  int npartTotal = 10000;
```

单击▶按钮，运行代码(sketch_7_12)，查看粒子空间旋转的效果，如图7-30所示。

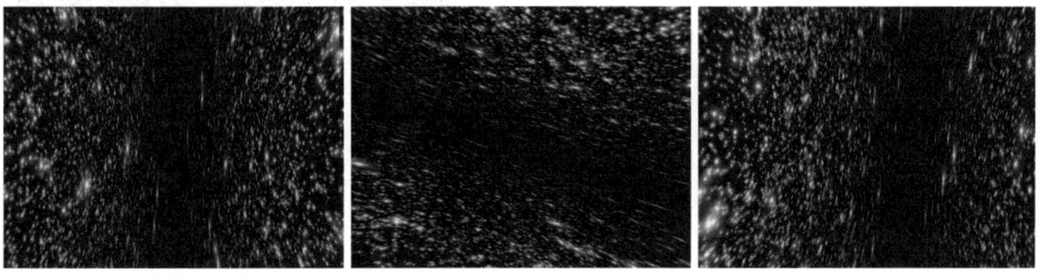

图7-30

2. 距离控制视频

超声波测距传感器是利用频率高于20kHz的声波在空中传播，遇到障碍物反射回来，通过计算发射和接收的时间差，从而计算出发射点与障碍物间的距离。尽管这种测量方法的精度往往只能达到厘米级别，但超声波测距技术已经广泛应用于汽车倒车雷达、机器人导航，以及智能小车避障等系统中。

在超声波测距传感器的众多种类中，HS-SR04模块以其高性价比而备受青睐，如图7-31所示。该模块能够测量的距离范围为2～450cm，精度为3mm。

HS-SR04模块具有Trig和Echo两个引脚。其中，Trig引脚用于控制超声波的发射；而Echo引脚则与接收探头相连，用于接收反射回来的声波信号，如表7-7所示。

图7-31

表7-7　HS-SR04模块引脚及功能说明

序号	引脚	功能说明
1	Vcc	供电5V
2	Trig	触发控制信号输入
3	Echo	回波信号输出
4	Gnd	接地

Arduino开发板与超声波测距传感器之间的实验接线，如表7-8所示。

表7-8　Arduino开发板与超声波测距传感器的实验接线

序号	超声波模块功能引脚	引脚说明
1	Vcc	5V
2	Trig	D2
3	Echo	D3
4	Gnd	GND

实际接线如图7-32所示。

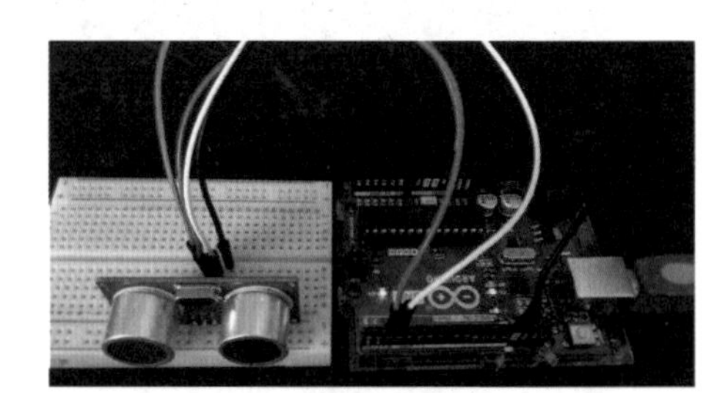

图7-32

在Arduino IDE中编写程序，代码如下：

```
1   int outputPin=2;
            // 接超声波Trig到数字D2引脚
2   int inputPin=3;
            // 接超声波Echo到数字D3引脚
3   void setup(){
4     Serial.begin(9600);
5     pinMode(inputPin, INPUT);
6     pinMode(outputPin, OUTPUT);
7   }
8   void loop(){
9     digitalWrite(outputPin, LOW);
10    delayMicroseconds(2);
11    digitalWrite(outputPin, HIGH);
```

```
12   delayMicroseconds(10);                     // 发出持续10μs到Trig引脚驱动超声波检测
13   digitalWrite(outputPin, LOW);
14   int distance=pulseIn(inputPin, HIGH);      // 接收脉冲的时间
15   distance=distance/ 58;                     // 将脉冲时间转换为距离值
16   Serial.print("distance is:");              // 显示文字
17   Serial.println(distance);                  // 显示距离值
18   delay(5);
19 }
```

上传代码(sketch_7_13)完成后，打开串口监视器，查看测距的数值，如图7-33所示。

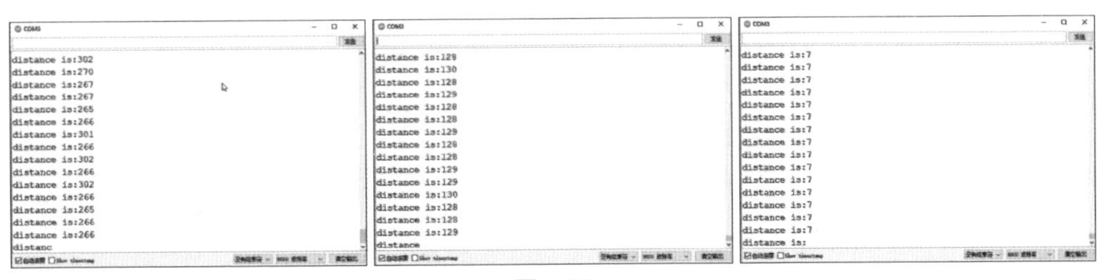

图7-33

对程序进行修改，对其中一行代码进行替换：

```
1 // Serial.print("distance is:");              // 显示文字
```

将这一行：

```
1 Serial.println(distance);                     // 显示距离值
```

修改为如下：

```
1 Serial.write(distance);                       // 输出距离值
```

这样就可以输出距离值，以备Processing读取。下面编写Processing的程序，输入代码如下：

```
1  import processing.serial.*;
2  Serial myPort;
3  int distance;
4  void setup(){
5    size(640, 480);
6    myPort=new Serial(this,"COM3", 9600);
7  }
8  void draw(){
9    if( myPort.available()>0){
10     distance=myPort.read();
11     println(distance);
12   }
13 }
```

运行代码(sketch_7_14)，查看控制台中测距的数值，如图7-34所示。

图7-34

打开Processing软件中用于控制视频播放速度的范例程序，界面如图7-35所示。在编辑区中查看程序代码，如图7-36所示。

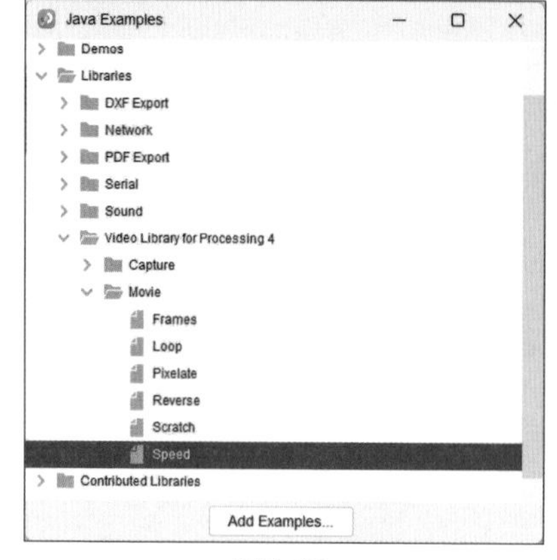

图7-35

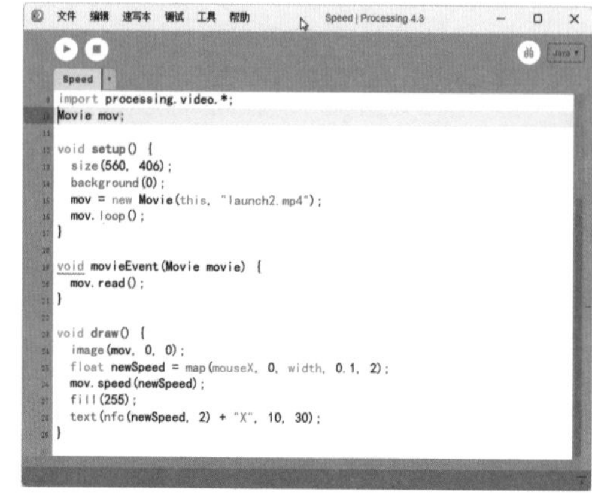

图7-36

复制与视频控制相关的语句，并更改视频文件的名称，修改代码，如图7-37所示。在void draw()部分下面继续修改代码，如图7-38所示。

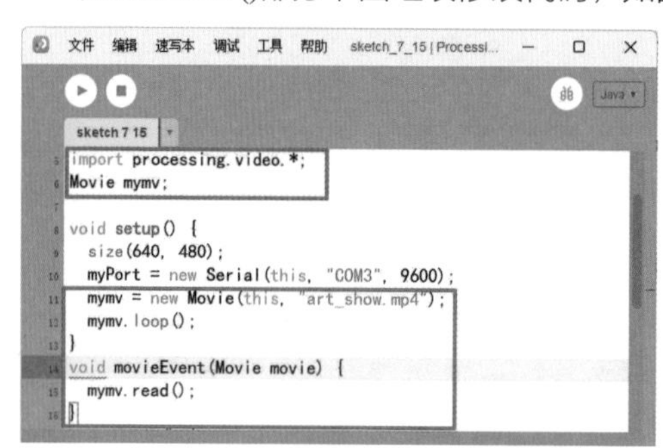

图7-37

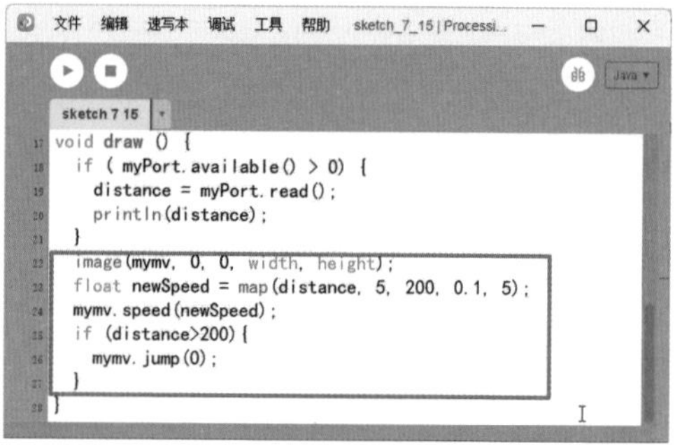

```
void draw () {
  if ( myPort.available() > 0) {
    distance = myPort.read();
    println(distance);
  }
  image(mymv, 0, 0, width, height);
  float newSpeed = map(distance, 5, 200, 0.1, 5);
  mymv.speed(newSpeed);
  if (distance>200){
    mymv.jump(0);
  }
}
```

图7-38

运行代码(sketch_7_15)，当测距数值在5～200cm时，视频播放的速率会随之相应变化，范围为0.1～5；如果测距数值大于200cm，则视频跳转到首帧画面，如图7-39所示。

图7-39

通过if语句，还可以实现更加丰富多彩的互动效果。例如，根据传感器检测到不同的距离，可以显示对应的图片，或者改变声音的大小、图形的运动轨迹、图像的滤镜效果等。此外，还可以将粒子效果与这些互动相结合，创造出更加生动有趣的视觉效果。

3. 红外感应控制盒体旋转

红外感应技术的应用范围十分广泛，不仅限于感应水龙头和感应灯等日常设备，在众多的交互作品中，这一模块同样扮演着重要角色。当红外感应器检测到有人或动物接近或运动时，就会立即发射信号，进而触发其他动作部件的响应。它的基本原理是检测人或动物发出的红外线，并经过菲尼尔滤光片增强后聚焦到红外感应器上，将感应的红外信号转换为电信号。

在进行接线操作之前，建议取下红外感应器上的白色塑料罩，以便更清晰地识别三个接线口的标记，如图7-40所示。

接下来，将红外感应器和Arduino开发板进行硬件连接，如图7-41所示。

图7-40

图7-41

在Arduino IDE中编写程序，输入代码如下：

```
1  int sensorPin=2;                              // 设置红外接口号为2
2  int ledPin=13;                                // 设置LED接口号为13
3  int val=0;
4  void setup(){
5    Serial.begin(9600);
6    pinMode(sensorPin, INPUT);                  // 设置红外接口为输入状态
7    pinMode(ledPin, OUTPUT);                    // 设置LED接口为输出状态
8  }
9  void loop(){
10   val=digitalRead(sensorPin);                 // 定义参数存储红外传感器读到的状态
11   Serial.println(val);
12   digitalWrite(ledPin, LOW);
13   delay(100);
14   if(val==1){                                 // 如果检测到有人或动物运动，LED小灯亮起
15     digitalWrite(ledPin, HIGH);
16     delay(2000);
17   }
18 }
```

上传代码(sketch_7_16)完成，打开串口监视器，检查红外传感器读取的数据，如图7-42所示。

修改void loop()函数中的代码如下：

```
1  // Serial.println(val);
2  Serial.write(val);                            // 输出val数值
```

输出val数，留待Processing调用。

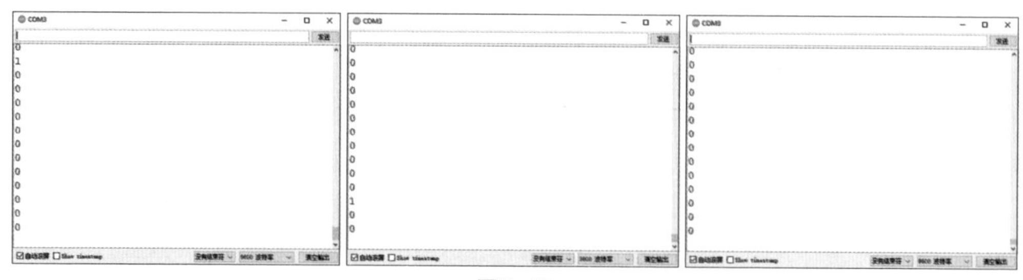

图7-42

打开Processing，编写代码如下：

```
import processing.serial.*;
Serial myPort;
int val;
float ang, ar;
void setup(){
  size(360, 240, P3D);
  myPort=new Serial(this,"COM3", 9600);
}
void draw(){
  background(0);
  if(myPort.available()>0){
    val=myPort.read();
    println(val);
  }
  if(val==1){
    ar=0.01*PI;
  } else {
    ar=0;
  }
  ang=ang+ar;
  pushMatrix();
  translate(width/2-200, height/2,-height/4);
  fill(#0575FA);
  rotateY(ang);
  box(160, 180, 160);
  popMatrix();
  pushMatrix();
  translate(width/2+200, height/2,-height/4);
  fill(#0575FA);
  rotateY(ang/2);
  box(160, 180, 160);
  popMatrix();
}
```

运行代码(sketch_7_17)，场景中有两个立方体，其中一个会因为红外系统检测到人或动物的信号而旋转，如图7-43所示。

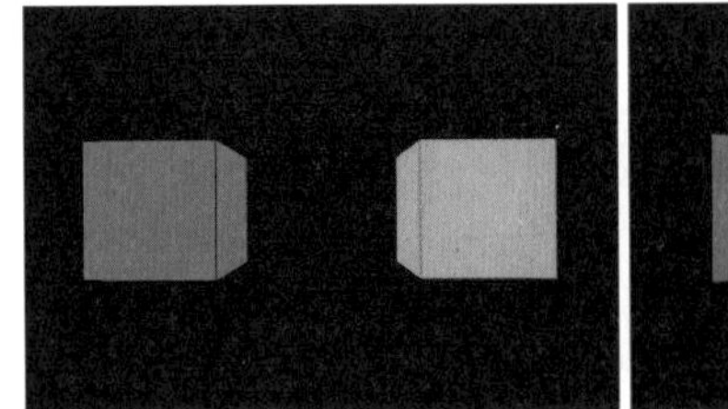
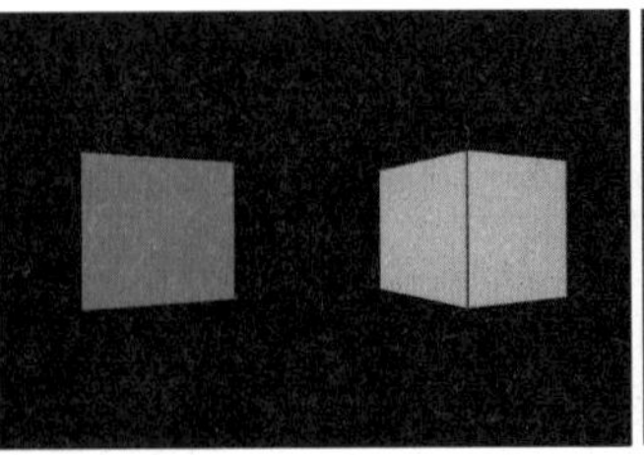
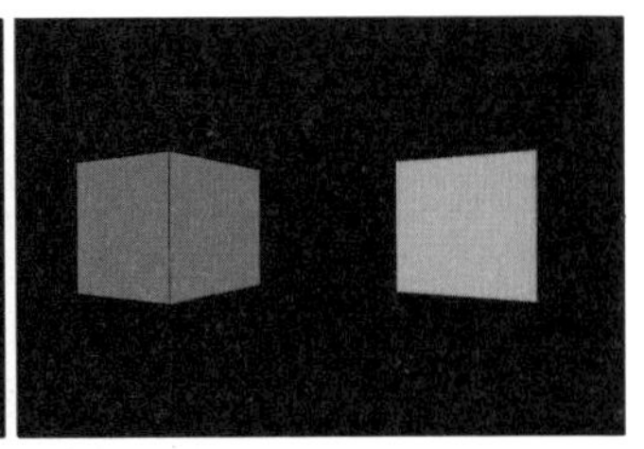

图7-43

上面的示例将红外感应器的信号应用到Processing程序中，实现了基本的装置与图形的互动。如果希望图形变化的同时，装置也随之运动，读者还可以了解一下舵机的使用方法，从而创作出驱动机电机构的装置。

7.3 摄像头获取数据

计算机视觉是一门专注于探索如何使机器具备“视觉”能力的科学。具体而言，它利用摄影机和计算机来模拟人眼的识别、跟踪和测量等机器视觉功能，进而执行图形处理任务，将原始图像转化为更适合人眼观察或传送给仪器检测的图像。因为感知可以看作从感官信号中提取信息，所以计算机视觉也可以看作是研究如何构建人工系统，使其能够从图像或多维数据中“感知”并提取有用信息的科学。

7.3.1 摄像头应用

在Processing中处理摄像头输入的视频，需要满足以下条件:

首先，在硬件方面，必须配备一个摄像头设备。其次，在软件方面，计算机的Windows系统需要安装QuickTime播放器，并在安装时选择QuickTime for Java。

编写代码的步骤和播放视频文件很相似。首先要导入视频处理库，或者直接在代码开头输入import processing.video.* ;语句来实现。

接下来，需要声明一下捕获视频的变量，格式为“Capture 视频名称”。随后初始化这个视频捕获变量，即将捕获的视频指定给变量。

```
1  import processing.video.*;                        // 加载视频库
2  Capture mycam;                                    // 声明变量
3  void setup(){
4    size(640, 480);
5    mycam=new Capture(this, 640, 480, 30);          // 初始化Capture变量
6    mycam.start();
7  }
8  void draw(){
9    if(mycam.available()){
10     mycam.read();
11   }
12   image(mycam, 0, 0, width, height);              // 显示视频画面
13 }
```

运行代码(sketch_7_18)，查看效果，如图7-44所示。

图7-44

如果要了解摄像头的参数，还要先检查一下摄像头。输入代码如下：

```
1  import processing.video.*;
2  Capture mycam;
3  void setup(){
4    size(640, 480);
5    String[] cameras=Capture.list();               // 创建数组
6    println("Available cameras:");
7    if(cameras.length!=0){                         // 显示全部可用相机
8      printArray(cameras);
9    }
10 }
```

运行代码(sketch_7_19)，在控制台中查看摄像头的信息，如图7-45所示。

```
Processing video library using bundled GStreamer 1.20.3
Scanning GStreamer plugins... Done.
Available cameras:
[0] "HD USB CAMERA #1"
[1] "HD USB CAMERA #2"
Console  Errors
```

图7-45

7.3.2 运动检测

在一个视频中，动作的产生是因为一个像素颜色与其上一帧相比发生了变化。而运动检测就是在持续记录和比较视频的当前帧与前一帧。代码如下：

```
1  import processing.video.*;
2  Capture video;
3  PImage prevFrame;                                // 定义前一帧画面
4  float threshold=50;                              // 比较前后帧的容差
5  void setup(){
6    size(640, 480);
7    video=new Capture(this, width, height, 30);
8    video.start();
9    prevFrame=createImage(video.width, video.height, RGB);    // 创建一个空帧
10 }
11 void captureEvent(Capture video){
12   // 在获取新帧前先保存前一帧
13   prevFrame.copy(video, 0, 0, video.width, video.height, 0, 0, video.width,
   video.height);
14   prevFrame.updatePixels();
15   video.read();
16 }
```

```
17 void draw(){
18   loadPixels();
19   video.loadPixels();
20   prevFrame.loadPixels();
21   // 遍历全部像素
22   for(int x=0; x<video.width; x++){
23     for(int y=0; y<video.height; y++){
24       int loc=x+y*video.width;
25       color current=video.pixels[loc];
26       color previous=prevFrame.pixels[loc];
27       // 比较当前帧和前一帧的颜色
28       float r1=red(current);
29       float g1=green(current);
30       float b1=blue(current);
31       float r2=red(previous);
32       float g2=green(previous);
33       float b2=blue(previous);
34       float diff=dist(r1, g1, b1, r2, g2, b2);
35       if(diff>threshold){
36         pixels[loc]=color(0);                      // 运动像素为黑色
37       } else {
38         pixels[loc]=color(255);                    // 非运动像素为白色
39       }
40     }
41   }
42   updatePixels();
43 }
```

运行代码(sketch_7_20)，查看手部运动图像的效果，如图7-46所示。

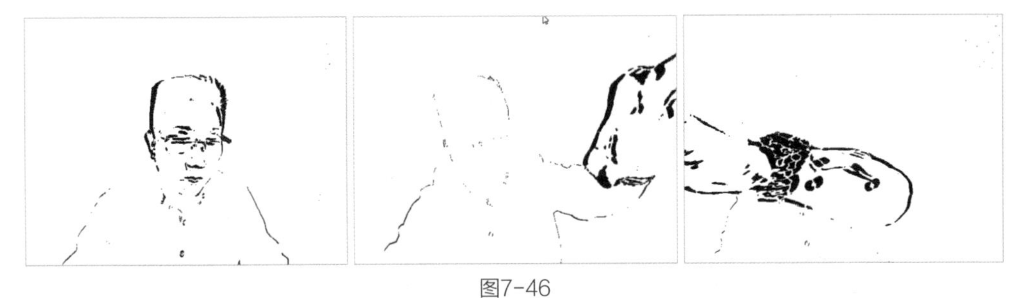

图7-46

如果想让跟踪的精确度更加理想，最好计算跟踪像素的平均坐标。例如，绘制一个蓝色的圆形，跟踪手部的运动。在draw()函数部分修改语句如下:

```
1 void draw(){
2   loadPixels();
3   video.loadPixels();
4   prevFrame.loadPixels();
5   float sumX=0;
6   float sumY=0;
7   int motionCount=0;
```

```
8   // 遍历全部像素
9   for(int x=0; x<video.width; x++){
10    for(int y=0; y<video.height; y++){
11      int loc=x+y*video.width;
12      color current=video.pixels[loc];
13      color previous=prevFrame.pixels[loc];
14      // 比较当前帧和前一帧的颜色
15      float r1=red(current);
16      float g1=green(current);
17      float b1=blue(current);
18      float r2=red(previous);
19      float g2=green(previous);
20      float b2=blue(previous);
21      float diff=dist(r1, g1, b1, r2, g2, b2);
22      if(diff>threshold){
23      // 运动像素为黑色
24      pixels[loc]=color(0);
25      sumX+=x;
26      sumY+=y;
27      motionCount++;
28      } else {
29        // 非运动像素为白色
30        pixels[loc]=color(255);
31      }
32    }
33  }
34  updatePixels();
35  float avgX=sumX/motionCount;
36  float avgY=sumY/motionCount;
37  fill(10, 100, 255);
38  ellipse(avgX, avgY, 60, 60);
39 }
```

运行代码(sketch_7_21)，查看跟踪手部运动的效果，如图7-47所示。

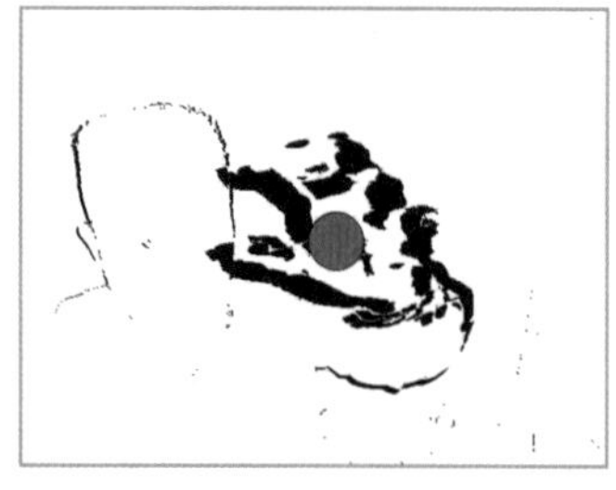
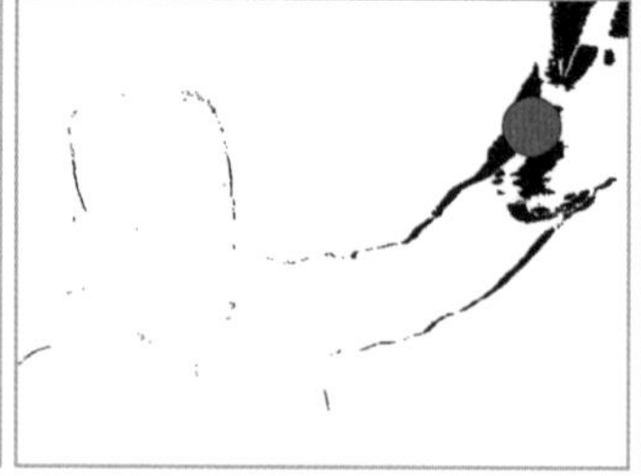

图7-47

7.3.3 运动跟踪

使用视频摄像头不仅可以实时展示图像，还可以作为传感器，赋予机器"看"的能力，也就是所说的"计算机视觉"。为了深入理解计算机视觉算法的内部工作机制，我们先从一个简单的示例开始：获取视频图像像素的亮度值，计算最高亮度值，并记录该亮度的坐标位置。

基于从像素级别分析亮度的原理，尝试计算摄像头视频中最亮的像素。代码如下：

```
1  import processing.video.*;                          // 加载视频库
2  Capture video;                                      // 采集视频
3  void setup(){
4    size(640, 480);
5    video=new Capture(this, width, height);           // 使用默认的摄像头输入视频
6    video.start();
7    noStroke();
8    smooth();
9  }
10 void draw(){
11   if(video.available()){
12     video.read();
13     image(video, 0, 0, width, height);              // 显示摄像头视频内容
14     int brightestX=0;                               // 最亮像素的X坐标
15     int brightestY=0;                               // 最亮像素的Y坐标
16     float brightestValue=0;                         // 最亮像素的亮度值
17     video.loadPixels();                             // 加载视频画面的像素
18     for(int y=0; y<video.height; y++){
19       for(int x=0; x<video.width; x++){
20         int index=x+y*video.width;
21         int pixelValue=video.pixels[index];         // 获取像素的颜色值
22         float pixelBrightness=brightness(pixelValue);      // 获得像素的亮度值
23         // 动态比较像素最大亮度值，并存储该坐标值
24         if(pixelBrightness>brightestValue){
25           brightestValue=pixelBrightness;
26           brightestY=y;
27           brightestX=x;
28         }
29       }
30     }
31     // 在最亮像素位置绘制一个圆形
32     fill(255, 204, 0, 128);
33     ellipse(brightestX, brightestY, 200, 200);
34   }
35 }
```

运行代码(sketch_7_22)，查看效果，如图7-48所示。

图7-48

我们还可以设定程序，以便跟踪并识别视频中特定的颜色。代码如下：

```
1  import processing.video.*;
2  Capture video;
3  color trackColor;                                  //声明一个跟踪颜色
4  void setup(){
5    size(640, 480);
6    video=new Capture(this, width, height);          //使用默认的摄像头输入视频
7    video.start();
8    trackColor=color(200, 60, 60);                   //设置跟踪颜色
9    smooth();
10 }
11 void draw(){
12   if(video.available()){
13     video.read();
14     image(video, 0, 0, width, height);             //显示摄像头视频内容
15     int closestX=0;                                //最接近跟踪颜色像素的X坐标
16     int closestY=0;                                //最接近跟踪颜色像素的Y坐标
17     float colorValue=500;                          //开始搜索前的颜色接近值
18     video.loadPixels();
19     for(int y=0; y<video.height; y++){
20       for(int x=0; x<video.width; x++){
21         int index=x+y*video.width;
22         int pixelValue=video.pixels[index];        //获取像素的颜色值
23         float r1=red(pixelValue);
24         float g1=green(pixelValue);
25         float b1=blue(pixelValue);
26         float r2=red(trackColor);
27         float g2=green(trackColor);
28         float b2=blue(trackColor);
29         //动态比较颜色接近值，并存储该坐标值
30         float d=dist(r1, g1, b1, r2, g2, b2);
31         if(d<colorValue){
32           colorValue=d;
33           closestX=x;
34           closestY=y;
35         }
36       }
37     }
38     //在跟踪颜色范围的像素位置绘制一个圆形
39     if(colorValue<30){                             //设置颜色跟踪的容差
40       fill(#FFAF00, 150);
41       stroke(100);
42       ellipse(closestX, closestY, 80, 80);
43     }
44   }
45 }
```

运行代码(sketch_7_23)，查看跟踪红色签字笔头的效果，如图7-49所示。

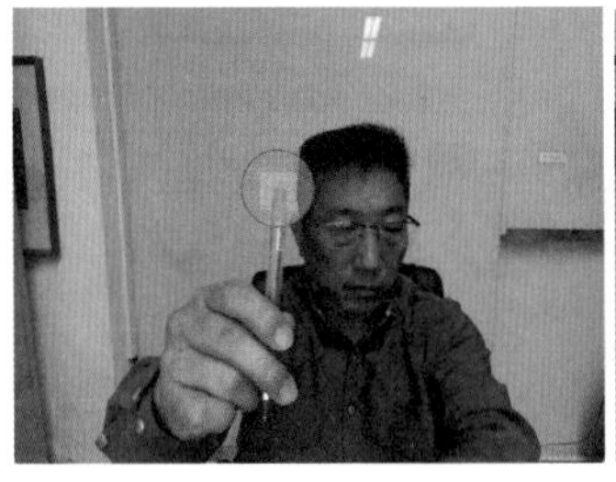
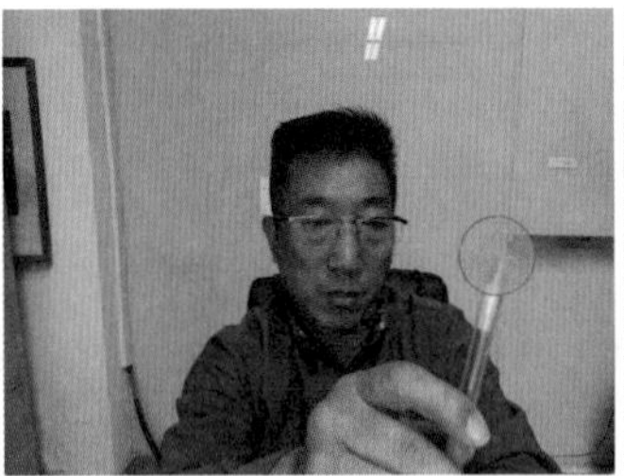
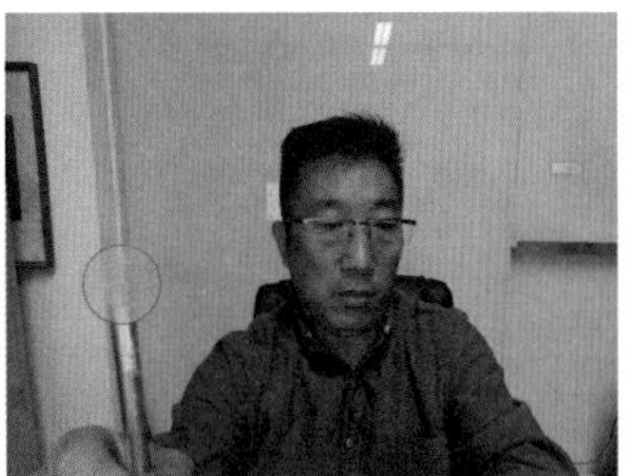

图7-49

通过颜色跟踪技术，可以实现鼠标交互的替代，但为了达到最佳效果，最好为摄像头选择一个简单且高对比度的工作环境。

7.4 Kinect体感数据

在人们通过触觉、味觉、嗅觉、听觉和视觉等感官感受周围世界的过程中，视觉的影响力是最大的。正如前面提到的，计算机视觉(Computer Vision)是一种技术，它使机器能够模仿人类理解和解析真实世界的方式，通过设备从图像中捕捉并阐释复杂的信息。

7.4.1　认识与安装Kinect

目前，人机交互主要采用能够检测场景深度信息的3D相机系统，其中，Kinect无疑是最为著名的三维摄像机系统之一。Kinect是微软公司于2009年6月正式公布的XBOX 360体感周边外设，它彻底颠覆了游戏的传统单一操作方式，使人机互动的理念得到了更充分的体现。它不仅是一种3D体感摄影机，还集成了即时动态捕捉、影像辨识、麦克风输入、语音辨识、社群互动等多项功能。2013年5月，随着Xbox One的发布，Kinect也以全新面貌亮相，成为次世代主机的必备组件。开发者可以利用Kinect感知的语音、手势和玩家情感信息，为玩家带来前所未有的互动体验。新一代Kinect拥有更宽广的视野和更高清的2D彩色相机，其清晰度为前代的3倍，能够捕捉到衣服上的褶皱等细节，并能识别玩家的面部表情和五指动作。这些改进使游戏开发者能够创造出更加注重交互性和真实感体验的游戏，且具有很高的精确度。Kinect v2.0的外观如图7-50所示。

图7-50

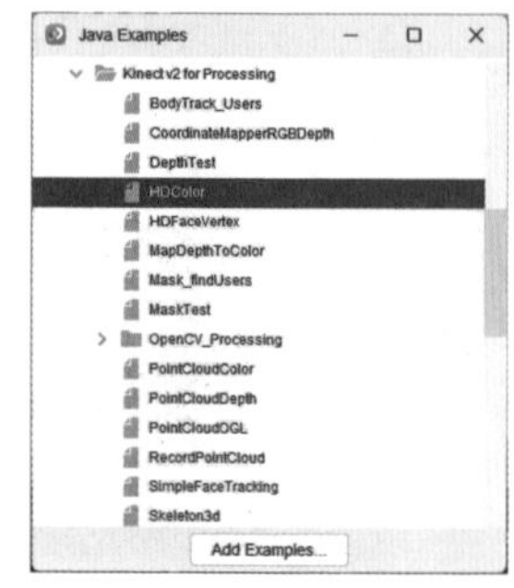

图7-51

Kinect v2凭借其价格便宜、功能强大的特点，非常适合用于三维重构和体感互动的开发研究。下载Kinect for Windows SDK 2.0的开源包，只需将设备连接到USB 3.0口(通常是蓝色或标有ss的接口)，安装过程十分简单，只需双击“KinectSDK-v2.0_1409-setup.exe”文件即可启动安装。

7.4.2 多维图像信息

要在Processing中使用Kinect v2，需要安装Kinect v2 for Processing库，这个库通常包含许多实用的范例程序，如图7-51所示。

使用Kinect v2，可以获取彩色图像、深度图像等多维图像信息。为了快速上手，我们可以选择范例程序，如HDColor，然后运行该程序，查看显示图像的内容，如图7-52所示。

实际上，显示的图像是一种高清彩色图像，其质量可以与高清摄像头捕获的图像质量相媲美。另外，如果运行HDFaceVertex程序，该程序会通过面部跟踪技术显示面部的多个特征点，并呈现运动跟踪效果，同时在脸部生成三维网格线，如图7-53所示。

图7-52

图7-53

接下来重点查看深度信息。选择并打开范例程序DepthTest，运行该程序，查看显示的图像内容，如图7-54所示。

图7-54

在代码中，以下几行用于捕捉图像信息：

```
1  kinect=new KinectPV2(this);
2   kinect.enableDepthImg(true);                    //获取深度图像
```

```
3   kinect.enableInfraredImg(true);
4   kinect.enableInfraredLongExposureImg(true);
5   kinect.init();
```

图7-55

程序一共显示了4种图像内容，其中右上角的图像是通过调用kinect.getDepth256Image()函数获得的深度图像。

通过修改代码，可以选择只显示深度图像，效果如图7-55所示。

这些图像与网络摄像头获取的彩色图像不同，此处的黑白灰度图像代表房间或任何被观察对象的三维信息。简单来说，对象距离越远，其在图像中的亮度越高。

7.4.3 利用深度信息跟踪

在Processing中，深度图像信息对于交互装置设计尤为关键，因为我们通常仅希望摄像头捕捉到距离其一定范围内的物体，而非整个房间。通过选择并运行范例程序MaskTest，我们可以轻松地创建出人物的蒙版效果，实现人物与房间背景的分离，效果如图7-56所示。

图7-56

下面看一下基本的Kinect程序，代码如下：

```
1  import KinectPV2.*;                          // 导入KinectPV2库
2  KinectPV2 kinect;                            // 定义Kinect
3  void setup(){
4    size(512, 424, P3D);                       // 设置画布尺寸，与Kinect捕捉尺寸相同
5    kinect=new KinectPV2(this);
6    kinect.enableDepthImg(true);               // 初始化深度信息
7    kinect.init();
8  }
9  void draw(){
10   background(0);
11   PImage cam=kinect.getDepthImage();         // 输入深度图像
12   image(cam, 0, 0);
13 }
```

运行代码(sketch_7_24)，查看显示内容，如图7-57所示。

接下来确定深度范围为45～65cm，修改代码，如图7-58所示。

图7-57

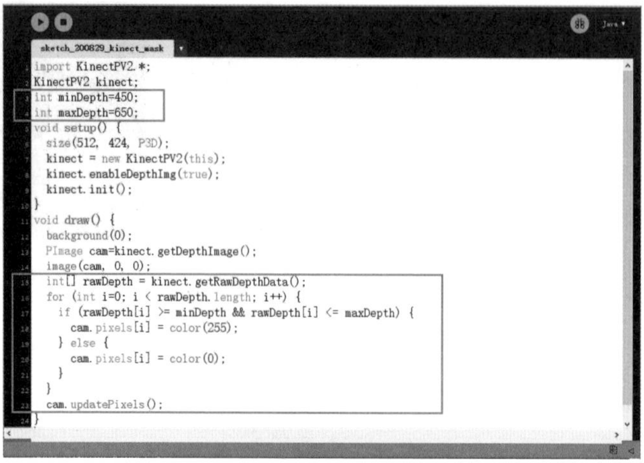

```
sketch_200829_kinect_mask
import KinectPV2.*;
KinectPV2 kinect;
int minDepth=450;
int maxDepth=650;
void setup() {
  size(512, 424, P3D);
  kinect = new KinectPV2(this);
  kinect.enableDepthImg(true);
  kinect.init();
}
void draw() {
  background(0);
  PImage cam=kinect.getDepthImage();
  image(cam, 0, 0);
  int[] rawDepth = kinect.getRawDepthData();
  for (int i=0; i < rawDepth.length; i++) {
    if (rawDepth[i] >= minDepth && rawDepth[i] <= maxDepth) {
      cam.pixels[i] = color(255);
    } else {
      cam.pixels[i] = color(0);
    }
  }
  cam.updatePixels();
}
```

图7-58

运行代码(sketch_7_27)，如果手部位于摄像头前0.45～0.65m的距离范围，手部将显示为白色。查看只显示手部运动的效果，如图7-59所示。

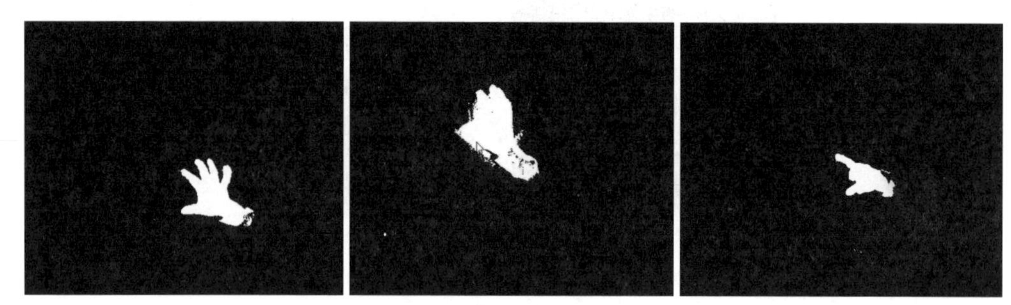

图7-59

可以通过平均值来确定手部的位置，并利用手部的平均坐标值控制粒子的移动、图形的变化及颜色转换等，如图7-60所示。

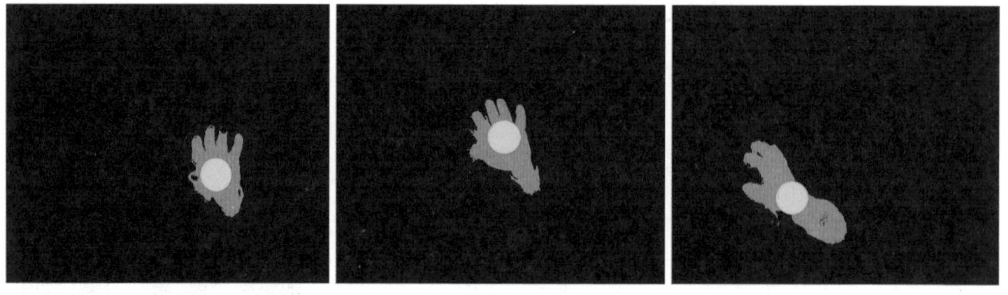

图7-60

7.4.4 OpenCV

OpenCV(Open Source Computer Vision，开源计算机视觉类库)最初由InteL开发，是一个免费的跨平台库，专门用于实时图像处理。对于所有与计算视觉相关的事务处理，OpenCV已成为业界的标准工具库。

OpenCV之所以强大并成为领域标准库，主要是因为它包含了众多功能，如内置的数据结构和输入输出功能、图像处理操作、图形用户界面(GUI)、视频分析、3D重建、特征提取、对象检测、机器学习、形状分析、光流算法、人脸和对象识别、表面匹配及深度学习等。下面通过OpenCV库的范例程序了解其强大的功能。

在安装Kinect 2.0和Kinect v2 for Processing库后，我们就可以在Processing中调用Kinect相关的范例程序了，其中也集成了OpenCV的功能，如图7-61所示。

图7-61

例如，选择并运行范例程序FindContours，查看身体轮廓的边缘效果，如图7-62所示。

图7-62

在Processing中，利用Kinect进行身体追踪，这项操作相当方便快捷。选择并打开面部跟踪的范例程序SimpleFaceTracking，如图7-63所示。

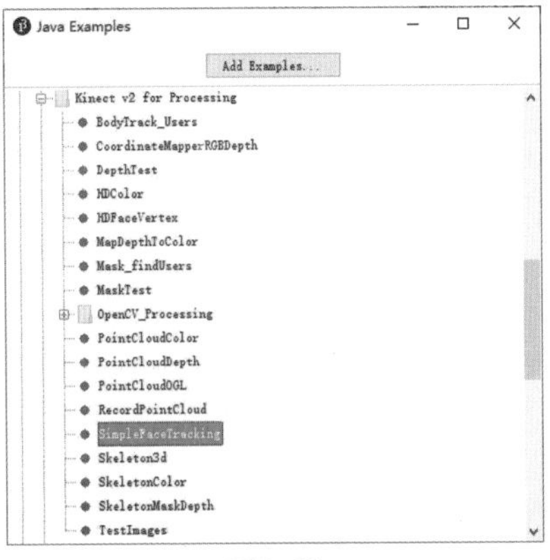

图7-63

运行该程序，查看显示的图像及跟踪人脸的效果，如图7-64所示。

图7-64

再来看看跟踪手部和骨骼的效果。选择并运行范例程序SkeletonColor，查看骨骼的识别和跟踪效果，以及两个圆形跟随手部位置变化而移动的效果，如图7-65所示。

图7-65

此外，可以隐藏骨骼线条和关节处的圆形，只保留手部的圆形，以便更清晰地查看手势运动的跟踪效果，如图7-66所示。

图7-66

仔细查看关于手部位置的代码：

```
1  void drawHandState(KJoint joint){
2    noStroke();
3    handState(joint.getState());
4    pushMatrix();
5    translate(joint.getX(), joint.getY(), joint.getZ());   //获取手部位置
6    ellipse(0, 0, 70, 70);
7    popMatrix();
8  }
```

当然，在获取手部位置的数据后，就可以在交互设计中创造更多的可能。例如用手举起一个标牌。修改上面的部分代码如下：

```
1  void drawHandState(KJoint joint){
2    noStroke();
3    handState(joint.getState());
4    pushMatrix();
5    translate(joint.getX(), joint.getY(), joint.getZ());
6    noFill();
7    ellipse(0, 0, 70, 70);
```

```
8     stroke(200, 50, 50);
9     strokeWeight(4);
10    fill(200, 200, 50);
11    ellipse(0, 0, 400, 150);
12    fill(0);
13    textSize(60);
14    text("hello!",-80, 20);
15    popMatrix();
16  }
```

运行代码(sketch_7_26)，查看手举标牌的效果，如图7-67所示。

图7-67

7.5 音频图形化

在Processing中，一旦加载了音频库，用户就能够播放、分析和生成声音。为了使用这个库，用户需要通过Processing的库管理系统进行下载和安装。Processing支持多种声音文件格式，包括WAV、AIFF和MP3等。一旦声音文件被加载，用户不仅可以播放、暂停循环播放该文件，还能利用丰富的音效处理功能对其进行各种处理。

7.5.1　播放声音文件

在声音库中，常用的声音有背景音乐，以及系统中事件触发的提示音。

首先在程序的开始处导入声明:

```
1  import processing.sound.*;
```

接下来定义SoundFile，它在setup()函数中被加载，就可以在程序的任意地方使用:

```
1  SoundFile song;
```

通过将声音文件名传递给构造函数，对象被初始化，同时引用到this:

```
1  song=new SoundFile(this,"Home.mp3");
```

由于从硬盘加载声音文件可能较慢，因此应将前面的一行代码放在setup()函数中，这样不会影响draw()的速度。

如果只播放声音一次，可使用play()函数；如果希望声音可以循环播放，可使用loop()函数；如果要暂停播放声音，可使用stop()函数和pause()函数。

以下示例展示了如何自动播放一段音乐，单击鼠标可开始、暂停(或继续)声音的播放。输入代码如下:

```
1  import processing.sound.*;
2  SoundFile song;
3  void setup(){
4    size(640, 480);
5    song=new SoundFile(this,"Home.mp3");
6    song.play();
7  }
8  void draw(){
9  }
10 void mousePressed(){
11   if(song.isPlaying()){
12     song.pause();
13   } else {
14     song.play();
15   }
16 }
```

运行代码(sketch_7_27)，监听声音播放效果。

播放声音文件对于短音效果同样有效，如单击某处或某个图形就播放门铃声音。基于这一思路，可以开发一个键盘交互程序，当用户按下不同的按键图形时，播放相应的短音效文件。

在播放声音的过程中，可以实时调整声音属性，包括音量(volume)、音调(pitch)和平移(pan)。

在声音处理领域，音量的专业术语称为振幅(amplitude)。对于一个SoundFile对象，其音量可以通过amp()函数进行设置，该函数接受一个介于0～1的浮点值作为参数，用于调整音量的大小。

```
1  float volume=map(mouseY, 0, height, 0, 1);
2  Song.amp(volume);
```

为了实现通过上下滑动鼠标来控制音量的功能，并且可以直观、清晰地展示这一变化，可绘制一个矩形，其高度会随着鼠标上下移动而相应地改变。输入代码如下：

```
1  import processing.sound.*;
2  SoundFile song;
3  Amplitude amp;
4  void setup(){
5    size(640, 480);
6    song=new SoundFile(this,"animal_world.mp3");
7    song.loop();
8    amp=new Amplitude(this);
9    amp.input(song);
10 }
11 void draw(){
12   background(200);
13   float volume=map(amp.analyze(), 0, 0.6, 0, 500);
14   fill(100, 188, 0);
15   translate(width/2, height/2);
```

```
16    rotate(PI);
17    rect(0,-200, 60, volume);
18    rect(100,-200, 60, volume*0.7);
19    rect(-100,-200, 60, volume*0.7);
20    println(volume);
21  }
```

运行代码(sketch_7_28)，查看矩形高度随着音量的变化而上下移动的效果，如图7-68所示。

图7-68

平移(pan)是指调整声音在左右声道(通常是立体声的左右声道)的音量分布。例如，如果声音完全平移到左侧，左侧声道的音量会达到最大，而右侧声道的音量则会降至0。在代码中，调整平移的方式与调整振幅类似，但平移值的范围是从-1.0(完全在左侧)到1.0(完全在右侧)。

音调(pitch)通过使用rate()函数来改变播放速率进行调整(也就是说，播放越快，音调越高；播放越慢，音调越低)。当速率值设为1.0时，表示正常播放速度；设为2.0时，则为两倍速度播放，以此类推。

7.5.2　从话筒中拾取声音

除了播放声音，Processing也能够“听”到声音。利用计算机的话筒硬件，Sound库可以直接捕获实时的音频信号。对于获取的声音，可以进行进一步地分析、修改和播放。

从连接的话筒中获取amplitude(音量)，需要执行以下两个步骤:

(1) AudioIn类从话筒中获取信号数据，使用Amplitude类测量这些信号的振幅。这两个类的实例应在代码的开头定义，并在setup()函数中初始化。

(2) 在创建Amplitude对象(指定变量名为amp)后，使用AudioIn对象(这里命名为mic)，通过input()函数将其指定为输入源。为了读取麦克风的音量，需要在Amplitude对象中指定一个输入源。因此，创建一个AudioIn对象，并调用其start()方法开始监听麦克风。

输入代码如下:

```
1  import processing.sound.*;
2  AudioIn mic;                                    // 声音输入
3  Amplitude amp;                                  // 音量
4  void setup(){
5    size(640, 480);
6    mic=new AudioIn(this, 0);                     // 话筒赋值
7    mic.start();
```

```
8    amp=new Amplitude(this);                        // 音量赋值
9    amp.input(mic);                                 // 话筒输入音量
10 }
11 void draw(){
12   noStroke();
13   fill(85, 120, 250, 10);
14   rect(0, 0, width, height);
15   float diameter=map(amp.analyze(), 0, 1, 20, width);// 映像音量值并赋给圆形直径
16   fill(255);
17   ellipse(width/2, height/2, diameter, diameter);
18 }
```

运行代码(sketch_7_29)，对着话筒讲话或吹口哨，查看屏幕上的圆形随声音变化的情况，效果如图7-69所示。

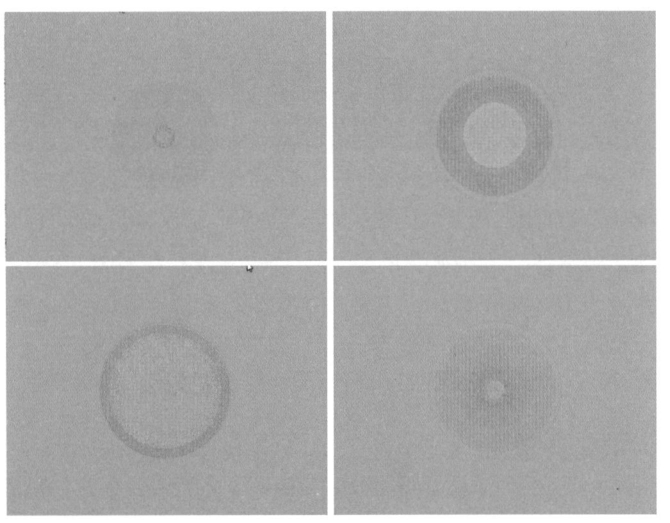

图7-69

在程序中，amp对象的analyze()函数可以随时获取话筒的声音数据。在该示例中，每次调用draw()函数时，都会读取该值，并将声音数据映射为绘制圆形的大小。

在Processing中，分析声音的音量仅是声音分析的起点。对于更高级的应用，可以根据需要了解不同频率声音的音量，如区分高频或低频声音。频谱分析首先要读取一个声音信号(声波)，然后将其解码为一系列频段。可以将这些频段想象成分析过程的“分解”阶段。频段越多，可以得到指定频率越精确的振幅；而频段越少，则可以检测到更广频率范围的声音音量。

频谱分析的第一步需要一个FFT对象。FFT对象与前面示例中的Amplitude对象类似，但它提供的是每个频段的振幅值数组，而不仅是一个整体音量水平。FFT是快速傅里叶变换(Fast Fourier Transform)的缩写，是一种将波形转换为频率振幅数组的算法。

```
1  FFT fft=new FFT(this, 512);
```

要注意的是，FFT构造函数需要一个额外的整数参数，该参数用于指定生成频谱中的频

带数量。默认值通常为512，也可以自定义该数值。一个频段相当于创建一个Amplitude分析对象，然后将音频(无论是来自文件、生成的声音还是麦克风)输入到FFT对象中进行分析。

```
1 SoundFile song=new SoundFile(this,"Yesterday.mp3");
2 fft.input(song);
```

最后调用函数analyze()。

下面编写一个示例，将每个频段绘制为线条，其高度和频率的振幅相关联。输入代码如下：

```
1  import processing.sound.*;
2  SoundFile song;
3  FFT fft;
4  int bands=256;
5  void setup(){
6    size(600, 400);
7    song=new SoundFile(this,"animal_world.mp3");
8    song.play();
9    fft=new FFT(this, bands);
10   fft.input(song);
11 }
12 void draw(){
13   background(#24D394);
14   fft.analyze();
15   for(int i=0; i<bands; i++){
16     stroke(0);
17     strokeWeight(2);
18     float y=map(fft.spectrum[i], 0, 1, height*0.6, 0);
19     line(i, height*0.6, i, y);
20   }
21 }
```

运行代码(sketch_7_30)，查看效果，如图7-70所示。

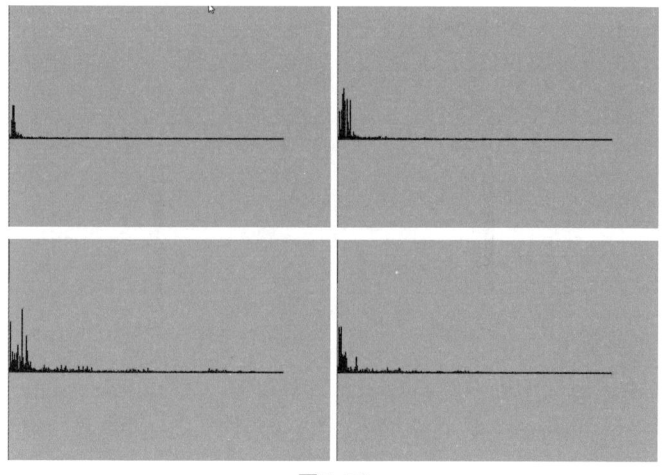

图7-70

7.5.3 音频数据应用

所谓声音交互，就是在有声音出现的时候，会触发一个事件。通过麦克风拾取声音，控制图形的绘制，设定音量的阈值为0.1，在阈值之上，会触发事件；在阈值之下，不会触发事件。输入代码如下：

```
1  import processing.sound.*;
2  AudioIn mic;
3  Amplitude analyzer;
4  float threshold=0.1;
5  void setup(){
6    size(640, 480);
7    mic=new AudioIn(this, 0);
8    mic.start();
9    analyzer=new Amplitude(this);
10   analyzer.input(mic);
11 }
12 void draw(){
13   float volume=analyzer.analyze();
14   if(volume>threshold){
15     noStroke();
16     fill(#12B79A, 100);
17     circle(random(40, width), random(height), 30);
18     float y=map(volume, 0, 0.2, height, 0);
19     float ythreshold=map(threshold, 0, 1, height, 0);
20     fill(180);
21     rect(0, 0, 20, height);
22     fill(0);
23     rect(0, y, 20, y);
24     stroke(0);
25     line(0, ythreshold, 20, ythreshold);
26   }
27 }
```

运行代码(sketch_7_31)，查看效果，如图7-71所示。

图7-71

在交互设计中，经常用到声音与粒子系统的交互。打开Processing自带的范例文件Topics、Simulate、SmokeParticleSystem，然后修改主程序，添加与麦克风相关的语句。

加载声音库并进行声明，代码如下：

```
1  import processing.sound.*;
2  AudioIn mic;
3  Amplitude analyzer;
4  float volume;
```

在setup()函数中添加代码如下：

```
1  mic=new AudioIn(this, 0);
2  mic.start();
3  analyzer=new Amplitude(this);
4  analyzer.input(mic);
```

在draw()函数中添加代码如下：

```
1  volume=analyzer.analyze();
2  float dx=map(volume, 0, 0.4, 0, 0.2);
```

运行代码(sketch_7_32)，查看烟雾效果随着麦克风声音大小变化的情况，如图7-72所示。

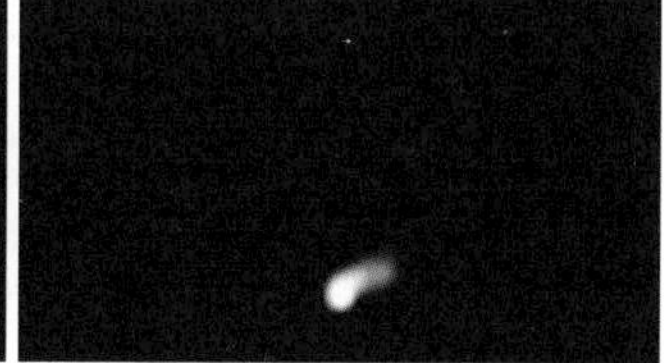

图7-72

我们不仅可以使用麦克风实时拾取的声音来控制粒子发射的位置，还可以利用这些声音数据来调节粒子的颜色、速度等属性。具体来说，麦克风实时拾取的声音信号可以控制粒子的空间分布，也可以控制粒子的颜色。

修改Particles类程序中的代码如下：

```
1  void render(){
2    imageMode(CENTER);
3    tint(volume*200, volume*500, 200-volume*500, lifespan);
4    image(img, loc.x, loc.y);
5  }
```

运行代码(sketch_7_33)，查看粒子发射情况如何随着麦克风声音大小的变化而发生变化，如图7-73所示。

图7-73

Processing支持多种形式的输入，不仅限于从麦克风获取音频信号，还包括从Kinect设备感应全身运动，以及利用Leap Motion装置获取手指运动数据等。借助Processing库，开发者能够设计出丰富的交互体验，这些体验可以从多个硬件设备中收集并整合输入数据。

7.6 本章小结

本章主要介绍传感器、摄像头、体感摄像头，以及声音实时采集的数据类型，并探讨相关的应用技巧。Arduino作为一种非常典型的微控制器电路板，用于将传感器连接至计算机。本章从基础的程序结构、编程语法到与Processing的联动，并结合多个案例讲解Arduino数据控制的具体应用。

摄像头和Kinect等设备在捕捉运动和肢体数据方面已经相当成熟，并广泛应用于各个领域。在理解外部数据与程序代码之间如何交互的基础上，读者应不断探索数据驱动下的图形、图像或装置艺术的更多表现形式，旨在创作出更具表现力的数据视觉艺术作品。

第8章 GUI交互设计

现代展示活动的核心目的在于让观众在接收信息的同时，能够积极主动地提供反馈。随着计算机技术、多媒体技术、网络技术和虚拟现实技术的发展和应用，展示设计所依托的技术手段得到了极大的丰富。将这些先进的科学技术融入展示设计中，如强调以人为本的理念、增强互动性、实现网络化连接、运用多媒体元素，以及采用虚拟化技术等，不仅极大丰富了展示的形式和内容，还显著提升了展示的趣味性和效率。

8.1 UI交互设计基础

将文字、图形、影像、动画、声音和视频等多种媒体信息进行数字化处理，并将它们整合到交互界面上，赋予了计算机展示多样化媒体形态的能力，从而创建一个多媒体与观众可以相互交流的互动环境。这一变革极大地颠覆了人们传统的信息获取方式，更加契合信息时代人们的阅读习惯。UI设计日益受到重视，一个电子产品如果拥有美观且设计精良的界面，不仅能提供令人愉悦的视觉体验，还能有效拉近人与产品之间的距离。UI设计是一种建立在科学基础之上的艺术，是连接科技产品与人的纽带和桥梁，其作用至关重要。

交互则专注于人与智能媒介之间的互动方式。在当今的数字信息社会中，人们每时每刻都在享受交互设计带来的数字化生活便利。因此，交互设计将用户与在线生活服务及信息共享融为一体，并通过精心设计的界面建立起用户与产品、服务之间紧密相连的桥梁。

8.1.1 交互设计的基本方法

交互设计有多种方法，下面主要从5个方面进行阐述，以帮助初学者构建基础理论框架。

1. 目标驱动设计

我们做任何事情之前，首先必须明确目标。如果没有目标作为参考标准，我们的努力可能会变得盲目和无效，也无法对最终成果进行合理评估。因此，在开展交互设计之前，要做的第一件事情就是明确交互设计的目的，让目标来驱动设计行为，避免在实际操作中出现本末倒置的情况。

2. 可用性

交互设计的定义明确指出，无论具体目标是什么，以人为本的用户需求始终是设计工作的核心。当用户使用网站、软件、消费产品或服务时，他们使用过程中的感受构成了交互体验。因此，“可用性”和“用户体验”成为衡量交互设计基本、重要的指标，这些指标帮助人们评估产品是否有效、安全、高效、错误少和易于记忆。

3. 五个维度

交互设计是一门技术，旨在使产品易于使用并对用户产生吸引力，致力于深入理解目标用户及其期望。通常，交互设计涵盖文字、视觉表现、物理对象与空间、时间处理和行为引导这五大维度，让产品与它的使用者之间建立一种有机联系，这有助于用户实现他们的目标和需求，并在整体上培养出一种人与交互对象之间的和谐共生关系。

4. 认知心理学

交互设计本质上是人与产品之间互动的行为设计。人的行为涉及认知、感知等心理学要素，因此，交互设计师必须具备足够的认知心理学知识。认知心理学涵盖了心智模型、感知与现实映射原理、隐喻及可操作暗示等内容，这些为交互设计提供了基础的设计原则。通过确保每个功能、流程、步骤和界面都紧密围绕用户心理进行设计，可以显著减少用户的认知负担，从而提高用户留存率。

5. 人机界面指南

人机交互是最常见的交互模式之一，涉及机器、用户和界面这三个要素。人机交互设计关注人与计算机或移动设备之间输入和输出的形式，这些形式多种多样，但都需要遵循可视性、一致性、启发性的准则，确保交互过程中的反馈、限制与映射能够顺畅进行，从而实现良好的用户体验。

用户对软件产品的体验主要是通过用户界面(UI)来实现的。广义上，界面是人与机器(或环境)之间相互作用的媒介，包括手机、计算机、平板终端、交互式屏幕(桌子或墙壁)、可穿戴设备，以及其他可交互的环境感应器和反馈装备。交互设计师的主要工作是研究人与界面的关系，包括设计软件的操作流程、信息构架、交互方式与操作规范。

软件界面是信息交互和用户体验的媒介。界面设计包括硬件界面和软件界面的设计，前者如电视机和空调的遥控器，后者则是通过触控界面实现人机交互。此外，还有基于重力、声音、姿势等识别技术实现的人机交互方式。

8.1.2 界面设计基本原则

用户界面设计和平面广告一样，其关键在于能否触动人心，真正符合人性的设计才能被视为优秀的设计。设计的核心在于深入理解并揣摩人性，而情感化设计正是建立在对人性精准把握的基础上。

在界面设计中，应遵循“少就是多”的原则，如何设计出既简洁、优雅，又美观、实用的界面，是设计师面临的重大挑战。以下是一些在界面设计中可参照的基本原则:

1. 简洁化和清晰化

简洁化的关键在于文字、图片、导航和色彩的设计。近年来流行的“宫格+菜单”布局就是简约化的体现。利用网格化和模块式布局，结合简洁的图标和丰富的色彩，不仅可以创造出既美观又清晰的界面，还能保证服务体验的透明化。

2. 熟悉感和响应性

人们对熟悉的事物自然会产生一种亲切感，无论是自然界中的鸟语花香，还是日常生活中的饮食起居。在导航设计中，尽可能使用一些源于生活的元素，如门锁、文件柜等图标，因为在现实生活中，我们也是通过文件夹对资料进行分类的。

响应性是衡量界面交流效率和顺畅性的关键指标。一个良好的界面应该迅速响应用户操作，并提供清晰的反馈，从而避免任何迟缓的感觉。

3. 一致性和欣赏性

在整个应用程序中保持一致性是非常重要的。一旦用户掌握了界面中某部分的操作方式，他们就能迅速地将这些知识和技能应用到其他部分或其他功能上，从而提高用户的学习效率。同时，一个美观的界面无疑能够进一步提升用户的使用愉悦感。

4. 高效性和容错性

设计师应利用导航和布局设计来帮助用户提高工作效率。例如，采用简洁的卡片式设计和无边界的快速滑动浏览，可显著提高操作效率，还可通过智能联想功能，将搜索关键词、同类图片和社交分享链接整合起来，使用户的探索过程充满乐趣。

每个人在使用软件时都可能犯错，而软件对于用户错误的处理方式是对其质量的一个重要测试。优秀的软件应该容易撤销操作，并且便于恢复删除的文件。一个优秀的用户界面不仅要清晰，还要提供应对用户误操作的补救办法。例如，用户完成购物并提交清单后，弹出的确认提醒页面就非常重要。

8.2 交互响应

人们普遍认为，当鼠标或其他指针设备与计算机连接时，计算机能够响应并满足用户的需求。然而，要实现这种响应，计算机需要接收更具体的操作指令，包括鼠标的按下、释放、悬停、进入、退出、移动和拖动等操作，这些操作都被归类为鼠标事件。事件处理是交互程序中的基础活动，它不仅涉及鼠标行为，还包括窗口事件(如调整大小)、键盘事件(如按下一个键)、菜单事件(如从下拉菜单中选择选项)，以及激活事件(如选择对话框、调色板或文本字段作为活动区域，以便接受进一步输入)。

8.2.1 鼠标交互

在使用鼠标时，人们关注的是鼠标的位置、按下、拖动和单击等动作。鼠标的位置提供了具体的数值信息，可以用于控制屏幕上的视觉元素。除了鼠标按下动作的检测外，Processing还支持对鼠标释放、单击、移动和拖动等多种事件进行检测。

具体来说，鼠标按钮被释放时，就会触发鼠标释放检测，无论在这个过程中鼠标位置是否发生变化。而鼠标单击检测则更为严格，它只在鼠标在被按下的同一点被释放时才会发生。值得注意的是，当鼠标在同一点完成按下和释放的动作时，会先触发鼠标释放检测，随后触发鼠标单击检测，且这一顺序是始终不变的。此外，鼠标移动检测是在鼠标移动且不按下鼠标按钮时触发的，而鼠标拖动检测则是在鼠标移动且按住鼠标按钮时发生的。

Processing还提供了鼠标按钮系统变量，允许开发者检测是哪个鼠标按键(如左、右或中)被按下。下面是一个鼠标事件示例，演示了当按下鼠标按钮时，屏幕上的一个矩形被移动到鼠标的位置。输入代码如下：

```
1  float px, py;
2  void setup(){
3    size(600, 400);
4    px=width/2.0;
5    py=height/2.0;
6    rectMode(CENTER);
7    fill(#00A572);
8  }
9  void draw(){
10   background(0);
11   rect(px, py, 60, 60);
12 }
13 void mousePressed(){
14   px=mouseX;
15   py=mouseY;
16 }
```

运行代码(sketch_8_01)，查看小方块跟随鼠标移动的效果，如图8-1所示。

图8-1

该示例中使用了一个名称为mousePressed()的函数。请记住，函数标识符前面的空格并不表示特殊含义，而是表明这个函数不返回任何值。Processing还提供了另一个布尔类的鼠标按下变量，用于检测鼠标当前是否被按下。代码如下：

```
1  void draw(){
2    background(0);
3    fill(c);
4    rect(px, py, 60, 60);
5    if(mousePressed==true){
6      px=mouseX;
```

```
7      py=mouseY;
8    }
9  }
```

运行代码(sketch_8_02)，可以看到效果与前一个示例是有区别的，这次可以按住鼠标左键连续运动。为了更清楚地看到图形跟随鼠标运动的效果，可以使用拖尾效果。修改绘制部分的代码如下：

```
1  void draw(){
2    // background(0);
3    fill(0, 10);
4    rect(width/2, height/2, width, height);
5    fill(#00A572);
6    rect(px, py, 60, 60);
7    if(mousePressed==true){
8      px=mouseX;
9      py=mouseY;
10   }
11 }
```

运行代码(sketch_8_03)，查看按住鼠标左键拖动而移动方块的效果，如图8-2所示。

图8-2

这两个示例实际的运行方式并不完全相同，后面的示例在按下鼠标时连续更新矩形的x和y位置，允许在显示窗口中拖动矩形，而前面的示例只在按下鼠标时更新了矩形位置。

除了鼠标按下事件，还可以检测鼠标释放事件。下面是一个示例的代码：

```
1  void draw(){
2    background(0);
3    fill(c);
4    rect(px, py, 60, 60);
5  }
6  void mousePressed(){
7    px=mouseX;
8    py=mouseY;
9  }
10 // 释放鼠标产生随机颜色
11 void mouseReleased(){
12   c=color(random(255), random(255), random(255));
13 }
```

运行代码(sketch_8_04)，查看按下和释放鼠标时方块的运动和颜色变化效果，如图8-3所示。

图8-3

鼠标按下和单击提供了开/关事件，实现了在“不按鼠标”状态到“按鼠标”状态之间的简单转换。这两个相对简单的交互可控制复杂的用户界面。下面以一个在Processing中实现的简单交互示例，通过单击屏幕来随机改变背景和图形的颜色，以及图形的尺寸。

首先定义几个变量，代码如下：

```
1  float x, y, squareSize;                        // 方块位置、大小
2  color bgColor, strokeColor, fillColor;         // 背景颜色、描边颜色、填充颜色
3  float strokeWt;                                // 描边宽度
```

定义一个随机改变颜色和尺寸的函数setRandomStyle()，代码如下：

```
1  void setRandomStyle(){
2    bgColor=color(random(255), random(255), random(255));
3    strokeColor=color(random(255), random(255), random(255));
4    fillColor=color(random(255), random(255), random(255));
5    strokeWt=random(5, 100);
6    squareSize=random(10, 300);
7  }
```

编写程序的主干部分，代码如下：

```
1  void setup(){
2    size(600, 400);
3    rectMode(CENTER);
4    x=width/2;
5    y=height/2;
6    setRandomStyle();
7    frameRate(30);
8  }
9  void draw(){
10   background(bgColor);
11   strokeWeight(strokeWt);
12   stroke(strokeColor);
13   fill(fillColor);
14   rect(x, y, squareSize, squareSize);
15   if(mousePressed){
16     setRandomStyle();
17   }
18 }
```

运行代码(sketch_8_05)，在运行窗口中单击鼠标，查看大小和颜色变幻的方块组合效果，如图8-4所示。

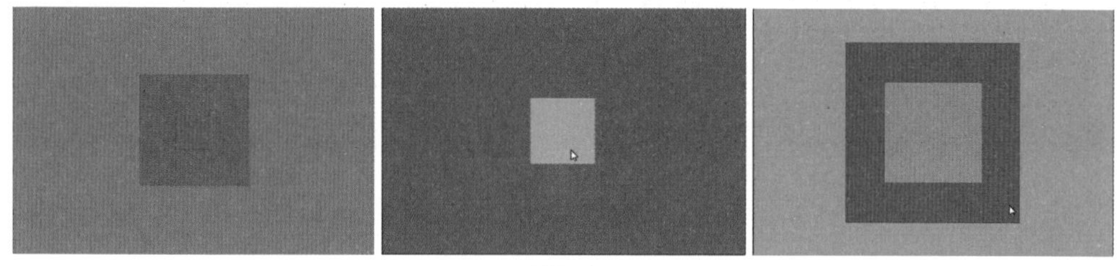

图8-4

鼠标处理程序是Processing中一种特殊的内置机制，它们在特定鼠标事件发生时自动被调用。例如，有处理鼠标“移动”和“拖动”事件的程序。除了这些功能，Processing还能在鼠标按钮按下(mousePressed)、释放(mouseReleased)或这两个动作快速连续发生(mouseClicked)时，向草图发出通知。下面的示例是根据鼠标按钮的状态切换视觉效果。代码如下：

```
1  void setup(){
2    size(600, 400);
3    colorMode(HSB, 360, 100, 100);
4    background(0);
5    noStroke();
6  }
7  void draw(){
8    filter(BLUR, mousePressed ? 0 : 1);          // 当鼠标不按压时才模糊画布
9    translate(mouseX, mouseY);                   // 平移画布到鼠标位置
10   // 计算鼠标移动的距离
11   float size=10+dist(pmouseX, pmouseY, mouseX, mouseY);
12   // 创建粒子
13   for(int i=0; i<8; i++){
14     if(mousePressed){
15       fill(100+random(-20, 20), 100, 100, 180);
16     } else {
17       fill(325, 100, 100);
18     }
19     ellipse(size*random(-1, 1), size*random(-1, 1), 3, 3);
20   }
21 }
```

运行代码(sketch_8_06)，在运行窗口中拖动鼠标或按下鼠标，查看绘制粒子及变色、褪色的效果，如图8-5所示。

 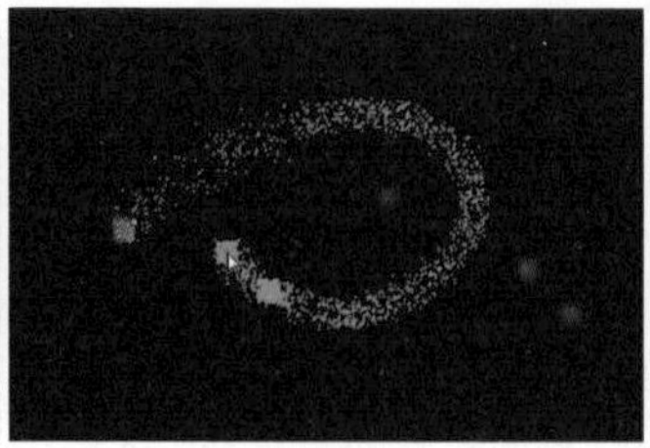 

图8-5

条件运算符mousePressed? 0 :1是一个简洁的if...else语句的替代形式。在表达式中，如果mousePressed的值为true(即鼠标按钮被按下)，则整个表达式的结果为0；如果为false(即鼠标按钮未被按下)，则结果为1。这个条件运算符允许我们在两个值之间做出选择。

在上述代码中，根据鼠标按键的状态创建出不同的视觉效果。当鼠标按键未被按下时，粒子显示为粉红色；而当鼠标按键被按下时，粒子显示为绿色。当鼠标按键被释放后，粒子可能会呈现模糊效果。总的来说，在该示例中，可以看到褪色的粉色粒子或连续的绿色粒子。

鼠标按键还可以区分得更详细，如左右之分，下面的示例考虑到这一点，修改了draw()函数部分的代码，如下：

```
1  // 创建粒子
2  for(int i=0; i<8; i++){
3    if(mousePressed && mouseButton==LEFT){                    // 按下左键
4      fill(100+random(-20, 20), 100, 100, 180);
5    } else if(mousePressed && mouseButton==RIGHT){            // 按下右键
6      fill(40+random(-20, 20), 100, 100, 180);
7    } else {                                                  // 不按键
8      fill(325, 100, 100);
9    }
10   ellipse(size*random(-1, 1), size*random(-1, 1), 3, 3);
11 }
```

运行代码(sketch_8_07)，在运行窗口按下鼠标左右键或释放按键拖动鼠标，查看绘制粒子及变色、褪色的效果。用户可以在画布上看到不同颜色的粒子构成的视觉效果，这些颜色取决于在绘制过程中按下的鼠标按键，如图8-6所示。

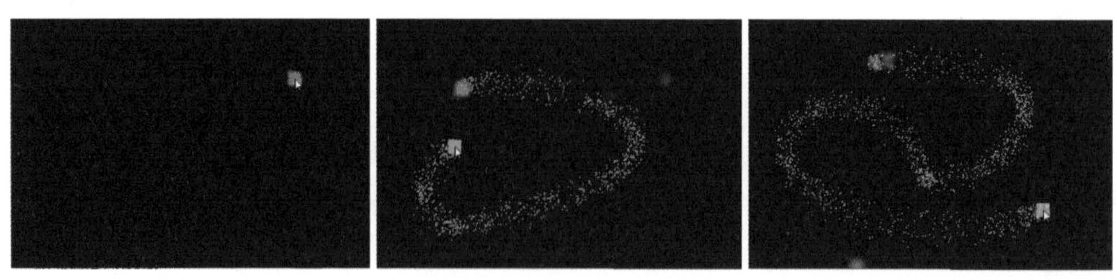

图8-6

mouseMoved()和mouseDragged()函数的工作原理类似于mousePressed()和mouseReleased()函数。下面是一个拖动鼠标的示例，代码如下：

```
1  float px, py;
```

```
2  float r=10;
3  void setup(){
4    size(600, 400);
5    background(0);
6    //初始化图形位置
7    px=width/2.0;
8    py=height/2.0;
9    rectMode(CENTER);
10   noStroke();
11 }
12 void draw(){
13   //半透明背景
14   fill(0, 10);
15   rect(width/2, height/2, width, height);
16   fill(255);
17   circle(px, py, r*2);
18 }
19 void mouseDragged(){
20   px=mouseX;
21   py=mouseY;
22 }
```

运行代码(sketch_8_08)，在运行窗口中拖动鼠标，可以看到一个圆形跟随鼠标运动并产生拖尾效果。该示例的工作原理基于鼠标的按键状态，当在显示窗口中按住鼠标按键并拖动时，圆形会紧密地跟随鼠标的移动，效果如图8-7所示。

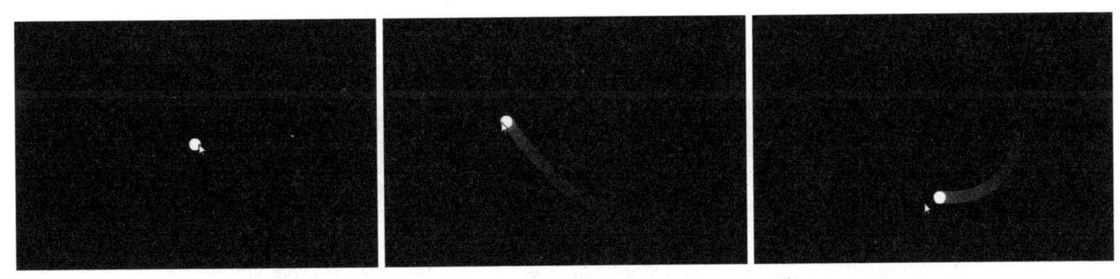

图8-7

在下面的示例中，我们添加了一个mouseMoved()函数，该函数负责调整抖动和散点两个变量。散点变量决定了for循环的上限；而抖动变量则决定了for循环中创建的每个随机圆环的半径大小。当用户拖动鼠标后，这些圆环会根据最终的抖动和散点数值来生成，并紧密地跟随光标移动。代码如下：

```
1  float px, py;                    //图形位置
2  float dia=4;                     //圆形尺寸
3  float jit=10;                    //抖动值
4  float scat=8;                    //散点数量
5  void setup(){
6    size(600, 400);
7    background(0);
8    //初始化位置
```

```
9     px=width/2.0;
10    py=height/2.0;
11    rectMode(CENTER);
12    noStroke();
13  }
14  void draw(){
15    //半透明背景
16    fill(0, 5);
17    rect(width/2, height/2, width, height);
18    fill(255, 100);
19    for(int i=0; i<scat; i++){
20      float angle=random(TWO_PI);
21      float sctDistX=px+cos(angle)*jit;
22      float sctDistY=py+sin(angle)*jit;
23      circle(sctDistX, sctDistY, dia);
24    }
25  }
26  void mouseDragged(){
27    px=mouseX;
28    py=mouseY;
29  }
30  //圆形发散和抖动与鼠标移动关联
31  void mouseMoved(){
32    scat=mouseX*0.1;
33    jit=mouseY*0.1;
34  }
```

运行代码(sketch_8_09)，查看效果，如图8-8所示。

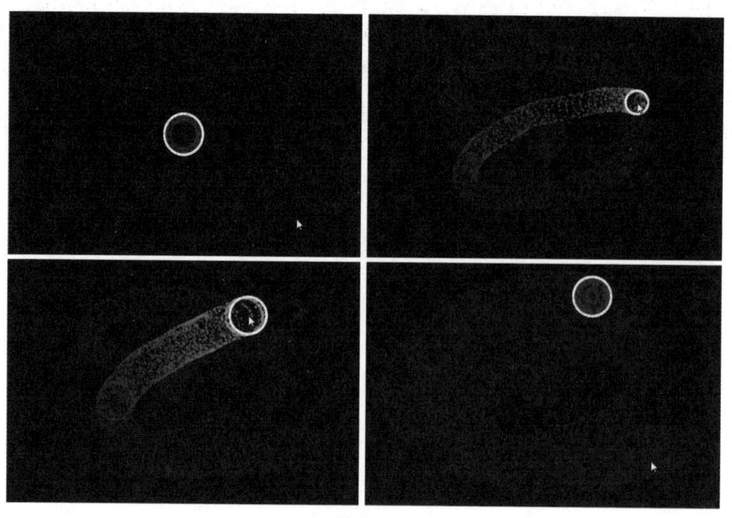

图8-8

再来看一个鼠标滚轮交互的示例，代码如下：

```
float px;
float speed;
void setup(){
  size(1200, 400);
  frameRate(30);
  fill(#0075C1);
}
void draw(){
  background(200);
  circle(px, 200, 100);
  px+=speed;
  if(px>1200){
    px=1200;
  } else if(px<0){
    px=0;
  }
}
void mouseWheel(MouseEvent event){
  speed=event.getCount();
  println(speed);
}
```

运行代码(sketch_8_10)，在运行窗口中滚动滚轮，查看圆形的运动效果，如图8-9所示。

图8-9

鼠标滚轮可以赋予圆形移动的速度，从控制台中也可以看到speed的数值，如图8-10所示。

图8-10

目前，连续轮动滚轮并不能改变运动的速度。修改代码，将滚轮事件关联圆形的加速度：

```
void mouseWheel(MouseEvent event){
  speed+=event.getCount();
  println(speed);
}
```

运行代码(sketch_8_11)，通过连续滚动鼠标滚轮，可以观察圆形运动的速度在逐渐加快。同时，在控制台中可以看到speed的数值并非固定为1，而是随着滚轮的滚动而发生变化。这一设计使得用户能够方便地利用滚轮的正反转控制圆形的移动速度，实现圆形的正反向移动，如图8-11所示。

图8-11

前面我们已经探讨了许多鼠标函数的用法。除此之外，还有一个非常重要且实用的函数组合，那就是pmouseX和pmouseY，以及mouseX和mouseY的组合运用。通过四个变量，可以计算鼠标拖动的速度，进而利用这一速度信息来创建图片的滑动效果。

下面的示例中，将多个图片素材进行有序整理，并利用它们来构建一个生动的三维空间场景。输入代码如下：

```
1  PImage bg;
2  void setup(){
3    size(1200, 600, P2D);
4    frameRate(30);
5    bg=loadImage("bg.jpg");
6    bg.resize(1200, 600);
7    bg.filter(BLUR, 3);
8    imageMode(CENTER);
9  }
10 void draw(){
11   background(bg);
12 }
```

运行代码(sketch_8_12)，查看效果，如图8-12所示。

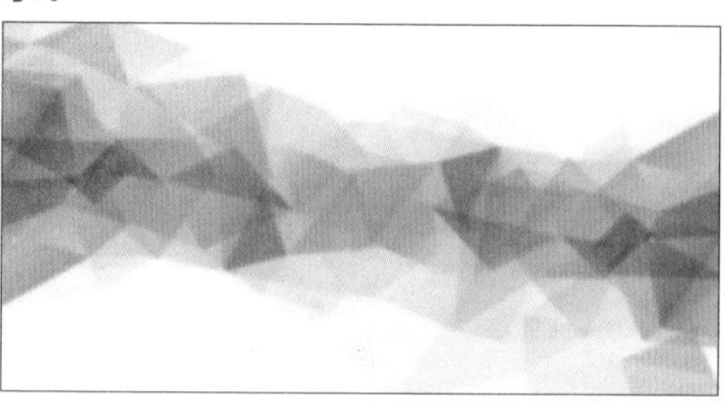

图8-12

修改代码，加载更多图片，并创建位置和速度变量，添加代码如下：

```
1  PImage pic1, pic2, pic3;
2  float px1, px2, px3, sp;
```

在setup()部分添加代码如下：

```
1  pic1=loadImage("open_1.jpg");
2  pic2=loadImage("open_6.jpg");
3  pic3=loadImage("open_7.jpg");
4  px1=px2=px3=200;
```

修改draw()函数的代码如下：

```
1  image(pic1, px1, height/2, 300, 200);
2  px1+=sp;
3  if(px1>width-150){
4    px1=width-150;
5  }
```

```
6  if(px1<150){
7    px1=150;
8  }
```

创建鼠标拖动函数，输入如下代码：

```
1  void mouseDragged(){
2    sp=mouseX-pmouseX;
3  }
```

运行代码(sketch_8_13)，在运行窗口中拖动鼠标，查看图片运动的效果，如图8-13所示。

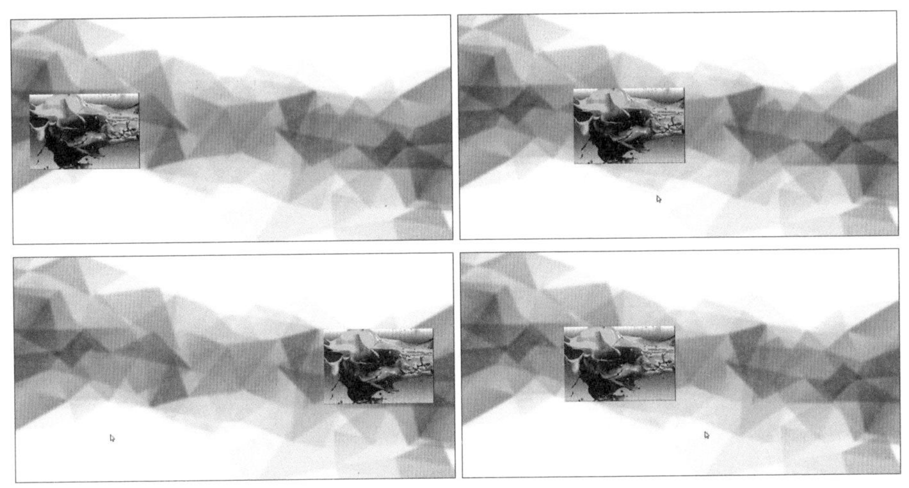

图8-13

当拖动鼠标时，前景位图会随之移动并具有一定的速度。为了确保它不会超出画布边界，需要实施边界限制。

我们可以在draw()函数部分再添加代码来展示另外两张图片，并为它们分别赋予不同的运动速度。代码如下：

```
1  image(pic2, px2, height/2, 300, 200);
2  px2+=sp*0.65;
3  if(px2>width-150){
4    px2=width-150;
5  }
6  if(px2<150){
7    px2=150;
8  }
9  image(pic3, px3, height/2, 300, 200);
10 px3+=sp*0.4;
11 if(px3>width-150){
12   px3=width-150;
13 }
14 if(px3<150){
15   px3=150;
16 }
```

运行代码(sketch_8_14)，按住鼠标按键左右拖动，查看三张图片以不同的速度滑动的效果，如图8-14所示。

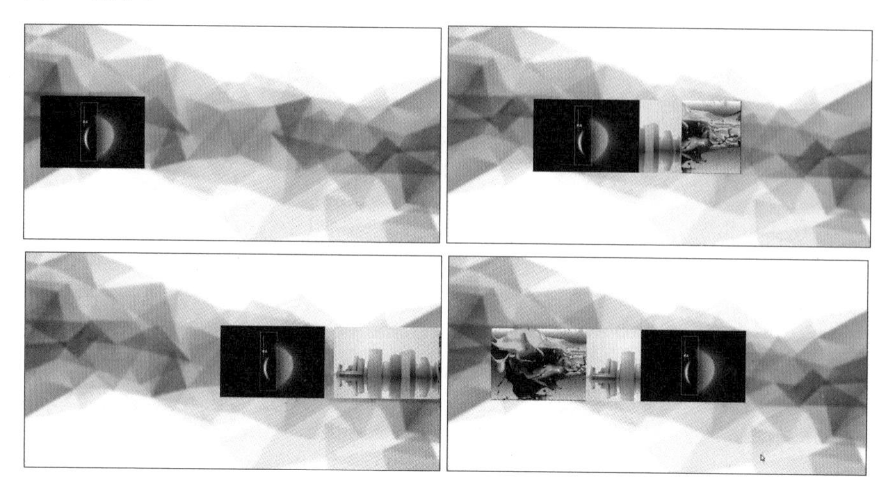

图8-14

这是一个在触控屏幕上实现互动展示的极佳范例。在此基础上，可以根据具体要求灵活地设计版式布局，还可以添加按钮元素，以便在用户点击时弹出提示信息等交互内容。

8.2.2 键盘交互

键盘是交互过程中的第二个主要输入设备。与鼠标不同，键盘的输入不提供连续的值，而是触发一个事件并输出关键字符(键代码)。Processing编程环境包括内置的函数，用于检测按键的按下和释放状态，并能确定具体按下哪一个键。

在下面的示例中，将矩形的颜色改变，并且交给按键来控制，即按下按键为红色，按键释放为蓝色。代码如下：

```
1  color c=color(0, 255, 0);
2  void setup(){
3   size(600, 400);
4   background(200);
5   rectMode(CENTER);
6  }
7  void draw(){
8   fill(c);
9   rect(width/2, height/2, 150, 150);
10 }
11 void keyPressed(){
12  c=color(255, 0, 0);
13 }
14 void keyReleased(){
15  c=color(0, 0, 255);
16 }
```

运行代码(sketch_8_15)，按下空格键，再松开，查看方块颜色随着按键变化的效果，如图8-15所示。

图8-15

显然，当检测到一个键事件时，通常需要知道具体按下了哪个键。接下来的示例将在按键事件中增加对方向键的检测，使得每个方向键控制不同的颜色填充。代码如下：

```
1  void keyPressed(){
2    if(key==CODED){
3      if(keyCode==UP){
4        c=color(255, 0, 0);
5      } else if(keyCode==DOWN){
6        c=color(255, 255, 0);
7      } else if(keyCode==RIGHT){
8        c=color(0, 165, 255);
9      } else {
10       c=color(255, 0, 255);
11     }
12   }
13 }
```

运行代码(sketch_8_16)，分别按下方向键，查看方块颜色变化的效果，如图8-16所示。

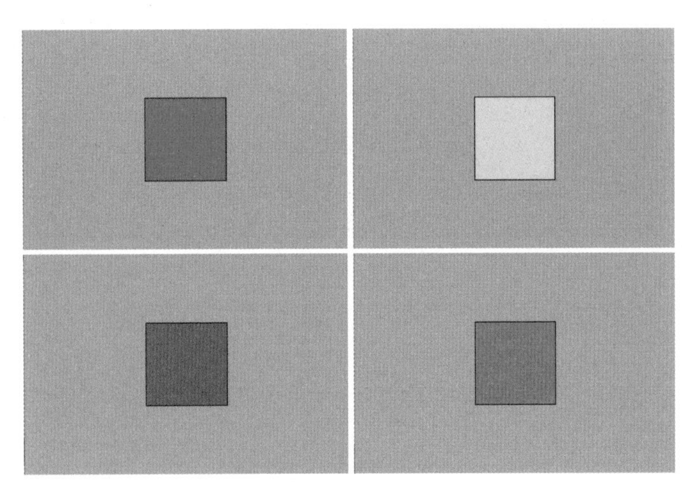

图8-16

使用方向键和一个变量可以精确地定位一个视觉元素。在下面的示例中，将使用键盘上的方向键来四处移动圆形，任何其他键都可以将圆形重置于画布的中心位置。代码如下：

```
1  PVector pos;
2  float sp=1;
3  void setup(){
4    size(600, 400);
```

```
5    noStroke();
6    // 设置初始位置在画布的中心
7    pos=new PVector(width/2, height/2);
8  }
9  void draw(){
10   background(0);
11   fill(255, 160, 10);
12   circle(pos.x, pos.y, 60);
13 }
14 void keyPressed(){
15   if(key==CODED){
16     // 指定特定的键
17     if(keyCode==UP){
18       pos.y-=sp;
19     } else if(keyCode==DOWN){
20       pos.y+=sp;
21     } else if(keyCode==LEFT){
22       pos.x-=sp;
23     } else if(keyCode==RIGHT){
24       pos.x+=sp;
25     }
26   } else {
27     // 其他键将复位图形
28     pos.set(width/2, height/2);
29   }
30 }
```

运行代码(sketch_8_17)，查看效果，如图8-17所示。

图8-17

在Processing编程环境中，keyCode属性扮演着检测键盘上特殊键的重要角色。Processing通过一系列常量来定义这些特殊键，这也是引用方向键时，使用大写字母的原因。在处理keyCode之前，需要先确定key是否已被编码，这通常通过检查if(key==CODED)的条件来实现。

除了使用keyCode属性，Processing还能检测标准键盘按键的值。下面的草图将方向键的功能替换为A、S、W和Z键，分别代表左键、右键、上键和下键。代码如下：

```
1 PVector pos;
2 float sp=1;
3 color c=color(0, 255, 0);
```

```
4  void setup(){
5    size(600, 400);
6    noStroke();
7    //设置初始位置在画布的中心
8    pos=new PVector(width/2, height/2);
9  }
10 void draw(){
11   background(0);
12   fill(c);
13   circle(pos.x, pos.y, 60);
14 }
15 void keyPressed(){
16   //指定特定的键
17   if(key=='w'){
18     pos.y-=sp;
19     c=color(255, 0, 0);
20   } else if(key=='z'){
21     pos.y+=sp;
22     c=color(255, 255, 0);
23   } else if(key=='a'){
24     pos.x-=sp;
25     c=color(255, 0, 255);
26   } else if(key=='s'){
27     pos.x+=sp;
28     c=color(0, 165, 255);
29   } else{
30     //其他键将复位图形
31     pos.set(width/2, height/2);
32     c=color(0, 255, 0);
33   }
34 }
```

运行代码(sketch_8_18)，查看效果，如图8-18所示。

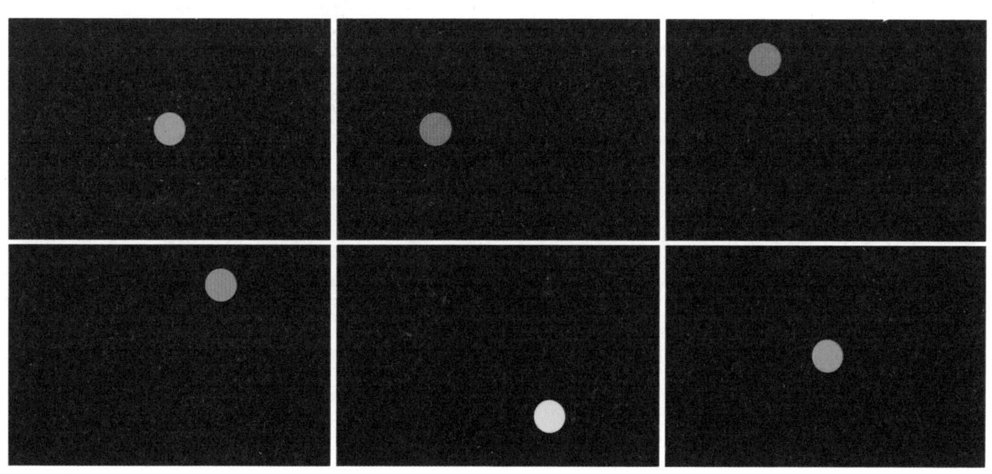

图8-18

利用键盘进行精确控制的同时，还可以处理被按下键的内容，并将这些键以粗体字符的形式打印出来。输入代码如下：

```
1  PFont myfont;
2  void setup(){
3    size(600, 400);
4    background(0);
5    // 指定字体
6    myfont=createFont("simhei.ttf", 24);
7  }
8  void draw(){
9  }
10 void keyPressed(){
11   background(0);
12   fill(255);
13   text Font(myfont, 250);
14   // 字符宽度
15   float charWidth=textWidth(key);
16   // 中心显示字符
17   text(key,(width-charWidth)/ 2, 300);
18 }
```

运行代码(sketch_8_19)，用户若在键盘上按下任意键，程序将直接在黑色背景上，利用预设并加载的字体来渲染出对应的字符，如图8-19所示。

图8-19

除了配置字体和文本大小，还可以通过字符宽度来测量文本的宽度，并利用这个测量值来确保文本能够精准地显示在屏幕中心。

8.2.3 时间交互

每个Processing程序都会计算其运行时间，这个时间以毫秒(ms，即1/1000s)为单位进行计量。例如，程序经过1s之后被记录为1000ms；5s之后则为5000ms；1min之后则会被记录为60000ms。

mills()函数用于返回计数器的值，通过控制台可以查看程序运行的时长，输入代码如下：

```
1  void setup(){
2    size(400, 400);
3  }
4  void draw(){
```

```
5    int timer=millis();
6    println(timer);
7  }
```

运行代码(sketch_8_20)，查看控制台中显示的计秒数字，如图8-20所示。

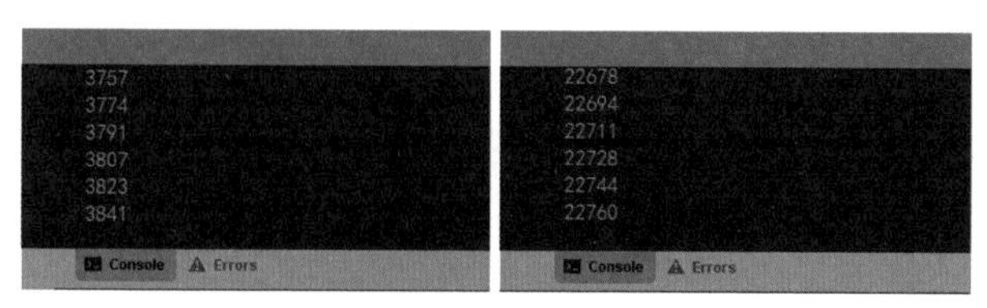

图8-20

使用计时器可以在特定的时间点触发事件，结合if语句和从millis()函数中返回的值，可以实现程序中的序列动画和事件控制。例如，在下面的示例中，量timer1和timer2决定圆形在什么时候向左移、在什么时候向右移，以及在什么时候改变颜色。输入代码如下:

```
1  int timer1=2000;
2  int timer2=6000;
3  float x=200;
4  int col;
5  void setup(){
6    size(900, 600);
7    strokeWeight(4);
8  }
9  void draw(){
10   background(200);
11   int currentTime=millis();
12   //圆形移动和变色的时间点
13   if(currentTime>timer2){
14     x-=0.5;
15     col=250;
16   } else if(currentTime>timer1){
17     x+=2;
18     col=0;
19   }
20   fill(col, 0, 0);
21   stroke(250, col, col);
22   ellipse(x, 200, 150, 150);
23   int ms=millis();
24   String t=nf(ms, 4);                         //字符串
25   textSize(40);
26   text(t, 380, 400);                          //显示时间码
27 }
```

运行代码(sketch_8_21)，观察圆形如何跟随时间改变其运动状态，如图8-21所示。

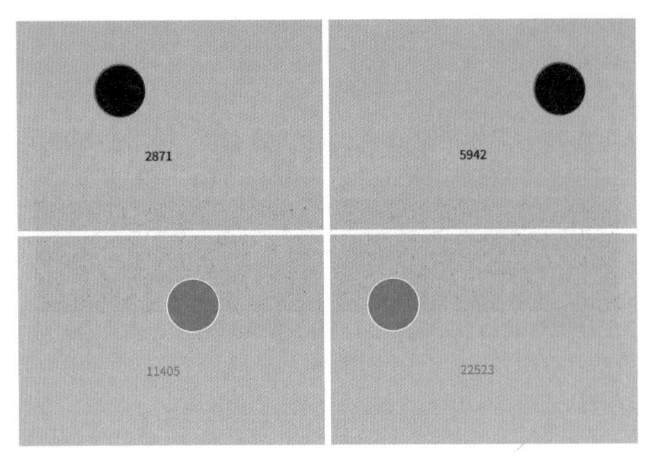

图8-21

Processing除了提供时、分、秒、毫秒的计时函数，还包括用于读取日期信息的函数。day()函数可以获取当前的日期，返回值为1～31的整数；month()函数可以获取当前的月份，返回值为1～12的整数，如1就是1月，3就是3月，以此类推；year()函数可以读取当前的年份，返回一个四位数的整数值。

在控制台显示当前年月日，输入代码如下：

```
1  PFont myfont;                                        // 声明字体变量
2  void setup(){
3    size(900, 600);
4    fill(255, 10, 10);
5    myfont=createFont("Deng.ttf", 24);                 // 指定字体
6  }
7  void draw(){
8    int d=day();
9    int m=month();
10   int y=year();
11   String date=nf(y, 4)+"年"+nf(m, 2)+"月"+nf(d, 2)+"日"; // 定义日期字符串
12   textFont(myfont);
13   textSize(46);
14   text(date, 300, 360);                              // 显示日期文字内容
15   println(y+" "+m+" "+d+" ");                        // 控制台打印文字
16 }
```

运行代码(sketch_8_22)，并在控制台中查看当前的日期，如图8-22所示。

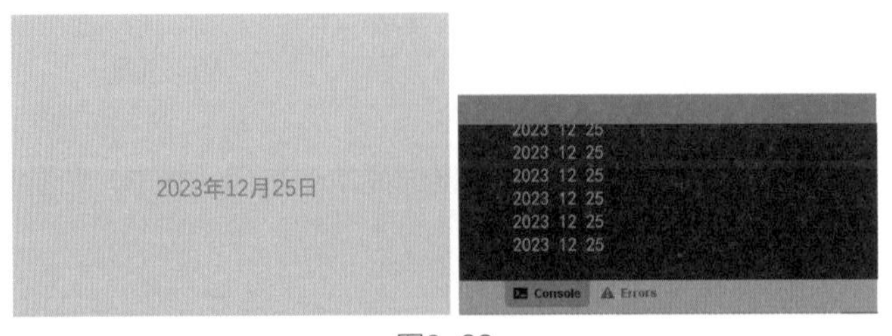

图8-22

下面的示例将连续运行，用于检测今天是否为某个具有特殊意义的日子。例如，今天刚好是圣诞节，可以打出字幕“Merry Christmas!”。输入代码如下：

```
PImage pic;
void setup(){
  size(700, 700);
}
void draw(){
  background(255);
  pic=loadImage("christmas_tree.jpg");
  int d=day();
  int m=month();
  int y=year();
  String date=nf(y, 4)+nf(m, 2)+nf(d, 2);
  if(m==12&d==25){
    String t2="Merry Christmas!";
    image(pic, 0, 0);
    textSize(48);
    fill(255, 198, 0);
    text(t2, 180, 120);
  }
  textSize(24);
  fill(120);
  text(date, 256, 600);
}
```

运行代码(sketch_8_23)，查看效果，如图8-23所示。

因为检测到日期为12月25日，满足m==12和d==25的条件，所以呈现“Merry Christmas!”的字幕效果。

图8-23

8.3 制作UI组件

UI(用户界面)组件用于构建用户界面，并实现交互式操作。在制作交互式动画方面，UI组件应用广泛，属于最常用的组件类别之一。

下面介绍几种较为常用的UI组件，如按钮、滑块、下拉菜单、标签等。

8.3.1 按钮

一个按钮通常具有4种交互状态：初始状态、鼠标移入状态、鼠标按下状态、鼠标移开状态。

下面编写代码，制作需要的按钮。输入代码如下：

```
int rectX, rectY;                    // 方形按钮位置
int circleX, circleY;                // 圆形按钮位置
int rectSize=60;                     // 方形按钮的边长
```

```
4  int circleSize=60;                                  //圆形按钮的直径
5  color rectColor, circleColor, baseColor;            //按钮颜色
6  color rectHighlight, circleHighlight;               //按钮高亮颜色
7  color currentColor;                                 //当前颜色
8  void setup(){
9    size(640, 400);
10   rectColor=color(180, 0, 0);
11   rectHighlight=color(255, 100, 0);
12   circleColor=color(0, 100, 180);
13   circleHighlight=color(0, 255, 200);
14   baseColor=color(180);
15   currentColor=baseColor;
16   circleX=width/2+circleSize/2+10;
17   circleY=3*height/4;
18   rectX=width/2-80;
19   rectY=3*height/4;
20   rectMode(CENTER);
21 }
22 void draw(){
23   background(currentColor);
24   fill(rectColor);
25   stroke(255);
26   rect(rectX, rectY, rectSize, rectSize);
27   fill(circleColor);
28   circle(circleX, circleY, circleSize);
29 }
```

运行代码(sketch_8_24)，查看按钮图形效果，如图8-24所示。

图8-24

接下来设置状态切换的条件，使用一种比较简单的方式，通过计算鼠标和图形中心点的距离来表达鼠标单击按钮。创建鼠标按压函数，输入代码如下：

```
1 void mousePressed(){
2   if(dist(mouseX, mouseY, rectX, rectY)<30){
3     currentColor=rectColor;
4   } else if(dist(mouseX, mouseY, circleX, circleY)<30){
5     currentColor=circleColor;
6   } else {
7     currentColor=baseColor;
8   }
9 }
```

运行代码(sketch_8_25)，在按钮上或空白区域按下鼠标按键，查看画布背景的变色效果，如图8-25所示。

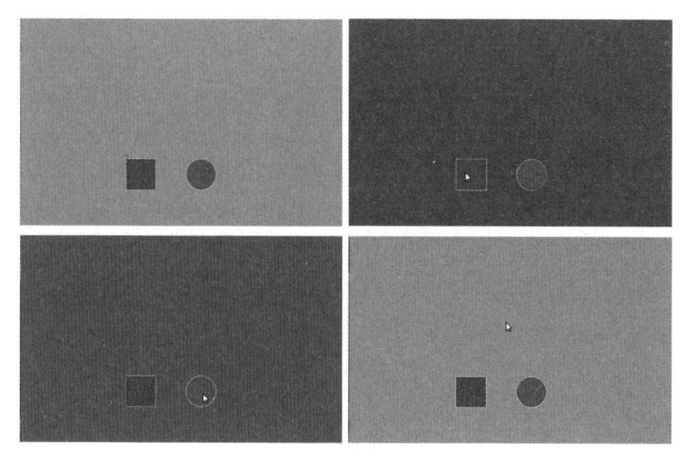

图8-25

声明两个布尔变量，添加代码如下：

```
1  boolean rectOver=false;
2  boolean circleOver=false;
```

创建两个布尔函数，判断鼠标是否在按钮的区域，添加代码如下：

```
1  boolean overRect(){
2    if(dist(mouseX, mouseY, rectX, rectY)<30){
3      return true;
4    } else {
5      return false;
6    }
7  }
8  boolean overCircle(){
9    if(dist(mouseX, mouseY, circleX, circleY)<30){
10     return true;
11   } else {
12     return false;
13   }
14 }
```

修改鼠标按压函数，输入代码如下：

```
1  void mousePressed(){
2    if(rectOver){
3      currentColor=rectColor;
4    } else if(circleOver){
5      currentColor=circleColor;
6    } else {
7      currentColor=baseColor;
8    }
9  }
```

还需要创建update()函数，代码如下：

```
void update(int x, int y){
  if( overCircle()){
    circleOver=true;
    rectOver=false;
  } else if( overRect()){
    rectOver=true;
    circleOver=false;
  } else {
    circleOver=rectOver=false;
  }
}
```

在draw()函数部分修改代码如下：

```
void draw(){
  background(currentColor);
  update(mouseX, mouseY);
  if(rectOver){
    fill(rectHighlight);
  } else {
    fill(rectColor);
  }
  stroke(255);
  rect(rectX, rectY, rectSize, rectSize);
  if(circleOver){
    fill(circleHighlight);
  } else {
    fill(circleColor);
  }
  circle(circleX, circleY, circleSizee);
}
```

运行代码(sketch_8_26)，查看按钮在不同状态时的颜色及背景变色的效果，如图8-26所示。

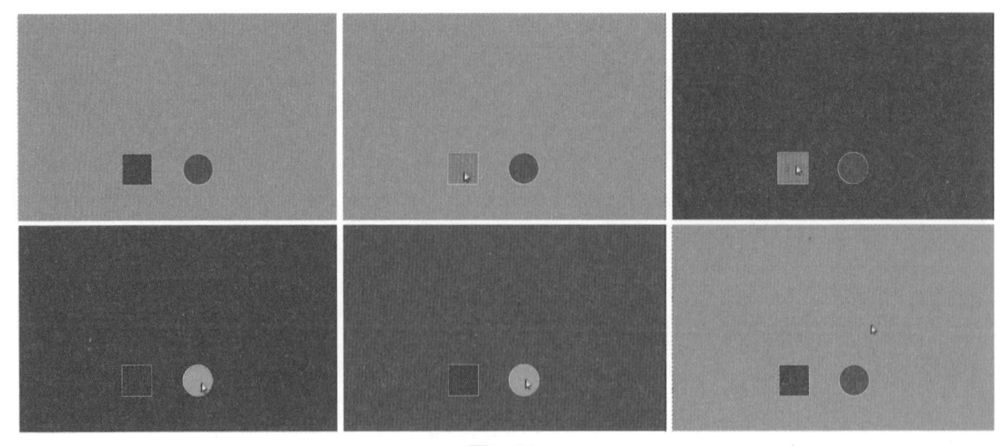

图8-26

在这个按钮程序的基础上稍作修改，就可以通过按钮控制图片的显示，读者可以自己做一下练习。

在Processing中提供了有非常丰富的扩展库，可以提高设计师的工作效率。在设计UI作品时，大多数情况下可使用相应的库，通过对范例程序的编辑来完成工作目标。下面选择并运行一个库Interfascia中的Button程序，其代码相当简洁。代码如下：

```
1  import interfascia.*;
2  GUIController c;
3  IFButton b1, b2;
4  IFLabel l;
5  void setup(){
6    size(200, 100);
7    background(200);
8    c=new GUIController(this);
9    b1=new IFButton("Green", 30, 35, 60, 30);
10   b2=new IFButton("Blue", 110, 35, 60, 30);
11   b1.addActionListener(this);
12   b2.addActionListener(this);
13   c.add(b1);
14   c.add(b2);
15 }
16 void draw(){
17 }
18 void actionPerformed(GUIEvent e){
19   if(e.getSource()==b1){
20     background(100, 155, 100);
21   } else if(e.getSource()==b2){
22     background(100, 100, 130);
23   }
24 }
```

运行代码(sketch_8_27)，查看效果，如图8-27所示。

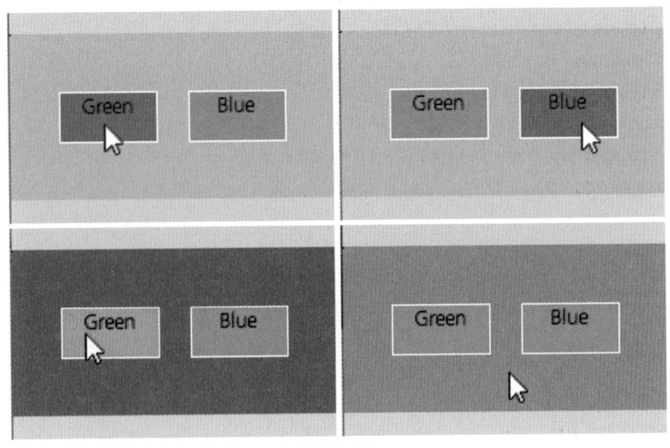

图8-27

将按钮的数量增加为4个，声明4个位图变量，编辑代码如下：

```
1  IFButton b1, b2, b3, b4;
2  IFLabel l;
3  PImage pic1, pic2, pic3, pic4;
```

修改setup()函数部分的代码如下：

```
1  void setup(){
2    size(640, 400);
3    background(#FFEEC9);
4    c=new GUIController(this);
5    b1=new IFButton("music", 180, 320, 60, 30);
6    b2=new IFButton("news", 250, 320, 60, 30);
7    b3=new IFButton("life", 320, 320, 60, 30);
8    b4=new IFButton("film", 390, 320, 60, 30);
9    b1.addActionListener(this);
10   b2.addActionListener(this);
11   b3.addActionListener(this);
12   b4.addActionListener(this);
13   c.add(b1);
14   c.add(b2);
15   c.add(b3);
16   c.add(b4);
17   pic1=loadImage("open_4.jpg");
18   pic2=loadImage("open_6.jpg");
19   pic3=loadImage("open_7.jpg");
20   pic4=loadImage("open_9.jpg");
21 }
```

修改GUI事件函数部分的代码如下：

```
1  void actionPerformed(GUIEvent e){
2    if(e.getSource()==b1){
3      image(pic1, 0, 0, width, height);
4    } else if(e.getSource()==b2){
5      image(pic2, 0, 0, width, height);
6    } else if(e.getSource()==b3){
7      image(pic3, 0, 0, width, height);
8    } else if(e.getSource()==b4){
9      image(pic4, 0, 0, width, height);
10   }
11 }
```

为了在运行代码之初显示标题，添加一个透明度的变量float tt=255，然后修改draw部分的代码，如下：

```
1  void draw(){
2   fill(#FFEEC9, tt);
3   rect(0, 0, width, height);
```

```
4    fill(#FFB412, tt);
5    textSize(36);
6    text("TV Package Demo", 200, 200);
7    fill(0, tt);
8    textSize(22);
9    text("D-Form Studio", 260, 240);
10 }
```

在GUI事件函数部分，在每个if语句的代码块{ }中添加tt=0;这个代码。运行代码(sketch_8_28)，查看按钮控制图文显示的效果，如图8-28所示。

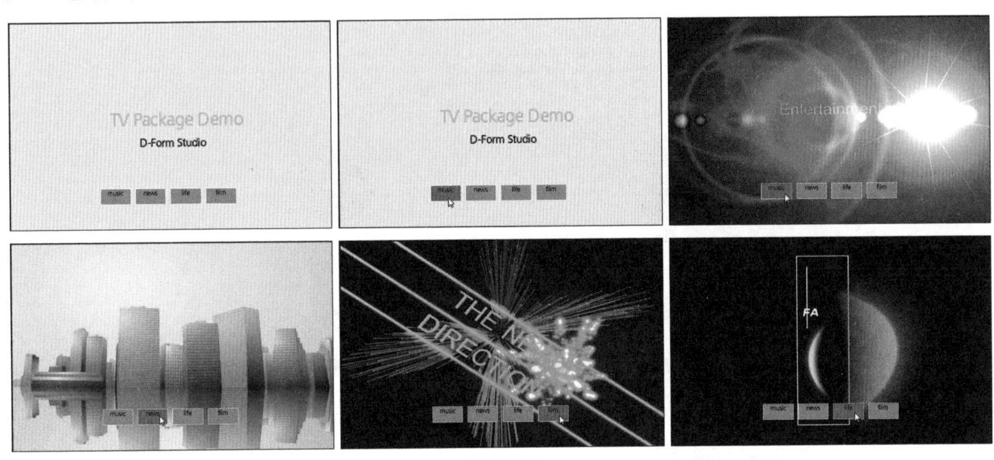

图8-28

接下来，我们将使用一个更为专业的GUI库——ControlP5。例如，打开其中一个范例程序，名为ControlP5、Controllers、ControlP5buttonBar，运行该程序，查看效果，如图8-29所示。

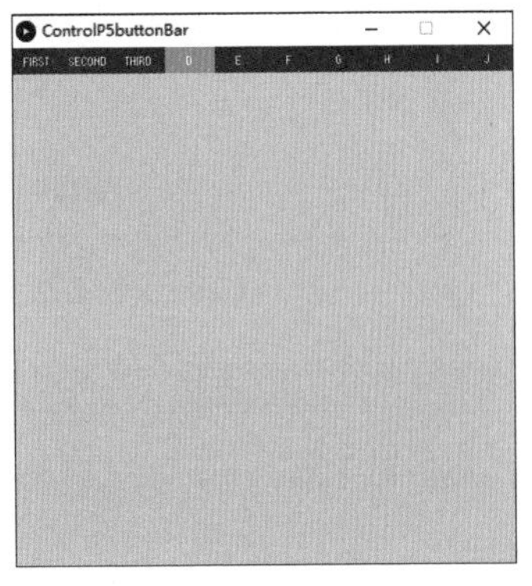

图8-29

对这个代码进行编辑，添加一个圆形和文字，反馈按钮对应的数值。

先声明一个整数变量，添加代码如下：

```
1  int num;                        // 声明一个整数变量
```

在setup()函数部分添加代码如下：

```
1  public void controlEvent(CallbackEvent ev){
2    ButtonBar bar=(ButtonBar)ev.getController();
3    println("hello", bar.hover());
4    num=bar.hover();                  // 按钮对应的数值赋予变量num
5  }
```

在draw()函数部分添加代码如下：

```
1  void draw(){
2    background(220);
```

```
3    fill(num*30, 0, 0);                          // 颜色值与变量关联
4    circle(200, 200, 100);
5    rect(100, 300, num*20, 20);
6    textSize(36);
7    fill(255);
8    text(num, 180, 200);                         // 显示变量值，也是按钮对应数字
9  }
```

运行代码(sketch_8_29)，单击界面顶部的各个按钮，可以查看每个按钮对应的数字被显示出来，如图8-30所示。

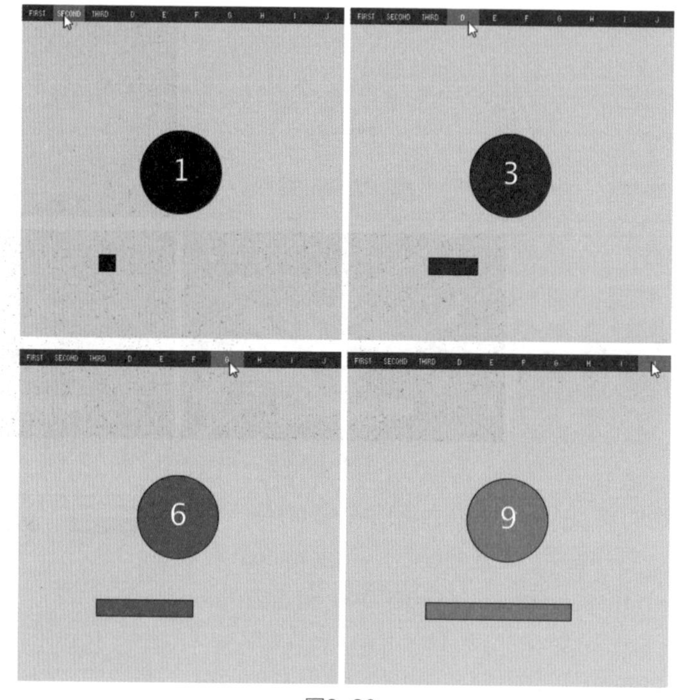

图8-30

一旦理解了示例程序中的按钮与数值之间的对应关系，就可利用这些按钮来控制颜色、调整图形大小、改变文字显示，也可以控制图片的显示与切换。

8.3.2 滑条

通过编程制作一个滑条，这样有助于理解滑块位置与其他元素之间的交互关系。输入代码如下：

```
1  float py, px;
2  float value;
3  void setup(){
4    size(600, 400);
5    strokeWeight(3);
6    colorMode(HSB, 360, 100, 100);
7    rectMode(CENTER);
```

```
8    py=400;
9    px=540;
10 }
11 void draw(){
12   background(h, 60, 60);
13   stroke(50, 50, 100);
14   line(px, 100, px, 400);
15   fill(50, 0, 60);
16   rect(px, py, 30, 20);
17   if(mousePressed){
18     py=mouseY;
19     if(py<100){
20       py=100;
21     }
22     value=int(map(py, 400, 100, 0, 100));
23     fill(0);
24     textSize(24);
25     text(value+"%", px-30, py);
26   }
27 }
```

运行代码(sketch_8_30)，查看滑块移动时对应数值的变化效果，如图8-31所示。

图8-31

为了更好地理解滑块的作用，可以将其用于控制背景颜色的改变。添加代码如下:

```
1 int h;
2 background(h, 60, 60);
3 h=int(map(py, 400, 100, 0, 360));
```

运行代码(sketch_8_31)，向上推拉滑块，查看颜色变化的效果，如图8-32所示。

图8-32

也可以用于控制显示不同的内容，例如，我们在向上推动滑块时播放一个开花的连续帧动画。

声明一个图像数组，添加代码如下：

```
1 PImage [] pics=new PImage[20];
```

在setup()函数部分加载20张图片，添加代码如下：

```
1 for(int i=0; i<20; i++){
2   pics[i]=loadImage("grow_"+nf(i, 2)+".jpg");
3 }
```

在draw()函数部分添加如下跟随滑块显示连续图片的代码：

```
1 int count=int(value/5.1);
2 image(pics[count], 60, 40, 400, 300);
3 text("flower"+""+count, 240, 360);
```

运行代码(sketch_8_32)，上下推拉滑块，查看开花动画的播放效果，如图8-33所示。

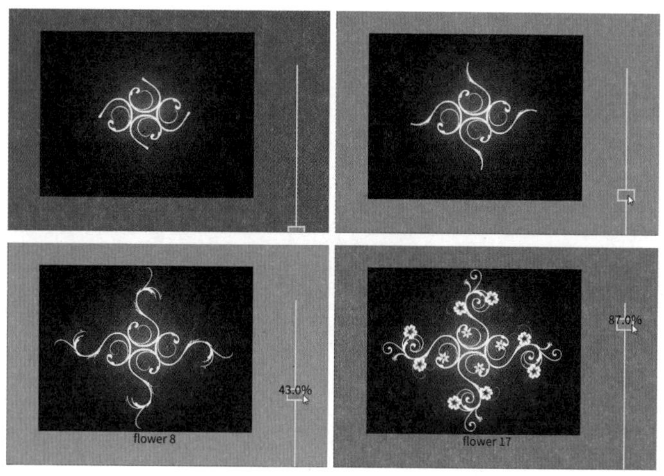

图8-33

再来打开ControlP5库中的一个滑块范例文件ControlP5slider，运行代码，查看效果，如图8-34所示。

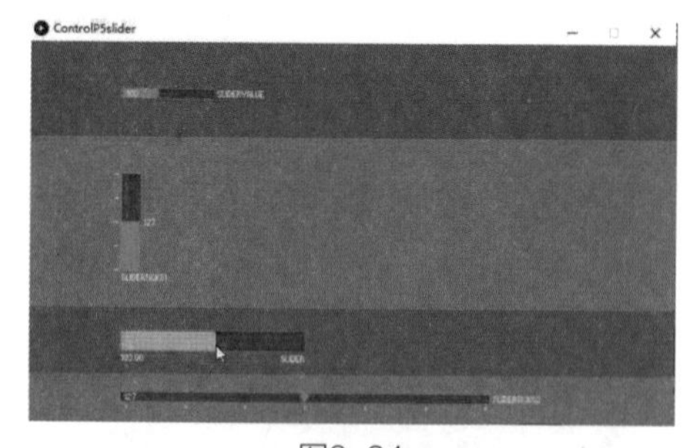

图8-34

在控制台中，可以查看SLIDER的数值，如图8-35所示。

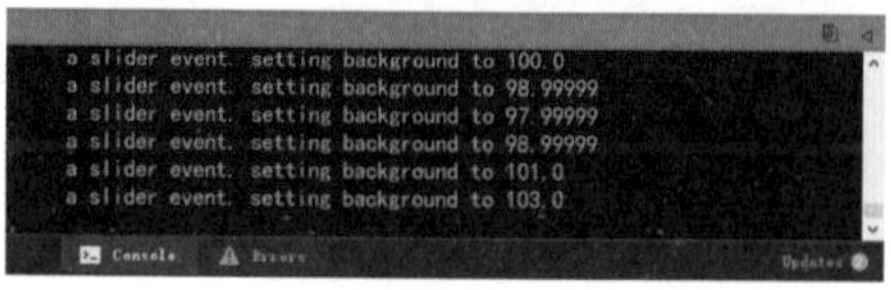

也可以查看其他滑块的数值，修改代码，在draw()函数部分添加代码如下：

```
1 println(sliderValue);
2 println(sliderTicks1);
3 println(sliderTicks2);
```

运行代码(sketch_8_33)，调整滑块并查看控制台中的显示信息，如图8-36所示。

图8-35

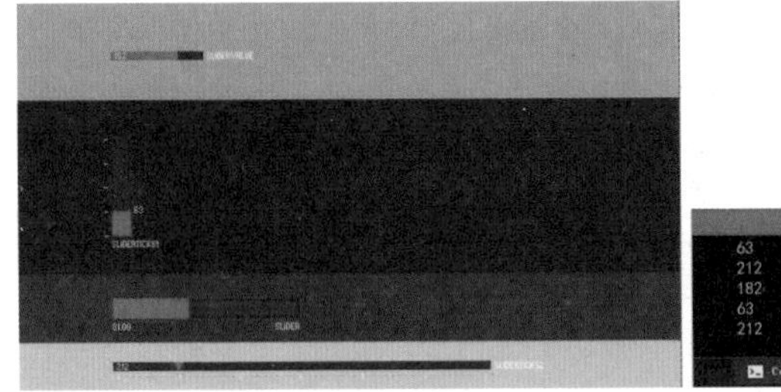
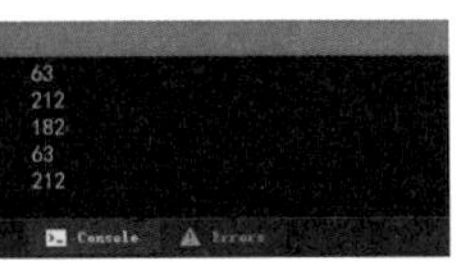

图8-36

再来看一个滑块控制三维对象的旋转展示的范例，打开Topics、extra、controlP5文件，运行该程序，查看效果，如图8-37所示。

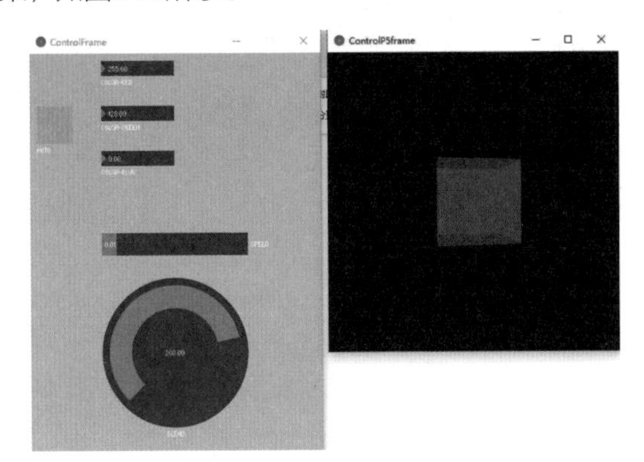

图8-37

在实际应用中，往往是用户导入自己制作的三维模型，并手动控制其旋转。为此，需要声明相关变量，并添加相应代码来实现这一功能：

```
PShape myobj;
```

在setup()函数中添加代码如下：

```
myobj=loadShape("gudong.obj");
myobj.scale(8);
```

修改draw()函数部分的代码如下：

```
void draw(){
  lights();
  pointLight(300, 100, 300, 200, 200, 200);
  ambientLight(100, 160, 180);
  if(auto)pos+=speed;
  background(0);
  translate(width/2, height/2+100);
  rotateY(pos);
  rotateX(PI);
  shape(myobj, 0, 0);
  // box(100);
}
```

运行代码(sketch_8_34)，查看通过滑块控制文物旋转展示的效果，如图8-38所示。

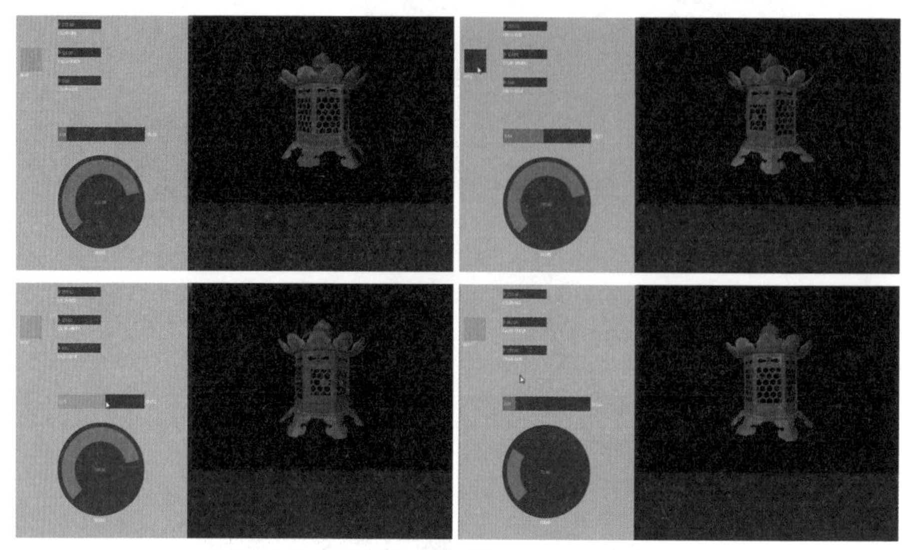

图8-38

8.3.3 下拉菜单列表

相较于通过多个按钮分别对应展示多张图片这种相对烦琐的操作，我们可以利用GUI库来编辑一个下拉菜单程序，以更加便捷的方式进行图片的展示。

打开范例程序ControlP5、experimental、ControlP5MenuList，运行该程序，查看效果，如图8-39所示。

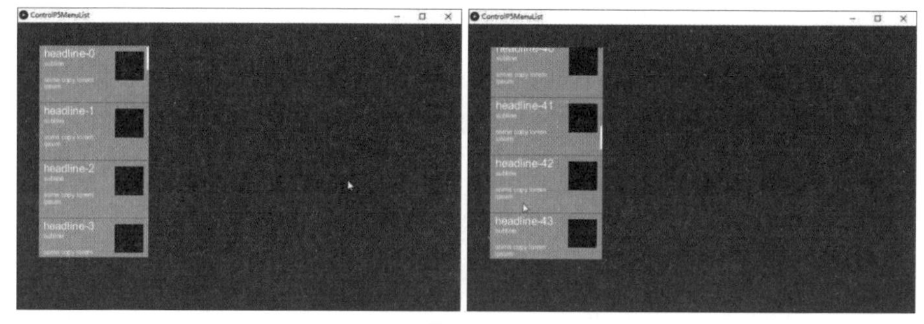

图8-39

左侧的菜单目录具备上下滚动的功能，并且包含很多条目。我们可以在此基础上进行修改，如更改文字标题，在左侧菜单中添加缩略图。当用户单击每一个条目时，右侧区域相应地展示对应的大图片内容。

声明位图数组变量，添加代码如下：

```
1  PImage[] image=new PImage[20];
```

在setup()函数中修改中文字体，加载图片序列。添加代码如下：

```
1  f1=createFont("SIMYOU.TTF", 18);
2  f2=createFont("SIMYOU.TTF", 12);
3  for(int i=0;i<20;i++){
4    String imageName="open_"+nf(i, 2)+".jpg";
5    image[i]=loadImage(imageName);
6  }
7  ... ...
8  MenuList m=new MenuList(cp5,"menu", 200, 400);
9  ... ...
10 for(int i=0;i<20;i++){
11   m.addItem(makeItem("广告&包装-"+i,"","D-Form Studio", createImage(50, 50,
     RGB)));
12 }
13 ......
14 Map<String, Object>makeItem(String theHeadline, String theSubline, String
   theCopy, PImagetheImage){
15 Map m=new HashMap<String, Object>();
16   m.put("headline", theHeadline);
17   m.put("subline", theSubline);
18   m.put("copy", theCopy);
19   m.put("image[i]", theImage);
20   return m;
21 }
```

修改updateMenu()函数中的代码，如下：

```
1  for(int i=i0;i<i1;i++){
2    Map m=items.get(i);
3    menu.fill(255, 100);
4    menu.rect(0, 0, getWidth(), itemHeight-1);
5    menu.fill(255);
6    menu.textFont(f1);
7    menu.text(m.get("headline").toString(), 10, 20);
8    menu.textFont(f2);
9    menu.textLeading(12);
10   menu.text(m.get("subline").toString(), 10, 35);
11   menu.text(m.get("copy").toString(), 10, 50, 120, 50);
12   menu.image(image[i], 130, 10, 60, 40);        //修改缩略图位置和大小
13   menu.translate(0, itemHeight);
14 }
```

运行代码(sketch_8_35)，查看左边菜单栏的效果，如图8-40所示。

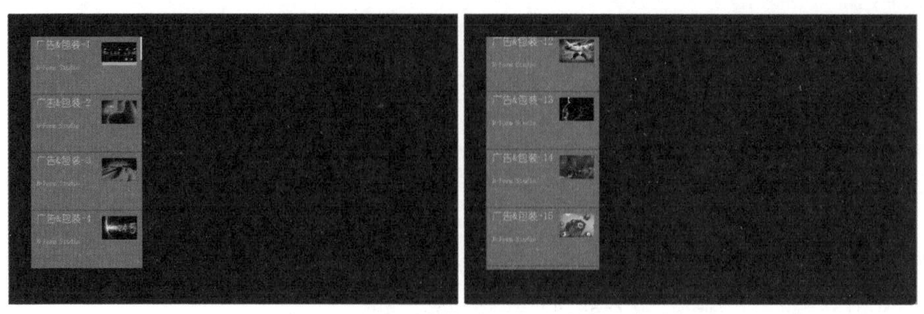

图8-40

接下来让右侧显示对应菜单的大图片，声明一个帧序号变量，添加代码如下:

```
1  int count;
```

修改menu()函数，将左侧菜单条目的序号和帧序号对应起来。修改代码如下:

```
1  void menu(int i){
2    println("got some menu event from item with index"+i);
3    count=i;
4  }
```

在draw()函数中添加代码，显示帧序号count的数值，如下:

```
1  void draw(){
2    background(40);
3    println("image"+""+count);
4  }
```

运行代码(sketch_8_36)，单击左侧菜单，在控制台中会显示帧序号，如图8-41所示。

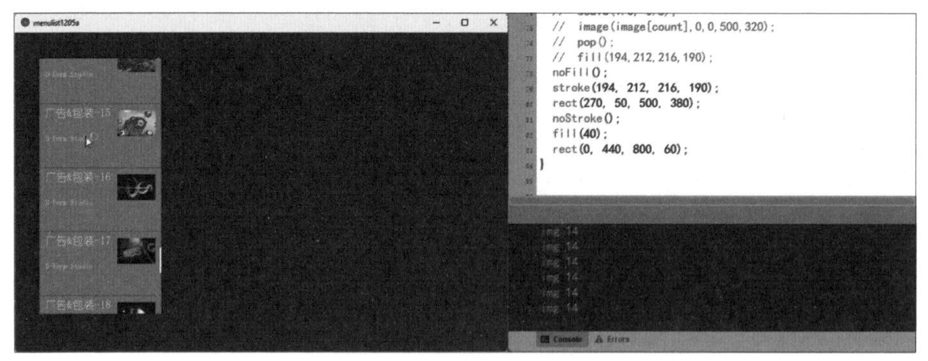

图8-41

现在问题就很简单了，只需在右侧显示与count值对应的图片即可。在draw()函数中添加代码如下:

```
1  image(image[count], 270, 50, 500, 380);
```

运行代码(sketch_8_37)，单击左侧的小图片按钮，查看右侧显示对应大图片的效果，如图8-42所示。

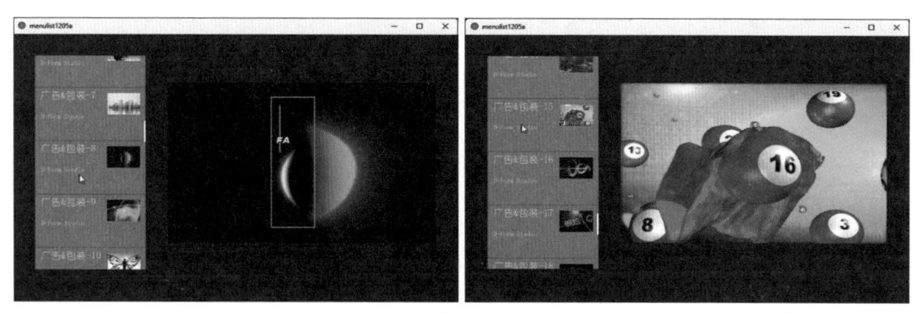

图8-42

再进行一些装饰，创建大图片的边框，添加代码如下：

```
1  noStroke();
2  fill(40);
3  rect(0, 440, 800, 60);
```

运行代码(sketch_8_38)，查看最终展示的图片效果，如图8-43所示。

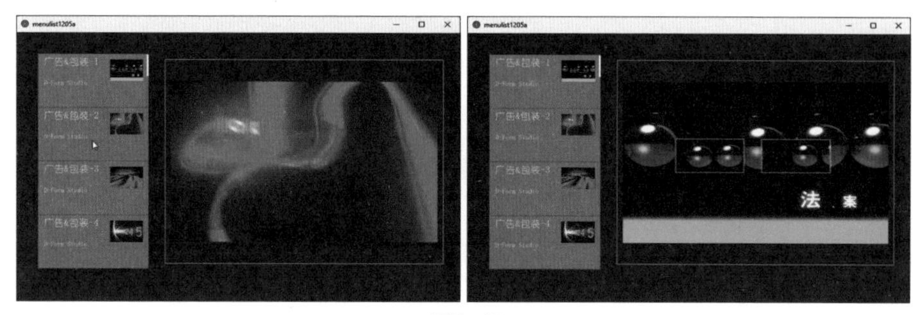

图8-43

同样针对下拉菜单组件，可以再打开一个范例程序，名为controller、ContrlP5scrollableList，运行该程序，查看效果，如图8-44所示。

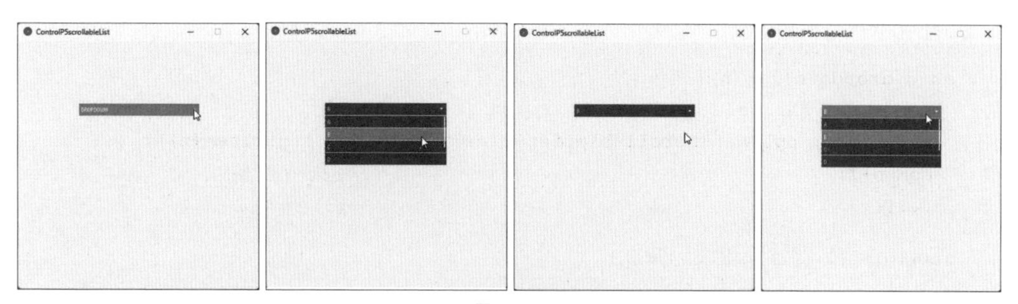

图8-44

当单击菜单B时，在控制台中显示信息，如图8-45所示。

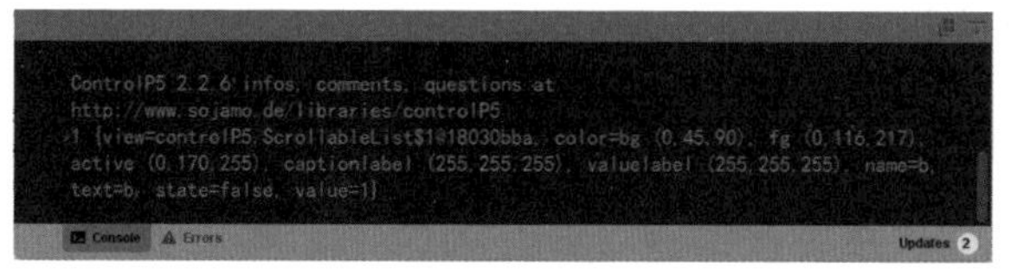

图8-45

另存该范例，然后根据自己的需要修改代码。例如，调整下拉菜单的位置、大小，或者增加子菜单的条数。修改代码如下：

```
1  void setup(){
2    size(600, 400);
3    cp5=new ControlP5(this);
4    List l=Arrays.asList("a","b","c","d","e","f","g","h","i","j");
5    /*add a ScrollableList, by default it behaves like a DropdownList*/
6    cp5.addScrollableList("dropdown")
7    .setPosition(50, 50)
8    .setSize(100, 100)
9    .setBarHeight(30)
10   .setItemHeight(30)
11   .addItems(l)
12   .setSize(100, 200)
13   //.setType(ScrollableList.LIST)// currently supported DROPDOWN and LIST
14   ;
15 }
```

运行代码(sketch_8_39)，查看编辑完成的下拉菜单效果，如图8-46所示。

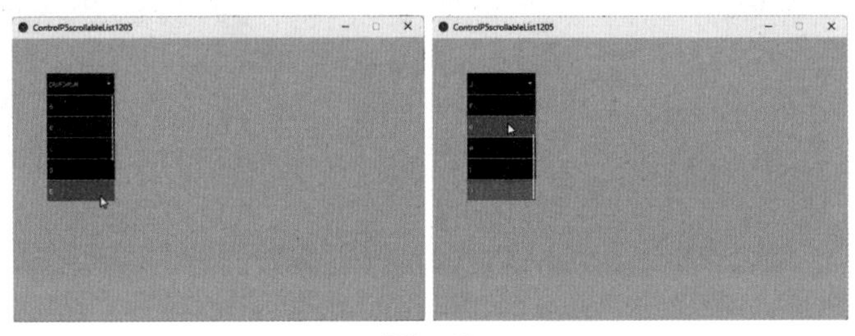

图8-46

接下来让这些子菜单与右侧的内容发生对应关系，如制作越来越大的圆形。

在dropdown()函数部分添加代码：

```
1  void dropdown(int n){
2    /*request the selected item based on index n*/
3    println(n, cp5.get(ScrollableList.class,"dropdown").getItem(n));
4    num=n+1;                                    // 添加一行代码
5    ......
```

在draw()函数部分修改代码如下：

```
1  void draw(){
2    background(200);
3    noFill();
4    stroke(#FFAC05);
5    strokeWeight(num);
6    circle(width/2+100, height/2, num*20);
7  }
```

运行代码(sketch_8_40)，查看下拉菜单的不同选项，每个选项被选中时会显示相应大小的圆形效果，如图8-47所示。

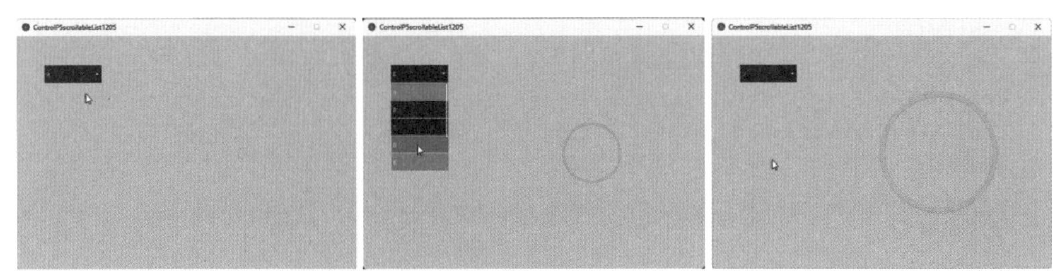

图8-47

8.3.4 标签页切换

相较于自己制作标签页切换的复杂性，直接使用ControlP5库会更为简便。打开一个范例程序，名为controller、ContrlP5tab，运行该程序，查看效果，如图8-48所示。

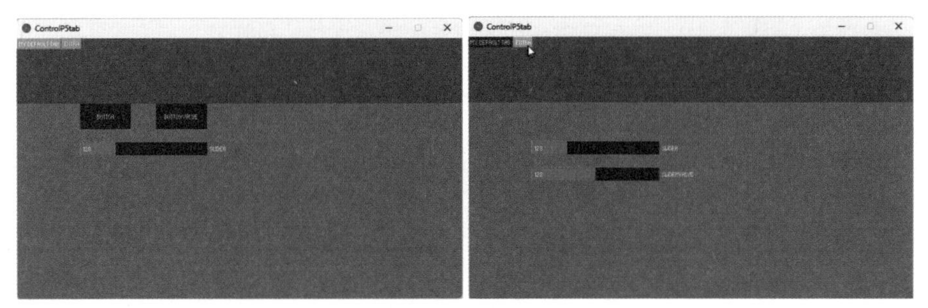

图8-48

首先要理解并读懂现有的编码，并在此基础上进行修改，以满足自己的特定需求。修改的内容可以包括调整布局，并增加两个新标签项，分别命名为prose和mypic。

```
1  cp5.addTab("extra")
2  .setColorBackground(color(0, 160, 100))
3  .setColorLabel(color(255))
4  .setColorActive(color(255, 128, 0))
5  ;
6  cp5.addTab("prose")
7  .setColorBackground(color(0, 160, 100))
8  .setColorLabel(color(255))
9  .setColorActive(color(110, 0, 220))
10 ;
11 cp5.addTab("mypic")
12 .setColorBackground(color(0, 160, 100))
13 .setColorLabel(color(255))
14 .setColorActive(color(160, 180, 190))
15 ;
16 // if you want to receive a controlEvent when
17 // a tab is clicked, use activeEvent(true)
```

```
18 cp5.getTab("default")
19 .activateEvent(true)
20 .setLabel("my default tab")
21 .setId(1)
22 ;
23 cp5.getTab("extra")
24 .activateEvent(true)
25 .setId(2)
26 ;
27 cp5.getTab("prose")
28 .activateEvent(true)
29 .setId(3)
30 ;
31 cp5.getTab("mypic")
32 .activateEvent(true)
33 .setId(4)
34 ;
```

运行代码(sketch_8_41)，查看顶部增加的标签效果，如图8-49所示。

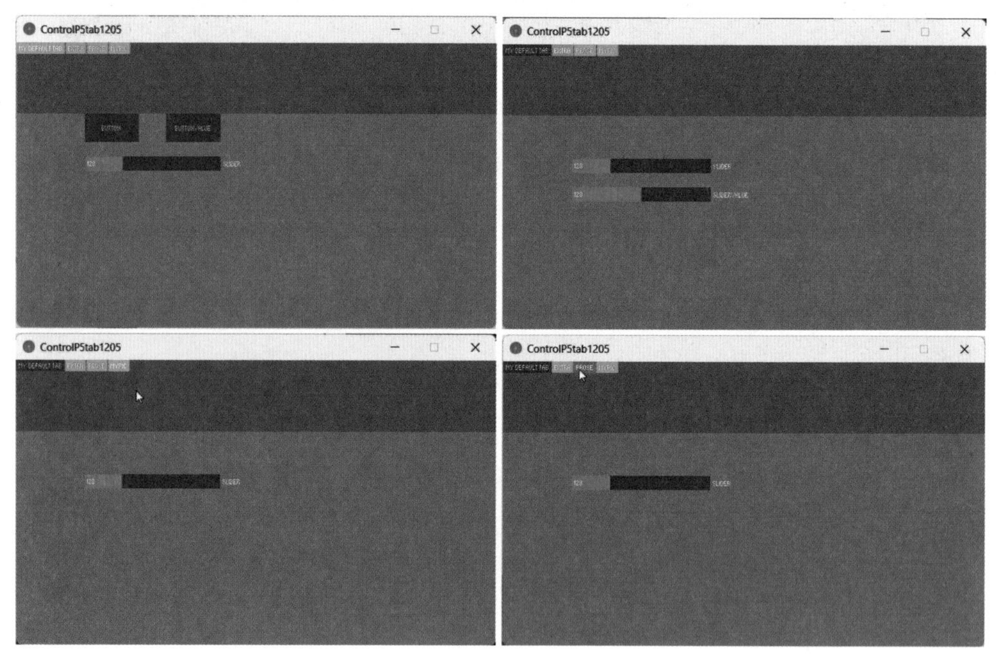

图8-49

调整标签、文字的大小和位置。

声明字体和加载字体，代码如下：

```
1 PFont myfont;
```

在setup()函数部分修改代码如下：

```
size(1280, 720);
myfont=createFont("Arial Bold", 16);
cp5.getTab("default")
.activateEvent(true)
.setLabel("my default tab")
.setId(1)
.setHeight(60)
.setWidth(160)
.getCaptionLabel().align(CENTER, CENTER)
.setFont(myfont)
;
cp5.getTab("extra")
.activateEvent(true)
.setId(2)
.setHeight(60)
.setWidth(100)
.getCaptionLabel().align(CENTER, CENTER)
.setFont(myfont)
;
cp5.getTab("prose")
.activateEvent(true)
.setId(3)
.setHeight(60)
.setWidth(100)
.getCaptionLabel().align(CENTER, CENTER)
.setFont(myfont)
;
cp5.getTab("mypic")
.activateEvent(true)
.setId(4)
.setHeight(60)
.setWidth(100)
.getCaptionLabel().align(CENTER, CENTER)
.setFont(myfont)
;
```

运行代码(sketch_8_42)，查看新的标签效果，如图8-50所示。

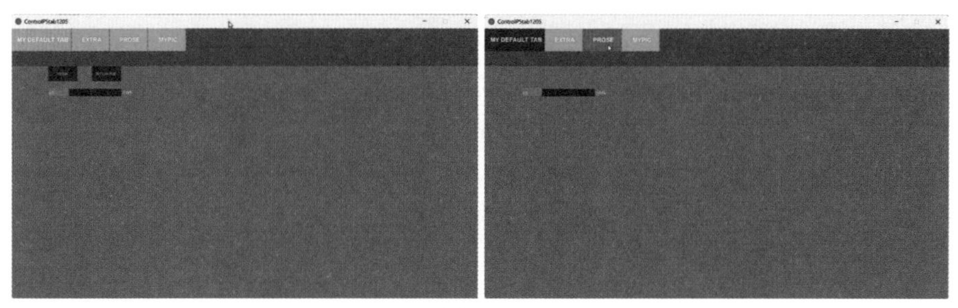

图8-50

同样地，可以调整标签页中的按钮和滑块的大小、位置、颜色等属性。修改代码如下：

```
//create a few controllers
/*
cp5.addButton("button")
.setBroadcast(false)
.setPosition(100, 100)
.setSize(80, 40)
.setValue(1)
.setBroadcast(true)
.getCaptionLabel().align(CENTER, CENTER)
;
cp5.addButton("buttonValue")
.setBroadcast(false)
.setPosition(220, 100)
.setSize(80, 40)
.setValue(2)
.setBroadcast(true)
.getCaptionLabel().align(CENTER, CENTER)
;
*/
cp5.addSlider("slider")
.setBroadcast(false)
.setFont(myfont)
.setRange(100, 200)
.setValue(128)
.setPosition(700, 50)
.setSize(360, 30)
.setBroadcast(true)
;
cp5.addSlider("sliderValue")
.setFont(myfont)
.setBroadcast(false)
.setRange(0, 255)
.setValue(128)
.setPosition(700, 10)
.setSize(360, 30)
.setBroadcast(true)
;
// arrange controller in separate tabs
cp5.getController("sliderValue").moveTo("extra");
cp5.getController("slider").moveTo("global");
// Tab 'global' is a tab that lies on top of any
// other tab and is always visible
```

运行代码(sketch_8_43)，查看效果，如图8-51所示。

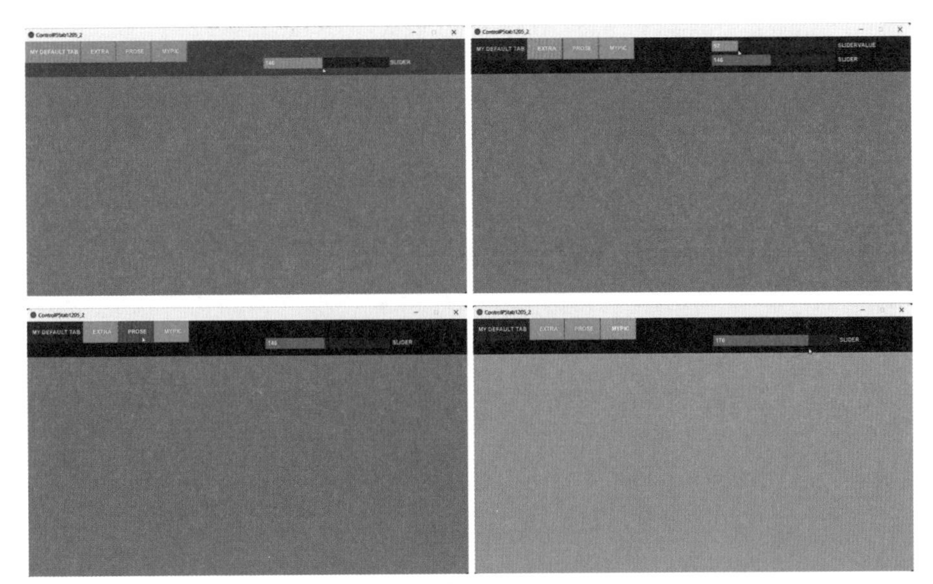

图8-51

设置好标签页后，就可以添加需要的内容，编辑代码如下：

```
1  PFont myfont, myfont2;
2  PImage[]photos=new PImage[5];
3  int count;
```

在设置部分添加代码如下：

```
1  myfont2=createFont("msyhbd.ttc", 16);
2    for(int i=0;i<5;i++){
3    photos[i]=loadImage("pic"+nf(i, 2)+".jpg");
4  }
```

修改代码如下：

```
1  void controlEvent(ControlEvent theControlEvent){
2    if(theControlEvent.isTab()){
3      count=theControlEvent.getTab().getId();
4      println("got an event from tab :"+theControlEvent.getTab().
       getName()+"with id"+theControlEvent.getTab().getId());
5    }
6  }
```

这样count变量就与标签的ID关联了。

修改draw函数的代码如下：

```
1  void draw(){
2    background(myColorBackground);
3    fill(sliderValue);
4    rect(0, 0, width, 100);
5    if(count!=0){
```

```
6      image(photos[count], 240, 150, 800, 500);
7    }else{
8      fill(#017E8E);
9      textFont(myfont2, 56);text("影视广告&电视包装", 400, 350);
10     textFont(myfont, 36);
11     text("D-Form Studio", 500, 450);
12     // image(photos[0], 240, 150, 800, 500);
13   }
14 }
```

运行代码(sketch_8_44)，查看编辑好的标签页切换效果，如图8-52所示。

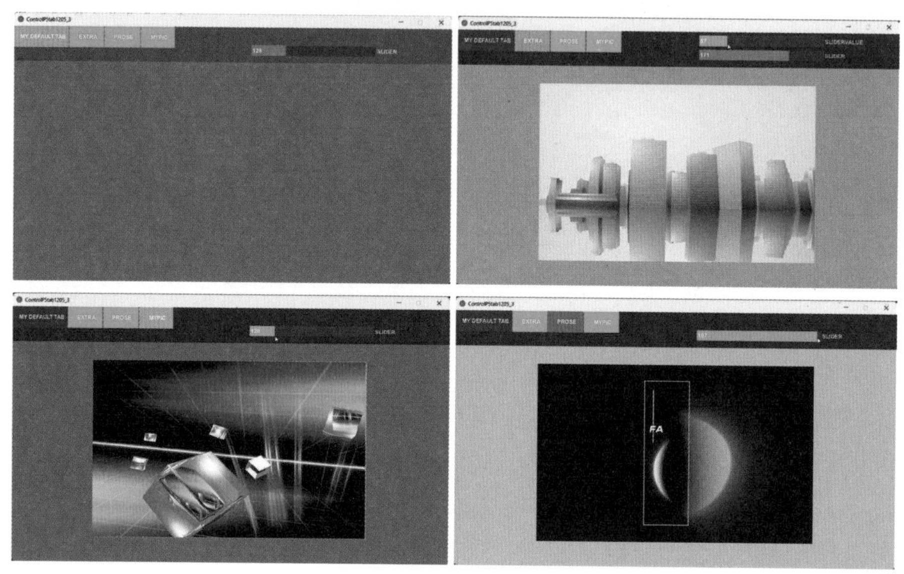

图8-52

8.3.5 其他组件

除了前面提到的UI控件，如按钮、滑块、下拉菜单和标签页，还有许多其他类型的控件，如复选框、单选按钮、文本区域、进度条、滚动窗格、数字微调器、文本标签、列表框等。在实际的工作场景中，尤其是在艺术设计领域，通常没有必要从零开始编写UI控件代码。最方便和高效的方式是使用现有的控件示例程序，并根据个人需求进行定制和编辑。

先来了解专业且高效的GUI库——ControlP5的示例文件夹，看看它提供了哪些UI控件。这个示例文件夹内包含4个子文件夹，每个子文件夹都展示了不同类型的UI控件，如图8-53所示。

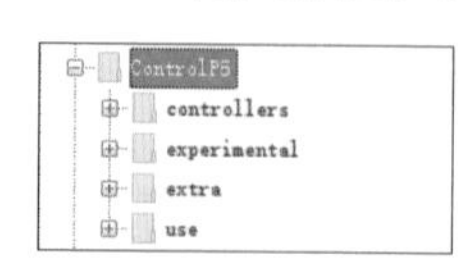

图8-53

分别展开各文件夹，查看其中的控件项，如图8-54所示。

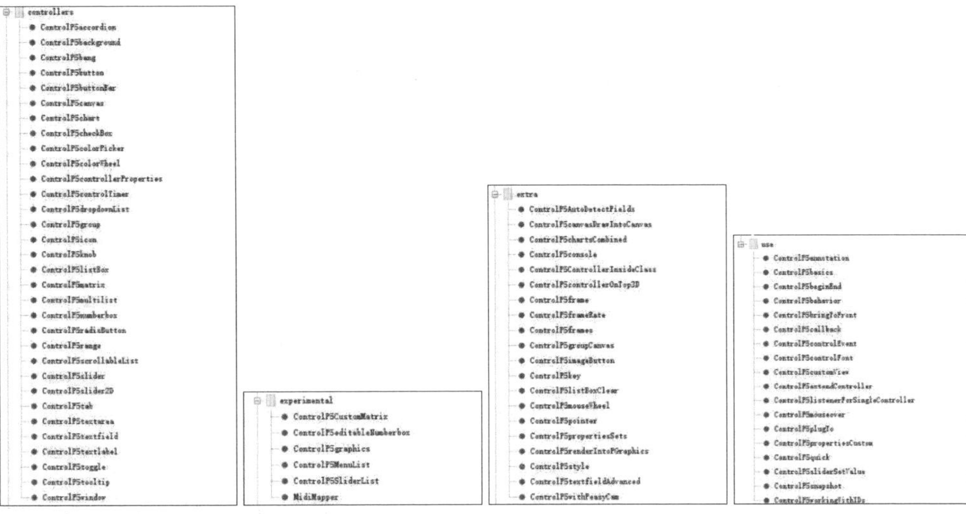

图8-54

选择一个合适的范例后，需要找到其中相应的变量或函数，并进行编辑以满足新的需求。例如，打开名为ControlP5textarea的范例程序，运行该程序，查看效果，如图8-55所示。

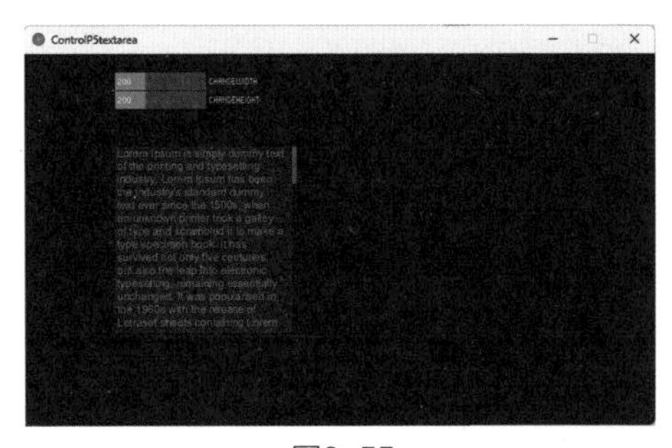

图8-55

通常需要调整标题文字、文本框内的字体和大小等。修改代码如下：

```
cp5.addSlider("changeWidth")
  .setRange(100, 400)
  .setValue(200)
  .setPosition(60, 20)
  .setSize(160, 30)
  .setFont(createFont("arial", 16))
  ;

cp5.addSlider("changeHeight")
  .setRange(100, 400)
  .setValue(200)
  .setPosition(400, 20)
  .setSize(160, 30)
  .setFont(createFont("arial", 16))
  ;
```

运行代码(sketch_8_45)，查看效果，改变控制文本框宽度和高度的滑块的位置、大小及字体大小，如图8-56所示。

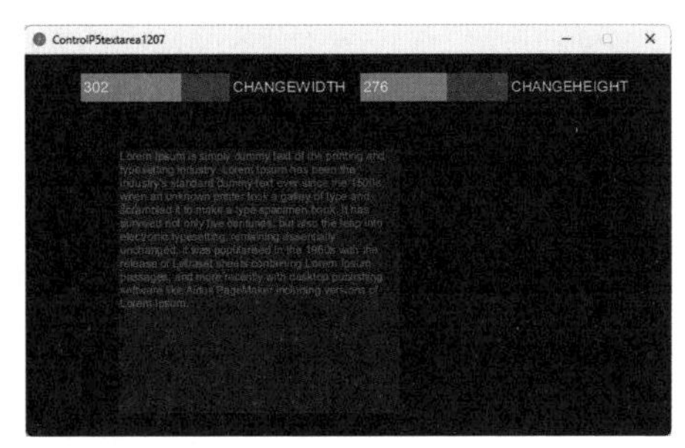

图8-56

将标题改为中文，修改代码如下：

```
1  cp5.addSlider("changeWidth")
2    .setRange(100, 400)
3    .setValue(200)
4    .setPosition(60, 20)
5    .setSize(160, 30)
6    .setFont(createFont("SIMYOU.TTF", 16))
7    .setLabel("调整宽度")
8    ;
9  cp5.addSlider("changeHeight")
10   .setRange(100, 400)
11   .setValue(200)
12   .setPosition(360, 20)
13   .setSize(160, 30)
14   .setFont(createFont("SIMYOU.TTF", 16))
15   .setLabel("调整高度")
16   ;
```

运行代码(sketch_8_46)，查看修改后的中文滑块标签效果，如图8-57所示。

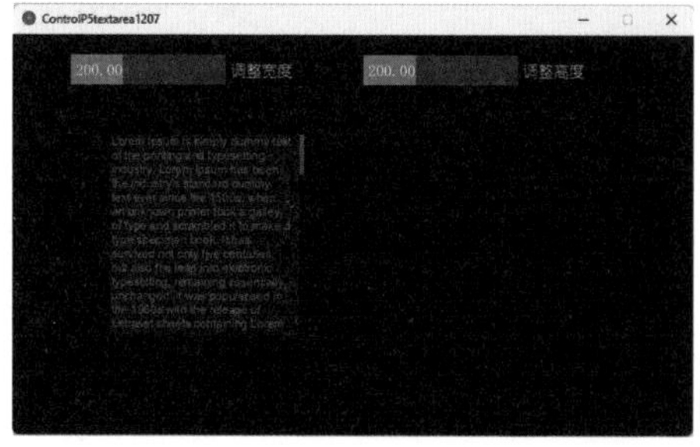

图8-57

使用同样的思路，也可以调整文本框中的字体和内容，呈现一篇中文的散文，修改代码如下：

```
1  myTextarea=cp5.addTextarea("txt")
2    .setPosition(100, 100)
3    .setSize(200, 200)
4    .setFont(createFont("SIMYOU.TTF", 14))
5    .setLineHeight(14)
6    .setColor(color(0))
7    .setColorBackground(color(#F7F4D2))
8    .setColorForeground(color(255, 100));
9    ;
10 myTextarea.setText(
     "请允许我握住你温情四溢的手，穿越被月光压缩的山影，拥有太阳不变的情怀，"
     +"用所有写满沙滩的文字，感受某些细节的点点滴滴。"
     +"其实，这个过程原本就不是很复杂，为何你对一种情绪的解释，总说成是一种印证？"
     +"当我立身于魂牵梦绕的山岗，我发现那悠悠的往事已染白你曾经的秀发。"
     +"系在心头的牵挂，是谁为爱加上的密码？让一种涅槃的燃烧变得义无反顾。"
     +"面对烈日浇灌的生命，我宁愿选择舞蹈中燃烧的跋涉。"
     +"想把这千年不倒胡杨的爱情，写进你颤抖的灵魂，感受与你朝夕相处的时时刻刻。"
     +"怎奈，清贫的命运，原本就是一段暮雨中的悲悯，为何你总要把回忆当作一种过程。"
     +"历经岁月的漫长，我骤然感觉到短暂的相逢原本就很幸福，漫漫的期待原本是一种难言的痛苦。"
     +"唯有走过踏青的季节，才能读懂日子的平平淡淡。"
11 );
```

运行代码(sketch_8_47)，查看最终的文本框效果，如图8-58所示。

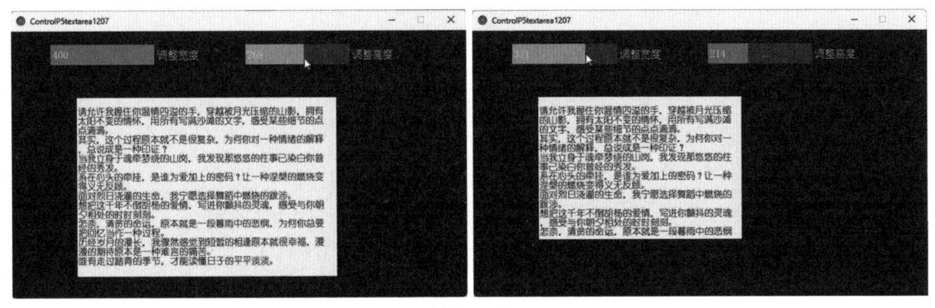

图8-58

通过使用和编辑多个库中的范例程序，我们已经掌握了如何根据新需求来定制GUI组件的方法。希望这些范例能够激发读者的灵感，并通过不断的实践练习，创作出既高效又实用，还兼具观赏性和操控性的GUI展示作品。

8.4 本章小结

本章主要阐述了交互设计的基本原则，并通过鼠标交互、键盘交互和时间交互等典型案例，展示了多种常用的交互形式。制作GUI组件是本章的重点，我们从编程基础入手，旨在帮助读者深入理解组件原理。同时，本章着重讲解了实际工作中更高效的GUI库的使用方法，带领读者逐步进行编辑，以满足个性化的需求。除了本章介绍的ControlP5库，常用的库还有G4P、LazyGui和UiBooster等，它们都是在交互设计中常用的工具。希望读者通过自己的理解和编辑，快速掌握这些工具，以便高效地完成设计任务。